养鸭

家庭农场致富指南

肖冠华　编著

化学工业出版社

·北京·

图书在版编目（CIP）数据

养鸭家庭农场致富指南/肖冠华编著.—北京：
化学工业出版社，2022.10
ISBN 978-7-122-42080-0

Ⅰ.①养… Ⅱ.①肖… Ⅲ.①鸭-饲养管理-指南
Ⅳ.①S834.4-62

中国版本图书馆CIP数据核字（2022）第160952号

责任编辑：邵桂林　　　　　　　　　文字编辑：李玲子　药欣荣　陈小滔
责任校对：刘曦阳　　　　　　　　　装帧设计：韩　飞

出版发行：化学工业出版社
　　　　　（北京市东城区青年湖南街 13 号　邮政编码 100011）
印　　装：中煤（北京）印务有限公司
850mm×1168mm　1/32　印张 11　字数 278 千字
2023 年 2 月北京第 1 版第 1 次印刷

购书咨询：010-64518888　　　　　　　　售后服务：010-64518899
网　　址：http://www.cip.com.cn
凡购买本书，如有缺损质量问题，本社销售中心负责调换。

定　价：69.80元　　　　　　　　　　版权所有　违者必究

前言

当前，养殖行业进入新常态，我国养鸭业出现了一些积极的变化，主要表现为六点。一是鸭养殖规模逐年减少，但商品鸭效益逐年提高。二是市场在扩大，终端产品消费量上升，出口国家在增加。特别是"非洲猪瘟"疫情的发生，对包括鸭肉在内的禽肉需求增加，鸭肉产品销售顺畅。三是鸭产品朝着多元化、多样化方向发展。四是鸭业养殖模式向多元化、规模化、智能化方向发展。五是在多元化品种选育、新型环保养殖方式、构建鸭营养与饲料等方面取得了创新性成果，引领了我国水禽产业健康发展。六是中小养殖企业在大型龙头企业的带动下，进一步优化、升级、整合，推进了产加销一体化，有效延伸了产业链的组织形式。这些积极因素对我国养鸭业的良性发展起到了极大的促进作用，养鸭业存在巨大的发展潜力。

家庭农场是全球最为主要的农业经营方式之一，在现代农业发展中发挥了非常重要的作用，各国普遍对家庭农场发展特别重视。作为农业的微观组织形式，家庭农场在欧美等发达国家已有几百年的发展历史，坚持以家庭经营为基础是世界农业发展的普遍做法。

2008年，党的十七届三中全会所作的决定当中提出，有条件的地方可以发展专业大户、家庭农场、农民专业合作社等规模经营主体，这是我国首次把家庭农场写入中央文件。

2013年，中央一号文件进一步把家庭农场明确为新型农业经营主体的重要形式，并要求通过新增农业补贴倾斜、鼓励和支持土地流入、加大奖励和培训力度等措施，扶持家庭农场发展。

2019年，中农发〔2019〕16号《关于实施家庭农场培育计划的指导意见》中明确，加快培育出一大批规模适度、生产集约、管理先进、效益明显的家庭农场。

2020年，中央一号文件中明确提出"发展富民乡村产业""重点培育家庭农场、农民合作社等新型农业经营主体"。

2020年3月，农业农村部印发了《新型农业经营主体和服务主体高质量发展规划（2020—2022年）》，对包括家庭农场在内的新型农业经营主体和服务主体的高质量发展作出了具体规划。

国际经验与国内现实都表明，家庭农场是发展现代农业最重要的经营主体，将是未来最主流的农业经营方式。

家庭农场作为新型农业经营主体，有利于推广科技，提升农业生产效率，实现专业化生产，促进农业增产和农民增收。家庭农场相较于规模化养殖场也具有很多优势。家庭农场的劳动者主要是农场主本人及其家庭成员。这种以血缘关系为纽带构成的经济组织，其成员之间具有天然的亲和性。家庭成员的利益一致，内部动力高度一致，可以不计工时，无需付出额外的外部监督成本，可以有效克服"投机取巧、偷懒耍滑"等机会主义行为。同时，家庭成员在性别、年龄、体质和技能上的差别，有利于取长补短，实现科学分工。因此这一模式特别适用于农业生产和提高生产效率，特别对从事养殖业的家庭农场更有利，有利于调动家庭成员的积极性、主动性，使家庭成员在饲养管理上更有责任心、更加细心和更有耐心，使经营成本更低等。

家庭农场经营的专业性和实战性都非常强，涉及的种养方面知识和技能非常多。这就要求家庭农场的成员需具备较强的专业技术，可以说专业程度决定其成败，投资越大，专业要求越高。同时，随着农业结构的不断调整以及农村劳动力的转移，新型职业农民成为从事农业生产的主力军。新型职业农民的素质直接关乎农业的现代化和产业结构性调整的成效。加强对新型职业农民的职业培训，对全面扩展新型农民的知识范围和专业技术水平，推进农业供给侧结构性改革，转变农业发展方式具有重要意义。

为顺应养鸭产业的不断升级和家庭农场健康发展的需要，本书针对养鸭家庭农场经营者应该掌握的知识，对养鸭家庭农场投资兴办、鸭场建设与环境控制、饲养品种的确定与繁殖、饲料保障、鸭日常饲养管理、疾病防治、鸭产品加工和家庭农场经营管理等家庭农场经营过程中涉及的一系列知识，详细地进行了介绍。这些实用的技能，既符合家庭农场经营管理的需要，又符合新型职业农民培训的需要，为家庭农场更好地实现适度规模经营，取得良好的经济效益和社会效益助力。

本书在编写过程中，参考借鉴了国内外一些养殖专家和养殖实践者实用的观点和做法，在此对他们表示诚挚的感谢！由于作者水平有限，书中很多做法和体会难免有不妥之处，敬请批评指正。

编著者

2022 年 12 月

目 录

第一章

家庭农场概述

一、家庭农场的概念

家庭农场，一个起源于欧美的舶来名词；在中国，它类似于种养大户的升级版。通常定义为：以家庭成员为主要劳动力，从事农业规模化、集约化、商品化生产经营，并以农业收入为家庭主要收入来源的新型农业经营主体。

家庭农场具有家庭经营、适度规模、市场化经营、企业化管理等四个显著特征，农场主是所有者、劳动者和经营者的统一体。家庭农场是实行自主经营、自我积累、自我发展、自负盈亏和科学管理的企业化经济实体。家庭农场区别于自给自足的小农经济的根本特征，就是以市场交换为目的，进行专业化的商品生产，而非满足自身需求。家庭农场与合作社的区别在于家庭农场可以成为合作社的成员，合作社是农业家庭经营者（可以是家庭农场主、专业大户，也可以是兼业农户）的联合。

从世界范围看，家庭农场是当今世界农业生产中最有效率、最可靠的生产经营方式，目前已经实现农业现代化的西方发达国家，普遍采取的都是家庭农场生产经营方式，并且在 21 世纪的今天，其重要性正在被重新发现和认识。从我国国内情况看，20 世纪 80 年代初期我国农村经济体制改革实行的家庭联产承包责任制，使我国农业生产重新采取了农户家庭生产经营这一最传统也是最有生命力的组织形式，极大地解放和发展了农业生产力。然而，家庭联产承包责任制这种"均田到户"的农地产权配置方式，形成了严重超小型、高度分散的土地经营格局，已越来越成为我国农业经济发展的障碍。在坚持和完善农村家庭承包经营制度的框架下，创新农业生产经营组织体制，推进农地适度规模经营，是加快推进农业现代化的客观需要，符合农业生产关系要调整适应农业生产力发展的客观规律要求。而家庭农场生产经营方式因其技术、制度及组织路径的便利性，成为土地集体所有制下推进农地适度规模经营的一种有效的实现形式，是家庭承包经营制的"升级版"。与西方发达国家以土地私有制为基础的家庭农场生产经营方式不同，我国的家庭农场生产经营方式是在土地集体所有制下从农村家庭承包经营方式的基础上发展而来的，因而有其自身的特点。我国的家庭农场是有中国特色的家庭农场，是土地集体所有制下推进农地适度规模经营的重要实现形式，是推进中国特色农业现代化的重要载体，也是破解"三农"问题的重要抓手。

2008 年，党的十七届三中全会报告第一次将家庭农场作为农业规模经营主体之一提出。随后，2013 年中央一号文件再次提到家庭农场，一直到 2019 年，每年的中央一号文件都对家庭农场的发展给予重视。

可见，家庭农场的概念自提出以来，一直受到党中央的高度重视，党中央为家庭农场的快速发展提供了强有力的政策支持和制度保障，使其具有广阔的发展前景和良好的未来。

二、养鸭家庭农场的经营类型

（一）单一生产型家庭农场

单一生产型家庭农场是指单纯以养肉鸭或蛋鸭为主的生产型家庭农场，以饲养种鸭、肉鸭和商品蛋鸭为核心，以出售种蛋、商品肉鸭和鸭蛋为主要经济来源的经营模式。单一生产型适合产销衔接稳定、饲草料供应稳定、养鸭设施和养殖技术良好、周转资金充足的规模化养鸭的家庭农场。

（二）产加销一体型家庭农场

产加销一体型家庭农场是指家庭农场将本场养殖的种鸭产的种蛋、商品肉鸭、鸭蛋等产品进行初加工，如种蛋孵化鸭雏、鸭蛋加工成咸鸭蛋或松花蛋、肉鸭加工成板鸭等后对外进行销售的经营模式。即生产产品、加工产品和销售产品都由自己来做，省掉了很多中间环节，延长了养鸭生产的产业链，使利润更加集中在自己手中（图1-1）。

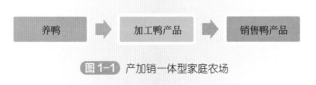

图1-1 产加销一体型家庭农场

产加销一体型家庭农场，以市场为导向，充分尊重市场发展的客观规律。其依靠农业科技化、机械化、规模化、集约化、产业化等方式，延伸经营链，提高和增加家庭农场经营过程中的产品的附加价值。

（三）种养结合型家庭农场

种养结合型家庭农场是指将种植业和养殖业有机结合的一种生态农业模式。即将鸭养殖产生的粪便作为有机肥的基础，为种植业提供有机肥来源；同时，种植业生产的作物又能够给鸭养殖提供食源或者作物生产场地又能作为鸭活动觅食空间，比如常见的稻田养鸭（图1-2）。此模式能够充分将物质和能量在动植物之间进行转换及良好的循环，既解决了鸭养殖的环保问题，又为生产安全放心食品提供了饲料保障，做到了农业生产的良性循环。

图1-2　稻田养鸭

种养结合型家庭农场模式属于循环农业的范畴，可以实现农业资源的最合理化和最大化利用，实现经济效益、社会效益和生态效益的统一，降低种养业的经营风险。其适合既有种植技术，又有养殖技术的家庭农场采用。同时对农场主的素质和经营管理能力，以及农场的经济实力都有较高的要求。

（四）公司主导型家庭农场

公司主导型家庭农场是指家庭农场在自主经营、自负盈亏的基础上，与当地龙头企业合作，龙头企业统一制定生产规划和生产标准，以优惠价格向家庭农场提供种苗、农业生产资料及技术服务，并以高于市场的价格回收农产品。家庭农场按照龙头企业的生产要求进行鸭生产，产出的鸭产品直接按合同规定的品种、时间、数量、质量和价格出售给龙头企业（图1-3）。家庭农场利用场地和人工等优势，龙头企业利用资金、技术、信息、品牌、销售等优势。一方面，减少了家庭农场的经营风险和销售成本；另一方面，龙头企业解决了大量用工、大量需要养殖场地问题，减少了生产的直接投入。在合理分工的前提下，相互之间配合，获得各自领域的效益。

一般家庭农场负责提供饲养场地、鸭舍、人工、周转资金等。龙头企业一般实行统一提供鸭品种、统一生产标准、统一饲养标准、统一技术培训、统一饲料配方、统一市场销售等六统一。有的还实行统一供应良种、统一供应饲料、统一防病治病等。

"公司＋农户"的养殖模式，公司作为产业链资源的组织者，优质种源的培育者和推广者，资金技术的提供者，防病治病的服务者，产品的销售者，饲料营养的设计者。其通过订单、代养、赊销、包销、托管等形式与农户连成互利互惠的产业纽带，实现降低生产成本、降低经营风险、优化资源配置、提高经济效益的目的，有效推进鸭产业化进程与集约化经营，实现规模养殖、健康养殖。

此模式减少了家庭农场的经营风险和销售成本，家庭农场专心养好鸭就行。适合本地区有信誉良好的龙头企业的家庭农场采用。

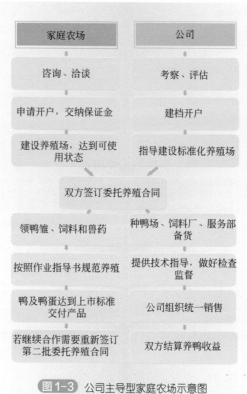

家庭农场	公司
咨询、洽谈	考察、评估
申请开户，交纳保证金	建档开户
建设养殖场，达到可使用状态	指导建设标准化养殖场
双方签订委托养殖合同	
领鸭雏、饲料和兽药	种鸭场、饲料厂、服务部备货
按照作业指导书规范养殖	提供技术指导，做好检查监督
鸭及鸭蛋达到上市标准交付产品	公司组织统一销售
若继续合作需要重新签订第二批委托养殖合同	双方结算养鸭收益

图1-3 公司主导型家庭农场示意图

（五）合作社（协会）主导型家庭农场

合作社（协会）主导型家庭农场是指家庭农场自愿加入当地养鸭专业合作社或养鸭协会，在养鸭专业合作社或养鸭协会的组织、引导和带领下，进行肉鸭或蛋鸭专业化生产和产业化经营，产出的鸭产品由养鸭专业合作社或养鸭协会负责统一对外销售。

一般家庭农场负责提供饲养场地、鸭舍、人工和周转资金等，通过加入合作社获得国家的政策支持，同时，又可享受来自合作社的利益分成。养鸭专业合作社或养鸭协会主要承担协调和服务的功能，在组织家庭农场生产过程中实行统一提供肉鸭或蛋鸭优良品种、统一技术指导、统一饲料供应、统一饲养标准、统一产品销售等五统一。同时注册自己的商标和创立鸭产品品牌，有的还建立养鸭风险补偿资金，对因不可抗拒因素造成的损失进行补偿。有的养鸭专业合作社或养鸭协会还引入公司或龙头企业，实行"合作社＋公司（龙头企业）＋家庭农场"发展模式。

在美国，一个家庭农场要同时加入 4～5 家合作社。欧洲一些国家将家庭农场纳入了以合作社为核心的产业链系统，例如，荷兰的以适度规模家庭农场为基础的"合作社一体化产业链组织模式"。在该种产业链组织模式中，家庭农场是该组织模式的基础，是农业生产的基本单位；合作社是该组织模式的核心和主导，其存在价值是全力保障社员的经济利益；公司的作用是收购、加工和销售家庭农场所生产的农产品，以提高农产品附加值。家庭农场、合作社和公司三者组成了以股权为纽带的产业链一体化利益共同体，形成了相互支撑、相互制约、内部自律的"铁三角"关系。国外家庭农场发展的经验表明，与合作社合作是家庭农场成功运营、健康快速发展的重要原因，也是确保家庭农场利益的重要保障。

养殖专业合作社或养殖协会将家庭农场经营过程中涉及的畜禽养殖、屠宰加工、销售渠道、技术服务、融资保险、信息资源等方面有机地衔接，实现资源的优势整合、优化配置和利益互补，化解家庭农场小生产与大市场的矛盾，解决家庭农场标准化生产、食品安全和适度规模化问题，使家庭农场能获得更强大的市场力量、更多的市场权利，降低家庭农场养殖生产的成本，增加养殖效益。此模式适合本地区有实力较强的养鸭专业合作社和养鸭协会的家庭农场采用。

（六）观光型家庭农场

观光型家庭农场是指家庭农场利用周围生态农业和乡村景

观，在做好适度规模种养生产经营的条件下，开展各类观光旅游业务，借此销售农场的畜禽产品。

如家庭农场以农业休闲观光为主题，利用水库、鱼塘、河流养鱼和鸭，利用鸭粪在空闲地种植有机蔬菜。在园区内开设农家乐，开展清水养殖、果蔬种植、水上游乐、休闲观光等功能区，开展餐饮、宿营、烧烤、摸青鲥、抓鸭、水上嬉戏、无公害蔬菜采摘等乡村休闲旅游户外活动，吸引游客前来体验（图1-4、图1-5）。并开展肉鸭和鸭蛋深加工，开发麻辣鸭、香辣鸭翅、麻辣鸭脖、香辣鸭锁骨、香辣鸭舌、咸鸭蛋、松花蛋等休闲食品，为旅客提供新鲜、有机、味美的鸭肉和鸭蛋，让家庭农场更有活力和吸引力，从而延伸产业链，提升综合效益。

图1-4 抓鸭比赛　　　　图1-5 品尝铁锅炖鸭

这种集规模养鸭、休闲农业和乡村旅游于一体的经营方式，既满足了消费者的新鲜、安全、绿色、健康饮食心理，又提高了鸭产品的商品价值，增加了农场收益。此模式适合城郊或城市周边、交通便利、环境优美、种植及养殖设施完善、特色养鸭和餐饮住宿条件良好的家庭农场采用。其对自然资源、农场规划、养殖技术、经营和营销能力、经济实力等都有较高的要求。

三、当前我国家庭农场的发展现状

（一）家庭农场主体地位不明确

家庭农场是我国新型农业经营主体之一，家庭农场立法的缺失制约了家庭农场的培育和发展。现有的民事主体制度不能适应家庭农场培育和发展的需求，家庭农场在法律层面的定义不清晰，导致其登记注册制度、税收优惠、农业保险等政策及配套措施缺乏，融资及涉农贷款无法解决。家庭农场抵御自然灾害的能力也差，这些都对家庭农场的发展造成很大制约。

应当明确家庭农场为新型非法人组织的民事主体地位，这是家庭农场从事规模化、集约化、商品化农业生产，参与市场活动的前提条件。家庭农场的市场主体地位的明确也为其与其他市场主体进行交易等市场活动，或与其他市场主体进行竞争打下良好的基础。

（二）农村土地流转程度低

目前我国的农村土地制度尚不完善，导致很多地区农地产权不清晰，而且农村存在过剩的劳动力，他们无法彻底转移土地经营权，进一步限制土地的流转速度和规模。体现在四个方面：其一是土地的产权体系不够明确，土地具体归属于哪一级也没有具体明确的规定，制度的缺陷导致土地所有权的混乱。由于土地不能明确归属于所有者，这样就造成了在土地流转过程中无法界定交易双方权益，双方应享受的权利和义务也无法合理协调，使得土地在流转过程中出现了诸多的权益纷争，加大了土地流转难度，也对土地资源合理优化配置产生不利影响。其二是土地承包经营权权能残缺，即使我国已出台《物权法》，对土地承包经营权进行相应的制度规范，但是从目前农村土地承包经营的大环境来看，其没有体现出法律法规在现实中的作用，土地的承包经营权不能用于抵押，使得土地的物权性质表现出残缺的一面。其三是农民惜地意识较强，土地流转租期普遍较短，稳定性不足，家庭农场规模难以稳定，同时土地流转不规范合理，难以获得相对稳定的集中连片土地，影响了农业投资及家庭农场的推广。其四是不少农民缺乏相关的法律意识，充分利用使用权并获取经济效益的愿望还不强烈，土地流转没有正式协议或合同，容易发生纠纷，土地流转后农民的权益得不到有效保障。

（三）资金缺乏问题突出

家庭农场前期需要大量资金的投入，土地租赁、畜禽舍建设、养殖设备、种畜禽引进、农机购置等需大量资金，并且家庭农场的运营和规模扩张亦需相当数量的资金，这对于农民来说是无形中的障碍。目前，家庭农场资金的投入来源于家庭农场开办者人生财富的积累、亲友的借款和民间借贷。而农业经营效益低、收益慢，家庭农场又没有可供抵押的资产，使其很难从银行得到生产经营所需的贷款，即使能从银行得到贷款，也存在额度小、利息高、缺乏抵押物、授信担保难、手续繁杂等问题。这对于家庭农场前期的发展较为不利，除沿海发达地区家庭农场发展资金通过这些渠道能够凑足外，其他地区相对紧迫，都不同程度地存在生产资金缺乏的问题。

（四）经营方式落后

家庭农场是对现有单一、分散农业经营模式的突破和推进。农民必须从原有的家长式的传统小农经营意识中解脱出来，建立现代化经营理念，要运用价格、成本、利润等经济杠杆进行投入、产出及效益等经济核算。

家庭农场的经营方式落后表现在缺乏长远规划，不懂得适度规模经营和不掌握市场运行规律，不能实时掌握市场信息，对市场不敏感，接受新技术和新的经营理念慢，没有自己的特色和优势产品等。如多数家庭农场都是看见别人养殖或种植什么挣钱了，也跟着种植或养殖，盲目的跟风就会打破市场供求均衡，进而导致家庭农场的亏损。家庭农场作为一个组织要逐步实现由传统式的组织方式向现代企业式家庭农场转化。

（五）经营者缺乏科学种养技术

家庭农场劳动者是典型的职业农民。作为家庭农场的组织管理者，除了需要掌握农产品生产技能，更需要有一定的管理技能，需要有进行产品生产决策的能力，需要有与其他市场主体进行谈判的技能，需要有开拓市场的技能。即使现行"家庭农场＋龙头企业"或"家庭农场＋合作社"模式对家庭农场的组织能力要求较低，但是也需要掌握科学的种养技术和一定的销售能力。家庭农场未来依赖于附加值发展壮大，而附加值的增加需要技术的改良和技术的应用，更需专业的种养技术。

而目前许多年轻人，特别是文化程度较高的人不愿意从业农业生产。多数家庭农场经营者学历以高中以下为多，最新的科技成果也无法在农村得到及时推广。这些现实情况影响和制约了家庭农场管理者决策能力和市场拓展能力的发展，成为我国家庭农场发展面临的严峻挑战。

第二章

家庭农场的兴办

一、兴办养鸭家庭农场的基础条件

　　做任何事情都要具备一定的条件，只有具备了充分且必要的条件以后再行动，这样成功的概率才大一些。否则，如果准备不充分，甚至连最基础的条件都不具备就盲目上马，极容易导致失败。家庭农场的兴办也是一样，家庭农场要事先对兴办所需的条件和自身实力进行充分的考察、咨询、分析和论证，找出自身的优势和劣势，对兴办家庭农场都需要具备哪些条件、已经具备的条件、不具备的条件有哪些，有一个准确、客观、全面的评估和判断，最终确定是否适合兴办，以及兴办哪一类家庭农场。下面所列的八个方面，是兴办家庭农场前就要确定的基础条件。

（一）经营类型

　　兴办家庭农场首先要确定经营的类型，目前我国家庭农场的经营类型有单一生产型家庭农场、产加销一体型家庭农场、种养结合型家庭农场、公司主导型家庭农场、合作社（协会）主导型家庭农场和观光型家庭农场等六种类型。这六种类型各有其适应的条件，家庭农场在兴办前要根据所处地区的自然资源、种植及养殖能力、加工销售能力和经济实力等综合确定兴办哪一类型的家庭农场。

如果家庭农场所处地区只有适合养殖用的场地，没有种植用场地，能够做好粪污无害化处理，同时，饲料保障和销售渠道稳定，交通又相对便利，可以兴办单一生产型家庭农场。如果家庭农场既有养殖能力，同时又有将鸭肉加工成特色食品的技术能力和条件的，如加工成板鸭、麻辣鸭、咸鸭蛋、松花蛋等食品，并有销售能力，可以考虑兴办产加销一体型家庭农场，通过直接加工成食品后销售，延伸了产业链，提高了家庭农场经营过程中的附加价值。

种养结合型家庭农场是非常有前景的一种模式，将种植业和养殖业有机结合，走循环农业、生态农业的良性发展之路，可以实现农业资源的最合理化和最大化利用，实现经济效益、社会效益和生态效益的统一，降低种养业的经营风险。如果家庭农场所在地既有适合养殖用的场地，又有种植用场地，且畜禽污染处理环保压力大的地区，可以重点考虑这种模式。特别是以生产无公害食品、绿色食品和有机食品为主要方式的家庭农场，种植环节可以按照生产无公害食品、绿色食品和有机食品所需饲料原料的要求组织生产和加工、在鸭养殖环节也可以按照无公害食品、绿色食品和有机食品饲养要求去做，做到整个种养殖环节安全可控，是比较理想的生产方式。

对于有养殖所需的场地，能自行建设规模化养鸭场，又具有养殖技术，具备规模化肉鸭或蛋鸭养殖条件的，如果自有周转资金有限，而所在地区又有大型龙头企业的，可以兴办公司主导型家庭农场。与大型公司合作养鸭，既减少了家庭农场的经营风险和销售成本，又解决了龙头企业需大量用工、大量养殖场地问题，也使龙头企业减少了生产的直接投入。

如果所在地没有大型龙头企业，而当地的养鸭专业合作社或养鸭协会又办得比较好，可以兴办合作社（协会）主导型家庭农场。如果农场主具有一定的工作能力，也可以带头成立养鸭专业合作社或养鸭协会，带领其他养殖场（户）共同养鸭致富。

如果要兴办家庭农场的地方是城郊或在城市的周边，交通便利，同时有山有水，环境优美，有适合生态放养的水库、鱼塘及生态养鸭设施条件，以及绿色食品种植场地的，兴办者又有资金实力、养殖技术和营销能力的，可以兴办以围绕生态养鸭和绿色蔬菜瓜果种植为核心的，集采摘、餐饮、旅游观光为一体的观光型家庭农场。

需要注意的是，以上介绍的只是目前常见的养殖类家庭农场经营的几种类型。在家庭农场实际经营过程中还有很多好的做法值得我们学习和借鉴，而且以后还会有许多创新和发展。

小贴士：

没有哪一种经营模式是最好的，适合自己的就是最好的经营模式。家庭农场在确定采用哪种经营类型的时候应坚持因地制宜的原则，应选择那种能充分发挥自身优势和利用地域资源优势的经营模式，少走弯路。

（二）生产规模

确定养鸭家庭农场的生产规模应坚持适度规模的原则。适度规模经营来源于规模经济，指的是在既有条件下，适度扩大生产经营单位的规模，使畜禽养殖规模、土地耕种规模、资本、劳动力等生产要素配置趋向合理，以达到最佳经营效益的活动。

对家庭农场来讲，到底多大的养殖规模和多大的土地面积算适度规模经营，要根据家庭农场的要素投入、养殖和种植技术、家庭农场经营类型、经济效益、家庭农场所处地区综合确定。主要考虑的因素有：家庭农场类型、资金、当地自然条件、气候、经济社会发展进度、技术推广应用、机械化和设施化水平、劳动力状况、社会化服务水平等。还要受到家庭农场经营者主观上对机会成本的考量、家庭农场经营者的经营意愿（能力）的影响，和当地农村劳动力转移速度与数量、土地流转速度与数量、乡村内生环境、农民分化程度、农业保险市场以及信贷市场等外部制度性因素的约束。

确定家庭农场养鸭的饲养规模，应遵循以下三个原则。一是平衡原则，使饲料供给量与鸭群饲养量相平衡，避免料多鸭少或鸭多料少两种情况发生。具体地说是使各个月份供应的饲料种类、饲料数量与各月份的养鸭数量及饲料需要量相平衡，避免出现季节性饲料不足的现象。二是充分利用原则，使各种生产要素都要合理地加以利用。应当以最少的生产要素的耗费，如鸭舍、资金、劳动力等，获得最大经济效益的生产规模列入计划，即最大限度地利用现有的生产条件。三是以销定产原则。生产的目标应与销售的目标相一致，生产计划应为销售计划服务，坚持以销定产，避免以产定销。要以盈利为目标，以销售额为结果，以生产为手段，合理安排各个阶段的规模和任务。

如单一生产型家庭农场，只涉及肉鸭或蛋鸭养殖，不涉及种植的，只考虑养殖方面的规模即可，而种养结合型家庭农场，除了考虑养殖规模，还要考虑种植规模。养殖类家庭农场，以目前的三口之家所能承受的工作量为标准，主要依据养殖品种的规模来确定家庭农场的适度规模即可。而实行种养结合的家庭农场，需要以家庭农场能承受的种植及养殖两方面的规模来通盘考虑。确定与养殖规模相配套的种植规模时，应根据养殖所需消耗饲料的数量、土地种植作物产量、机械化程度等确定种植的土地面积。对于实行生态放养鸭的家庭农场，应以每平方米养鸭密度为基准确定所需放养场地的面积，并结合家庭农场自身经营能力确定饲养鸭的数量。

养鸭已经进入微利时代，必须靠规模效益取胜。由小规模分散饲养过渡到大规模集约化饲养已经成为必然的发展趋势。规模太小了不行，但也不是规模越大越好，通常养鸭规模过大，资金投入相对较大，资源过度消耗，生态环境恶化，疫病防控成本倍增，饲料供应、肉鸭或鸭蛋的销售、鸭粪处理的难度增大，而且市场风险也增大。鸭养殖规模的扩大必须以提高劳动生产率和经济效益为目的。养殖规模的大小因养殖经营者自身具备的生产各要素条件的不同而不同，不能一概而论。

通常肉鸭养殖可多批次，规模可以大一些，以每批5000 ~ 10000只为宜；笼养蛋鸭的养殖规模也可以适当大一些，以5000只为宜；而放牧或圈养蛋鸭的养殖规模不宜过大，以2000只左右为宜。

小贴士：

经济学理论告诉我们：规模才能产生效益，规模越大效益越大，但规模达到一个临界点后其效益随着规模呈反方向下降。这就要求找到规模的具体临界点，而这个临界点就是适度规模。

适度规模经营是指在一定的适合的环境和适合的社会经济条件下，各生产要素（土地、劳动力、资金、设备、经营管理、信息等）的最优组合和有效运行，取得最佳的经济效益。在不同的生产力发展水平下，养殖规模经营的适应值不同，一定的规模经营产生一定的规模效益。

（三）饲养方式

根据我国的自然条件和经济条件，以及所饲养的品种，养鸭的饲养方式主要有放牧饲养、全舍饲、半舍饲等3种。

放牧饲养是我国传统的饲养方式（图2-1）。由于鸭的合群性好，觅食能力强，能在陆上的平地、山地和水中的浅水、深水中潜游觅食各种天然的动植物性饲料。放牧饲养可以节约大量饲料，降低成本，同时使鸭群得到很好的锻炼，增强鸭的体质。根据我国的自然条件，放牧饲养可分为农田、湖泊、河塘、沟渠放牧和海滩放牧。随着江河湖泊等自然资源管理的加强，大规模生产时采用放牧饲养的方式受到越来越多的制约。

全舍饲是将养鸭的整个饲养过程全部在鸭舍内进行，称为全舍饲圈养或关养（图2-2）。一般鸭舍内采用厚垫草（料）饲养，或是网状地面饲养，或是栅状地面饲养，也有采用笼养。由于吃料、饮水、运动和休息全在鸭舍内进行，因此，饲养管理较放牧饲养方式严格。舍内必须设置饮水和排水系统。采用垫料饲养的，垫料要厚，要经常翻松，必要时要翻晒，以保持垫料干燥。地下水位高的地区不宜采用厚垫料饲料，可选用网状地面或栅状地面饲养，这两种地面要比鸭舍地面高60厘米以上，鸭舍地面用水泥铺成，并有一定的坡度（每米落差6～10厘米），便于清除鸭粪。网状地面最好用涂塑铁丝网，网眼为24毫米×12毫米，栅状地面可用宽20～25毫米、厚5～8毫米的木板条或25毫米宽的竹片，或者是用竹子制成相距15毫米空隙的栅状地面，这些结构都要制成组装式，以便冲洗和消毒。这种饲养方式的优点是可以人为地控制饲养环境，受自然界因素制约较少，有利于科学养鸭，达到稳产高产的目的；由于集中饲养，便于向集约化生产过渡，同时可以增加饲养量，提高劳动效率；由于不外出放牧，减少寄生虫病和传染病感染的机会，从而提高成活率。但此法饲养成本较高。

图 2-1 放牧养鸭

图 2-2 全舍饲笼养肉鸭

半舍饲是将鸭群饲养固定在鸭舍、陆上运动场和水上运动场，不外出放牧（图 2-3）。吃食、饮水可设在舍内，也可设在舍外，一般不设饮水系统，饲养管理不如全舍饲那样严格。其优点与全舍饲一样，减少疾病传染机会，便于科学饲养管理。这种饲养方式一般与养鱼的鱼塘结合在一起，形成一个良性循环。它是我国当前养鸭中采用的主要方式之一。

图 2-3 半舍饲养鸭

根据以上3种饲养方式，养殖者要结合本地的自然饲养条件采用适合本场的饲养方式。如本地江河湖泊等自然资源丰富，可以采用放牧或者半舍饲，既节约养鸭成本，又可以充分利用自然资源，还符合鸭子水里觅食能力强、运动、嬉水、交配等特性。如果没有良好的水资源可以利用，有饲养场地建设鸭舍的，养殖者就只能考虑用全舍饲的饲养方式养鸭了。同时养殖者还要结合所饲养的品种确定饲养方式，如种鸭和蛋鸭适合放牧饲养或半舍饲，以满足产蛋鸭营养和运动的需要，增加产蛋率。肉鸭既适合放牧，又适合全舍饲或半舍饲，打破了季节性生产的特点，可以全年批量生产。因为肉鸭的生长期短，饲养密度大，适合集约化饲养，只是全舍饲投资大，成本高。

小贴士：

目前，为适应新的环保政策要求，鸭的养殖方式逐步由水养、散养向全舍饲、离水旱养转变。肉鸭养殖模式由传统的水面饲养和地面饲养，向现代的高架网床、生物垫料床和立体笼养转变；蛋鸭养殖模式由传统的池塘边、河岸、简易棚舍地面饲养，向现代的高价网床饲养和笼养转变。

（四）资金筹措

家庭农场养鸭需要的资金很多，这一点投资兴办者在兴办前一定要有心理准备。养鸭场地的购买或租赁、鸭舍建筑及配套设施建设、养鸭设备购置、种鸭购买、饲料购买、防疫费用、人员工资、水费、电费等费用，都需要大量的资金作保障。

从鸭场的兴办进度上看，从鸭场前期建设至正式投产运行，再到能对外出售肉鸭或种蛋、鸭蛋这段时间，都是资金的净投入阶段。据测算，投资一个每批饲养 3000 只规模肉鸭的养殖场，鸭舍建筑每平方米投资大约 300 元，一栋 400 平方米的棚舍投资大约 12 万元。如果饲养 3000 只规模的蛋鸭，购买 100 日龄的青年鸭每只 14 元左右，3000 只青年蛋鸭需要 4.2 万元左右。接下来还需要持续不断地投入饲料费、人工费、水电费、药品防疫费等费用。如每只蛋鸭的饲料成本大约 126 元（0.2 千克 / 天 ×1.75 元 / 千克 ×360 天），3000 只蛋鸭一年饲料总成本大约为 37.8 万元，工资、水电、防疫大约 2.5 万元，这些资金都要求家庭农场准备充足。

中国有句谚语，"家财万贯，带毛的不算"。说的是即使你饲养的家禽家畜再多，一夜之间也可能全死光。这其中折射出人们对养殖业风险控制的担忧。如果家庭农场经营过程中出现不可预料的、无法控制的风险，应对的最有效办法就是继续投入大量的资金。如鸭场内部出现管理差错或者暴发大规模疫情，鸭场的支出会增加得更多。或者外部肉鸭或鸭蛋市场出现大幅波动，价格大跌，养鸭行业整体处于亏损状态时，还要有充足的资金能够度过价格低谷期。这些资金都要提前准备好，现用现筹集不一定来得及。此时如果没有足够的资金支持，鸭场将难以经营下去。

资金准备及使用上还存在投资前资金准备不充足，有建场的钱没买鸭雏的钱；盲目建设，建设饲养场地不合理或不按照饲养规模租用场地，浪费资金，使本来就紧张的资金更加紧张；对价格低谷没有准备，商品鸭出栏的时候正好赶上价格低谷期，雪上加霜等问题。这些都是因为投资兴办前对资金计划不周全、资金准备不充足，导致家庭农场经营上出现问题。所以，为了保证家庭农场资金不影响运营，必须保证资金充足。

1. 自有资金

在投资建场前自己就有充足的资金这是首选。俗话说："谁有也不如自己有。"自有资金用来养鸭也是最稳妥的方式，这就要求投资者做好家庭农场养鸭的整体建设规划和预算，然后按照总预算额加上一定比例的风险资金，足额准备好兴办资金，并做到专款专用。资金不充足时最好不建设，避免因缺资金导致半途而废。对于以前没有养鸭经验或者刚刚进入养鸭行业的投资者来说，最好采用滚雪球的方式适度规模发展。切不可贪大求全，规模比能力大，驾驭不了家庭农场的经营。

2. 亲戚朋友借款

需要在建场前落实具体数额，并签订借款协议，约定还款时间和还款方式。因为是亲戚朋友，感情的因素起重要作用，是一种帮助性质的借款，但要保证借款的本金安全，借款利息以低于银行贷款的利息为宜。双方可以约定如果家庭农场盈利了，适当提高利息数额，并尽量多付一些。如果经营不善，以还本为主，还款时间也要适当延长，这样是比较合理的借款方式。这里提醒家庭农场注意的是，根据作者掌握的情况，家庭农场要远离高利贷，因为这种民间借贷方式对于养殖业不适合，风险太大。特别是经营能力差的家庭农场无论何时都不宜通过借高利贷经营家庭农场。

3. 银行贷款

尽管银行贷款的利息较低，但对家庭农场来说是最难的借款方式，因为养鸭具有许多先天的限制条件。从资产的形成来看，家庭农场养鸭本身投资很大，但见不到可以抵押的东西，比如养鸭用地多属于承包租赁，鸭舍建筑无法取得房屋产权证，不像我们在市区买套商品房，能够做抵押。于是出现在农村投资几十万甚至百万建个养鸭场，却不能用来抵押的现象。而且许多中小家庭农场本身的财务制度也不规范，还停留在以前小作坊的经营方式上，资金结算多是通过现金直接进行的。而银行要借钱给家庭农场，要掌握家庭农场的现金流、物流和信息流，同时银行还要了解家庭农场经营者的为人、其还款能力以及家族的背景，才会借钱给你。而家庭农场这种经营方式很难满足银行的要求，信息不对称，在银行就借不到钱。所以，家庭农场的经营管理必须规范有序、诚信经营、适度规模养殖，还要使资金流、物流、信息流对称。可见，良好的管理既是家庭农场经营管理的需要，也是家庭农场良性发展的基础条件。

4. 网络贷款

网络借贷是指个体和个体之间通过互联网平台实现的直接借贷。它是互联网金融（ITFIN）行业中的子类。网贷平台数量近两年在国内迅速增长。

2017年中央一号文件继续聚焦农业领域，支持农村互联网金融的发展，提出了鼓励金融机构利用互联网技术，为农业经营主体提供小额存贷款、支付结算和保险等金融服务。同时，由于农业强烈的刚需属性又保证了其必要性，农产品价格虽有浮动但波动不大，农产品一定的周期性又赋予了其稳定长线投资的特点，生态农业、农村金融已经成为中国农业发展的新蓝海。

5. 公司＋农户

公司＋农户是指家庭农场与实力雄厚的公司合作，由大公司提供鸭雏、饲料、兽药及服务保障，家庭农场提供场地和人工，等肉鸭出栏后交由合作的公司，合作公司按照约定的价格收购。这种方式可以有效地解决家庭农场有场地无资金的问题，风险较小，收入不高但较稳定。

6. 众筹养鸭

众筹养鸭是近几年兴起的一种经营模式，发起人为家庭农场、互联网理财平台或其他提供众筹服务的企业或组织等，跟投人为消费者或投资者，以自然人和团体为主，平台为互联

养鸭家庭农场致富指南

网、微信、手机 APP 等平台，如比较知名的网易考拉海购众筹、京东众筹和小米众筹，还有一些由发起人自建的微信、手机 APP 等众筹平台。

众筹养鸭的一般流程为：家庭农场自己发起或者由发起人选定家庭农场，确定众筹的条件，如鸭的品种、认筹价格、数量、生产期限、销售供应方式或回报等。然后由众筹平台发布、消费者认领、履约等阶段完成整个众筹过程。如某众筹养殖蛋鸭，你只要投资 1000 元，回报是每个月给你 1 箱鸭蛋，一箱鸭蛋 32 个，价值 450 元。还送你一箱价值 75 元的咸鸭蛋、价值 900 元的 10 个鸭子、100 元的蔬菜和农场一日游。

众筹鸭项目，可以帮助消费者找到可靠的采买订购对象，品尝到最新鲜最安全的食材，也为养殖农户解决了农产品难销难卖和创业资金不足的问题，从而实现了合作双赢。

小贴士：

无论采用何种筹集资金的方式，鸭场的前期建设资金还是要投资者自己准备好的。在决定采用借外力实现养鸭赚钱的时候，要事先有预案，选择最经济的借款方式，还要保证这些方式能够实现，要留有伸缩空间，绝不能落空。这就需要鸭场投资者具备广泛的社会关系和超强的鸭场经营管理能力，能够熟练应用各种营销手段。

（五）场地与土地

养鸭需要建设鸭舍、放养场地、鱼塘、水库、饲料储存和加工用房、人员办公和生活用房、消毒间、水房、锅炉房等生产和生活用房，以及废弃物无害化处理场所和厂区道路等。如果实行生态化放养的家庭农场，还需要有与之相配套的放养场地。实行种养结合的家庭农场，还需要种植本场所需饲料的农田等，这些都需要占用一定的土地作为保障。家庭农场养鸭用地也是投资兴办家庭农场必备的条件之一。

《全国土地分类》和《关于养殖占地如何处理的请示》规定：养殖用地属于农业用地，其上建造养殖用房不属于改变土地用途的行为，占用基本农田以外的耕地从事养殖业不再按照建设用地或者临时用地进行审批。应当充分尊重土地承包人的生产经营自主权，只要不破坏耕地的耕作层，不破坏耕种植条件，土地承包人可以自主决定将耕地用于养殖业。

自然资源部、农业农村部《关于设施农业用地管理有关问题的通知》自然资规〔2019〕4号规定：设施农业用地包括农业生产中直接用于作物种植和畜禽水产养殖的设施用地。其中，畜禽水产养殖设施用地包括养殖生产及直接关联的粪污处置、检验检疫等设施用地，不包括屠宰和肉类加工场所用地等。

设施农业属于农业内部结构调整，可以使用一般耕地，不需落实占补平衡。养殖设施原则上不得使用永久基本农田，涉及少量永久基本农田确实难以避让的，允许使用但必须补划。

设施农业用地不再使用的，必须恢复原用途。设施农业用地被非农建设占用的，应依法办理建设用地审批手续，原地类为耕地的，应落实占补平衡。

各类设施农业用地规模由各省（区、市）自然资源主管部门会同农业农村主管部门根据生产规模和建设标准合理确定。其中，看护房执行"大棚房"问题专项清理整治整改标准，养殖设施允许建设多层建筑。

市、县自然资源主管部门会同农业农村主管部门负责设施农业用地日常管理。国家、省级自然资源主管部门和农业农村主管部门负责通过各种技术手段进行设施农业用地监管。设施农业用地由农村集体经济组织或经营者向乡镇政府备案，乡镇政府定期汇总情况后汇交至县级自然资源主管部门。涉及补划永久基本农田的，须经县级自然资源主管部门同意后方可动工建设。

尽管国家有关部门的政策非常明确地支持养殖用地需要。但是，根据国家有关规定，规模化养鸭用地必须先经过申请，符合乡镇土地利用总规划，然后办理租用或征用手续，还要取得环境评价报告书和动物防疫条件合格证（图2-4）等。如今畜禽养殖的环保压力巨大，全国各地都划定了禁养区和限养区，选一块合适的养殖场地并不容易。

图2-4 动物防疫条件合格证

因此，在家庭农场用地上要做到以下三点。

1. 面积与养鸭规模配套

规模化养鸭需要占用的养殖场地较大，在建场规划时要本着既要满足当前养殖用地的需要，同时还要为以后的发展留有可拓展空间的原则。

如果家庭农场实行生态养鸭或者种养结合模式养鸭的，除了以上所需占地面积以外，还需要水库、鱼塘等放养场地或者饲料、饲草种植用地。

2. 自然资源合理

为了减少养殖成本，家庭农场养鸭要采用以利用当地自然资源为主的策略。自然资源主要是指当地的江河湖泊、水库等自然资源。当地产饲料的主要原料，如玉米、小麦、豆粕等要丰富，应尽量避免主要原料经过长途运输，增加饲料成本，从而增加了养殖成本。尤其是实行生态放养的家庭农场，对当地自然资源的依赖程度更高，可以说，家庭农场所在地如果没有可利用的自然资源，就不能投资兴办生态放养的家庭农场。

3. 可长期使用

投资兴办者一定要在所有用地手续齐全后方可动工兴建，以保证家庭农场长期稳定地运行，切不可轻率上马。否则，家庭农场的发展将面临环保、噪声、拆迁等诸多麻烦事。

小贴士：

在投资兴办前要做好养鸭场用地的规划、考察和确权工作。为了减少土地纠纷，家庭农场主要与土地的所有者、承包者当面确认所属地块边界，查看土地流转合同、农村土地承包经营权证（图2-5）、林权证（图2-6）等相关手续，与所在地村民委员会、乡镇土地管理所、林业站等有关土地、林地主管部门和组织确认手续的合法性，在权属明晰、合法有效的前提下，提前办理好土地、鱼塘、水库和林地租赁、土地流转等一切手续，保证家庭农场建设的顺利进行。

图 2-5　农村土地承包经营权证　　　　图 2-6　林权证

（六）饲养技术保障

养鸭是一门技术，是一门学问，科学技术是第一生产力。想要养得好，靠养鸭发家致富，不掌握养殖技术，没有丰富的养殖经验是断然不行的。可以说养殖技术是养鸭成功的保障。

1. 掌握技术的必要性

工欲善其事，必先利其器。干什么事情都需要掌握一定的方法和技术，掌握技术可以提高工作效率，使我们少走弯路或者不走弯路，养鸭也是如此。

养鸭需要很多专业的技术，绝不是盖个鸭舍、喂点饲料、给点水，保证鸭不风吹雨淋、饿不着、渴不着那么简单。涉及雏鸭的选择、温度和湿度控制、光照控制、通风换气、饲料配制、饲料投喂、饮水供应、疾病防治等一系列管理技术，这些技术是养鸭必不可少的，这些技术也决定着家庭农场养殖的成败。可见，养鸭技术对家庭农场正常运营的重要性。

2. 需要掌握的技术

现代规模养鸭生产的发展，将是以应用现代养鸭生产技术、设施设备、管理为基础，专业化、职业化员工参与的规模化、标准化、高水平、高效率的养鸭生产方式。规模养鸭需要掌握的技术很多，建场规划选址、鸭舍及附属设施设计建设、品种选择、饲料配制、鸭群饲养管理、繁殖、环境控制、防病治病、废弃物无害化处理、营销等养鸭的各个方面，都离不开技术的支撑，并根据办场的进度逐步运用。如在鸭场选址规划时，要掌握鸭场选址的要求、各类鸭舍及附属设施的规划布局。在正式开工建设时，要用到鸭舍样式结构及建筑材料的选择，养殖设备的类型、样式、配备数量、安装要求等技术。鸭舍建设好以后，就要涉及品种选择、种鸭或种蛋的引进方式、种鸭及雏鸭的挑选、饲料配制等技术。后续需要温度、湿度、光照、饮水、饲喂、卫生消毒、疾病防治、粪便无害化处理等日常饲养管理技术。这些技术都需要家庭农场的经营管理人员掌握和熟练运用。

3. 技术的来源

一是聘用懂技术会管理的专业人员。很多鸭场的投资人都是养鸭的外行，对如何养鸭一知半解，如果单纯依靠自己的能力很难胜任规模鸭场的管理工作，需要借助外力来实现鸭场的高效管理。因此，雇用懂技术会管理的专业人才是首选，雇用的人员要求最好是畜牧兽医专业毕业的，有丰富的规模鸭场实际管理经验，吃苦耐劳，以场为家，具有奉献精神。

二是聘请有关科技人员做顾问。如果不能聘用到合适的专业技术人员，同时本场的饲养员有一定的饲养经验和执行力，可以聘请农业院校、科研院所、各级兽医防疫部门的权威专家做顾问，请他们定期进场查找问题、指导生产、解决生产难题等。

三是使用免费资源。如今各大饲料公司和兽药生产企业都有负责售后的技术服务人员，这些人员中有很多人的养殖技术比较全面，特别是疾病的治疗技术较好，遇到弄不懂或不明白的问题可以及时向这些人请教。可以同他们建立联系，遇到问题及时通过电话、电子邮件、微信、登门等方式向他们求教。必要的时候可以请他们来场现场指导，请他们做示范，同时给全场的养殖人员上课，传授饲养管理方面的知识。

四是技术培训。技术培训的方式很多，如建立学习制度，购买养鸭方面的书籍，养鸭方面的书籍很多，可以根据本场员工的技术水平，选择相应的养鸭技术书籍来学习。采用互联网学习和交流也是技术培训的好方法。互联网的普及极大地方便了人们获取信息和知识，人们可以通过网络方便地进行学习和交流，及时掌握养鸭动态。互联网上涉及养鸭内容的网站很多，养鸭方面的新闻发布得也比较及时。但涉及养殖知识的原创内容不是很多，多数都是摘录或转载报纸和刊物的内容，内容重复率很高，学习时可以选择中国畜牧业协会、中国畜牧兽医学会等权威机构或学会的网站。还可以让技术人员多参加有关的知识讲座和有关会议，既扩大了视野，交流了养殖心得，又可以掌握前沿的养殖方法和经营管理理念。

小贴士：

实践中总结养鸭失败的原因有：没做好准备就养鸭、不注意育雏舍温湿度、随意开水与开食、饲料单一、不注重光照、连续应激、环境卫生差、消毒不严格、忽视防疫、乱用药物等。归纳起来，造成这些原因都与不懂养鸭技术有关。由于不掌握养殖技术，该做的工作不知道怎么做，该严格做的工作简单应付，甚至把错误的做法当作是正确的一直坚持。

（七）人员分工

家庭农场是以家庭成员为主要劳动力，这就决定了家庭农场的所有养鸭工作都要以家庭成员为主来完成。通常家庭成员有3人，即父母和一名子女，家庭农场养鸭要根据家庭成员的个人特点进行科学合理的分工。

一般父母的文化水平较子女低，接受新技术能力也相对较低，但他们平时在家里多饲养一些鸡、鸭、鹅、猪等，已经习惯了畜禽养殖和农活，只要不是特别反感的话，一般对畜禽饲养都积累了一些经验，有责任心，对鸭有爱心和耐心，可承担养鸭场的体力工作及饲养工作。子女一般都受过初中以上教育，有的还受过中等以上职业教育，文化水平较高，接受能力强，对外界了解较多，可承担鸭场的技术工作。但子女有年轻浮躁、耐力不足，特别对脏、苦、累的养殖工作不感兴趣的问题，需要家长加以引导。

鸭场的工作分工为：父亲负责饲料保障，包括饲料的采购运输和饲料加工、粪污处理、对外联络等；母亲负责饲喂及集蛋工作，包括育雏、喂料、鸭舍环境控制、集蛋等；子女负责技术工作，包括生产记录、消毒、防疫、电脑操作和网络销售等。

对于规模较大的家庭农场养鸭场，仅依靠家庭成员已经完成不了所有工作的，在哪一方面工作任务重，就雇用哪一方面的人，来协助家庭成员完成养鸭工作。如雇用一名饲养员或者技术员；也可以将饲料保障、防疫、粪污处理等工作交由专业公司去做，让家庭成员把主要精力放在饲养管理和鸭场经营上。

（八）满足环保要求

家庭农场养鸭涉及的环保问题，主要是粪污是否对养鸭场周围环境造成影响的问题。随着养殖总量不断上升，环境承载压力增大，畜禽养殖污染问题日益凸显。

规模养鸭在环境保护方面，要按照畜禽养殖有关环保方面的规定，进行选址、规划、建设和生产运行，做到养鸭生产不对周围环境造成污染，同时也不受到周围环境污染的侵害和威胁。只有做到这样，家庭农场养鸭才能够得以建设和长期发展，而不符合环保要求的养鸭场是没有生存空间的。

1. 选址要符合环保要求

规模化养鸭环保问题是建场规划时首先要解决好的问题。鸭场选址要符合所在地区畜牧业发展规划、畜禽养殖污染防治规划，满足动物防疫条件，并进行环境影响评价。《畜禽规模养殖污染防治条例》第十一条规定：禁止在饮用水水源保护区，风景名胜区；自然保护区的核心区和缓冲区；城镇居民区、文化教育科学研究区等人口集中区域；法律、法规规定的其他禁止养殖区域等区域内建设畜禽养殖场、养殖小区。第十二条规定：新建、改建、扩建畜禽养殖场、养殖小区，应当符合畜牧业发展规划、畜禽养殖污染防治规划，满足动物防疫条件，并进行环境影响评价。对环境可能造成重大影响的大型畜禽养殖场、养殖小区，应当编制环境影响报告书；其他畜禽养殖场、养殖小区应当填报环境影响登记表。大型畜禽养殖场、养殖小区的管理目录，由国务院环境保护主管部门商国务院农牧主管部门确定。除了以上的规定，考虑到以后鸭场的发展，还要尽可能地避开限养区。

2. 完善配套的环保设施

选址完成后，家庭农场还要设计好生产工艺流程，确定适合本场的粪污处理模式。目前，规模化鸭场粪污处理的模式主要有"三分离一净化"、生产有机肥料、微生物发酵床和"种养结合、农牧循环"等四种模式。

"三分离一净化"模式。"三分离"即"雨污分离、干湿分离、固液分离"，"一净化"即"污水生物净化、达标排放"。一是在畜禽舍与贮粪池之间设置排污管道排放污液，畜禽舍四周设置明沟排放雨水，实行"雨污分离"；二是将鸭场干粪清理至圈外干粪贮粪池，实行"干湿分离"，然后再集中收集到防渗、防漏、防溢、防雨的贮粪场，或堆积发酵后直接用于农田施肥，或出售给有机肥厂；三是使用固液分离机和格栅、筛网等机械、物理的方法，实行"固液分离"，减轻污水处理压力；四是污水通过沉淀、过滤，将有形物质再次分离，然后通过污水处理设备，进行高效生化处理，尾水再进入生态塘净化后，达标排放。这种模式是控制粪污总量，实现粪污"减量化"最有效、最经济的方法，适用于中小规模养殖户。

生产有机肥料模式。好氧堆肥发酵是目前利用畜禽粪便生产有机肥的主要模式。畜禽粪便进入加工车间后，根据其含水率适当加入谷糠、碎农作物秸秆、干粪等有机物调节水分和碳氮比，增加通气性，接入专用微生物菌种和酶制剂，以促进发酵过程正常进行。并配备专用设备，进行均质、发酵、翻抛、干燥。对大型养殖场可自建有机肥厂，对养殖户数多、规模小、密度大、消纳地紧张的畜禽高密度养殖区，可建专门有机肥厂，将粪污统一收集、集中处理。

微生物发酵床模式。一是内置式发酵床养殖，主要用于发酵床养鸭。选择碎秸秆、锯木屑、稻壳等通透性和吸水性较好的原料做垫料。二是外置式发酵床粪污降解。在畜禽舍外建造发酵床，用于畜禽粪污发酵降解。根据养殖规模确定床体大小，用稻壳、碎农作物秸秆加适量米糠做载体，每2～3天添加一次粪污，每天用旋翻机旋翻2～4次载体。消纳地紧张的中小规模养殖场（户）均可采用该模式。

"种养结合、农牧循环"模式。将畜禽粪便作为有机肥施于农田，生长的农作物产品及副产品作为畜禽饲料，这种"种养结合、农牧循环"模式，有利于种植业与养殖业有机结合，是实行畜禽粪便"资源化、生态化"利用的最佳模式。养殖场根据粪污产生情况，在周边签订配套农田，实现畜禽养殖与农田种植直接对接。一是粪污直接还田。将畜禽粪污收集于贮粪池中堆沤发酵，于施肥季节作有机肥施于农田。二是"畜-沼-种"种养循环。通过沼气工程对粪污进行厌氧发酵，沼气作能源用于照明、发电，沼渣用于生产有机肥，沼液用于农田施肥。

规模养鸭根据本场实际情况选择适合于本场的粪污处理模式后，再根据所选择模式的要求，设计和建设与生产能力相配套、相适应的粪污无害化处理设施。当然，如果家庭农场所在地有专门从事畜禽粪便处置的处理中心，也可将本场的畜禽粪便和（或）粪水交由处理中心实行专业化收集和运输，进行集中处理和综合利用。

专家认为，基于我国畜禽养殖小规模、大群体与工厂化养殖并存的特点，坚持能源化利用和肥料化利用相结合，以肥料化利用为基础，能源化利用为补充，同步推进畜禽养殖废弃物资源化利用，是解决畜禽养殖污染问题的根本途径。

总之，家庭农场养鸭要按照《畜禽规模养殖污染防治条例》《中华人民共和国环境保护法》《水十条》等法规的要求，在鸭场建设时严格执行环保"三同时"制度（防治环境污染和生态破坏的设施，必须与主体工程同时设计、同时施工、同时投产使用的制度，简称"三同时"制度）。

3. 保障环保设施良好运行的机制

家庭农场在生产中要保障粪污处理设施的良好运行，除了制定严格的生产制度和落实责任制外，还要在兽药和饲料及饲料添加剂的使用上做好工作，以实现养殖过程清洁化、粪污处理资源化、产品利用生态化的总要求。如在生产过程中不滥用兽药和添加剂，有效控制微量元素添加剂的使用量，严格禁止使用对人体有害的兽药和添加剂，提倡使用益生素、酶制剂、天然中草药等。严格执行兽药和添加剂停药期的规定。使用高效、低毒、广谱的消毒药物，尽可能少用或不用对环境易造成污染的消毒药物，如强酸、强碱等。

小贴士：

目前，规模化养鸭场的粪污要求无害化处理和资源化利用。粪污处理方式主要有发酵罐、固液分离、有机肥生产和种养结合这四种方式。沼气法已基本淘汰。

二、家庭农场的认定与登记

目前，我国家庭农场的认定与登记尚没有统一的标准，均是按照《农业部关于促进家庭农场发展的指导意见》（农经发〔2014〕1号）的要求，由各省、自治区、直辖市及所属地区自行出台相应的登记管理办法。因此，兴办家庭农场前，要充分了解所在地区的家庭农场认定条件。

（一）认定的条件

申请家庭农场认定，各地区对具备条件的要求大体相同，如必须是农民户籍、以家庭成员为主要劳动力、依法获得的土地、适度规模、生产经营活动有完整的财务收支核算等。但是，因各省地域条件及经济发展状况的差异，认定的条件也略有不同，家庭农场需要根据当地要求的条件进行准备。

（二）认定程序

各省对家庭农场认定的一般程序基本一致，经过申报、初审、审核、评审、公示、颁证和备案等七个步骤（图2-7）。

图 2-7 家庭农场认定一般程序

1. 申报

农户向所在乡镇人民政府（街道办事处）提出家庭农场认定申请，并提供以下材料原件和复印件。

（1）认定申请书；

附：家庭农场认定申请书（仅供参考）

申　请

县农业农村局：

我叫×××，家住××镇××村×组，家有×口人，有劳动能力×人，全家人一直以鸭养殖为主，取得了很可观的经济收入。同时也掌握了科学养鸭的技术和积累了丰富的鸭场经营管理经验。

我本人现有鸭舍×栋，面积×××平方米，年出栏××××只。鸭场用地×××亩（其中自有承包村集体土地××亩，流转期限在10年的土地××亩），具有正规合法的农村土地承包经营权证和《土地流转合同》等经营土地证明。用于种植的土地相对集中连片，土壤肥沃，适宜于种植有机饲料原料，生产的有机饲料原料可满足本场有机鸭的生产需要。因此我决定申办养鸭家庭农场，扩大生产规模，并对周边其他养鸭户起示范带动作用。

此致

敬礼.

申请人：××

20××年××月××日

（2）申请人身份证；

（3）农户基本情况（从业人员情况、生产类别、规模、技术装备、经营情况等）；

附：家庭农场认定申请表（仅供参考）

家庭农场认定申请表

填报日期： 年 月 日

申请人姓名		详细地址				
性别		身份证号码			年龄	
籍贯		学历 技能 特长				
家庭从业人数		联系电话				
生产规模		其中连片面积				
年产值		纯收入				
产业类型		主要产品				
基本经营情况						
村（居）民委员会意见		乡镇（街道）审核意见				
县级农业行政主管部门评审意见						
备案情况						

（4）土地承包、土地流转合同或农村土地承包经营权证等证明材料；

附：土地流转合同范本

土地流转合同范本

甲方（流出方）：＿＿＿＿＿＿＿

乙方（流入方）：＿＿＿＿＿＿＿

双方同意对甲方享有承包经营权、使用权的土地在有效期限内进行流转，根据《中华人民共和国合同法》《中华人民共和国农村土地承包法》

《农村土地承包经营权流转管理办法》及其他有关法律法规的规定，本着公正、平等、自愿、互利、有偿的原则，经充分协商，订立本合同。

一、流转标的

甲方同意将其承包经营的位于 _____ 县（市）_____ 乡（镇）_____ 村 _____ 组 _____ 亩土地的承包经营权流转给乙方从事 _____ 生产经营。

二、流转土地方式、用途

甲方采用以下土地转包、出租的方式将其承包经营的土地流转给乙方经营。

乙方不得改变流转土地用途，用于非农生产，合同双方约定 _____。

三、土地承包经营权流转的期限和起止日期

双方约定土地承包经营权流转期限为 _____ 年，从 _____ 年 _____ 月 _____ 日起，至 _____ 年 _____ 月 _____ 日止，期限不得超过承包土地的期限。

四、流转土地的种类、面积、等级、位置

甲方将承包的耕地 _____ 亩流转给乙方，该土地位于 _____ _____。

五、流转价款、补偿费用及支付方式、时间

合同双方约定，土地流转费用以现金（实物）支付。乙方同意每年 _____ 月 _____ 日前分 _____ 次，按 _____ 元 / 亩或实物 _____ 公斤 / 亩，合计 _____ 元流转价款支付给甲方。

六、土地交付、交回的时间与方式

甲方应于 _____ 年 _____ 月 _____ 日前将流转土地交付乙方。乙方应于 _____ 年 _____ 月 _____ 日前将流转土地交回甲方。

交付、交回方式为 _____。并由双方指定的第三人 _____ 予以监证。

七、甲方的权利和义务

（一）按照合同规定收取土地流转费和补偿费用，按照合同约定的期限交付、收回流转的土地。

（二）协助和督促乙方按合同行使土地经营权，合理、环保正常使用土地，协助解决该土地在使用中产生的用水、用电、道路、边界及其他方面的纠纷，不得干预乙方正常的生产经营活动。

（三）不得将该土地在合同规定的期限内再流转。

八、乙方的权利和义务

（一）按合同约定流转的土地具有在国家法律、法规和政策允许范围内，从事生产经营活动的自主生产经营权，经营决策权，产品收益、处置权。

（二）按照合同规定按时足额交纳土地流转费用及补偿费用，不得擅自改变流转土地用途，不得使其荒芜，不得对土地、水源进行毁灭性、破坏性、伤害性的操作和生产。履约期间不能依法保护，造成损失的，乙方自行承担责任。

（三）未经甲方同意或终止合同，土地不得擅自流转。

九、合同的变更和解除

有下列情况之一者，本合同可以变更或解除。

（一）经当事人双方协商一致，又不损害国家、集体和个人利益的。

（二）订立合同所依据的国家政策发生重大调整和变化的。

（三）一方违约，使合同无法履行的。

（四）乙方丧失经营能力使合同不能履行的。

（五）因不可抗力使合同无法履行的。

十、违约责任

（一）甲方不按合同规定时间向乙方交付流转土地，或不完全交付流转土地，应向乙方支付违约金 _____ 元。

（二）甲方违约干预乙方生产经营，擅自变更或解除合同，给乙方造成损失的，由甲方承担赔偿责任，应支付乙方赔偿金 _____ 元。

（三）乙方不按合同规定时间向甲方交回流转土地或不完全交回流转土地，应向甲方支付违约金 _____ 元。

（四）乙方违背合同规定，给甲方造成损失的，由乙方承担赔偿责任，向甲方偿付赔偿金 _____ 元。

（五）乙方有下列情况之一者，甲方有权收回土地经营权。

1. 不按合同规定用途使用土地的；

2. 对土地、水源进行毁灭性、破坏性、伤害性的操作和生产，荒芜土地的，破坏地上附着物的；

3. 不按时交纳土地流转费的。

十一、特别约定

（一）本合同在土地流转过程中，如遇国家征用或农业基础设施使用该土地时，双方应无条件服从，并约定以下第 _____ 种方式获取国家征用土地补偿费和地上种苗、构筑物补偿费。

1. 甲方收取；

2. 乙方收取；

3. 双方各自收取 _____%；

4. 甲方收取土地补偿费，乙方收取地上种苗、构筑物补偿费。

（二）本合同履约期间，不因集体经济组织的分立、合并，负责人变更，双方法定代表人变更而变更或解除。

（三）本合同终止，原土地上新建附着构筑物，双方同意按以下第_____ 种方式处理。

1. 归甲方所有，甲方不作补偿；

2. 归甲方所有，甲方合理补偿乙方 _____ 元；

3. 由乙方按时拆除，恢复原貌，甲方不作补偿。

（四）国家征用土地，乡（镇）土地流转管理部门、村集体经济组织、村委会收回原土地重新分配使用，本合同终止。土地收回重新分配给甲方或新承包经营人使用后，乙方应重新签订土地流转合同。

十二、争议的解决方式

在履行本合同过程中发生的争议，由双方协商解决，也可由辖区的市场监督管理部门调解；协商或调解不成的，按下列第 _____ 种方式解决。

（一）提交仲裁委员会仲裁。

（二）依法向 _____ 人民法院起诉。

十三、其他约定

本合同一式四份，甲方、乙方各一份，乡（镇）土地流转管理部门、村集体经济组织或村委会（原发包人）各一份，自双方签字或盖章之日起生效。

如果是转让土地合同，应以原发包人同意之日起生效。

本合同未尽事宜，由双方共同协商，达成一致意见，形成书面补充协议。补充协议与本合同具有同等法律效力。

双方约定的其他事项 _____。

甲方：

乙方：

年　　月　　日

（5）从事养殖业的须提供动物防疫条件合格证；

（6）其他有关证明材料。

2. 初审

乡镇人民政府（街道办事处）负责初审有关凭证材料原件与复印件的真实性，签署意见，报送县级农业农村行政主管部门。

3. 审核

县级农业农村行政主管部门负责对申报材料的真实性进行审核，并组织人员进行实地考察，形成审核意见。

4. 评审

县级农业农村行政主管部门组织评审，按照认定条件，进行审查，综合评价，提出认定意见。

5. 公示

经认定的家庭农场，在县级农业信息网等公开媒体上进行公示，公示期不少于7天。

6. 颁证

公示期满后，如无异议，由县级农业行政主管部门发文公布名单，并颁发家庭农场资格认定证书（图2-8）。

图2-8 家庭农场资格认定证书

7.备案

县级农业农村行政主管部门对认定的家庭农场申请、考察、审核等资料存档备查。由农民专业合作社审核申报的家庭农场要到乡镇人民政府（街道办事处）备案。

（三）注册

申办家庭农场应当依法注册登记，领取营业执照，取得市场主体资格。市场监督管理部门是家庭农场的登记机关，按照登记权限分工，负责本辖区内家庭农场的注册登记。

① 家庭农场可以根据生产规模和经营需要，申请设立为个体工商户、个人独资企业、普通合伙企业或者公司。

② 家庭农场申请工商登记的，其企业名称中可以使用"家庭农场"字样。以公司形式设立的家庭农场的名称依次由行政

区划＋商号＋"家庭农场"＋"有限公司（或股份有限公司）"字样四个部分组成。以其他形式设立的家庭农场的名称依次由行政区划＋商号＋"家庭农场"字样三个部分组成。其中，普通合伙企业应当在名称后标注"普通合伙"字样。

③家庭农场的经营范围应当根据其申请核定为"××（农作物名称）的种植、销售；××（家畜、禽或水产品）的养殖、销售；种植、养殖技术服务"。

④法律、行政法规或者国务院决定规定属于企业登记前置审批项目的，应当向登记机关提交有关许可证件。

⑤家庭农场申请工商登记的，应当根据其申请的主体类型向市场监督管理部门提交市场监督管理总局规定的申请材料。

⑥家庭农场无法提交住所或者经营场所使用证明的，可以持乡镇、村委会出具的同意在该场所从事经营活动的相关证明办理注册登记。

第三章

鸭场建设与环境控制

一、场址选择

选择场地时，应根据种鸭、商品蛋鸭和商品肉鸭等不同种类的饲养方式、规模等基本特点，对地势、地形、土质、水源、供电等条件进行全面考虑。良好的环境条件是：保证养鸭场周围具有较好的小气候条件，有利于养鸭场内空气环境控制；便于实施卫生防疫措施；便于合理组织生产和提高劳动效率，同时要考虑继续发展的需要。

一个合理的养鸭场址应该满足地势高燥平坦、向阳避风、排水良好、隔离条件好、远离污染、交通便利、水电充足可靠等条件。要根据养殖的性质、自然条件和社会条件等因素进行综合衡量而决定选址。具体应该考虑以下几个方面。

（一）地势高燥，土质良好

养鸭场场址应地势高燥、采光充足、远离沼泽湖洼，避开山坳谷底及山谷洼地等易受洪涝威胁地段。选择地下水位在2米以下，地势在历史洪水线以上。背风向阳，能避开西北方向的风口地段。场区空气流通，无涡流现象。南向或南偏东向，夏天利于通风，冬天利于保温。还应避开断层、滑坡、塌陷和地下泥沼地段。要求土质透气透水性强、毛细管作用弱、吸湿性和导热性小、质地均匀、抗压性强，以沙壤土类最为理想。地形开阔整齐，利于建筑物布局和建立防护设施。

（二）符合卫生防疫要求，隔离条件好

场址选在远离村庄及人口稠密区，其距离视家禽场规模、粪污处理方式和能力、居民区密度、常年主风向等因素而决定，以最大限度地减少干扰和降低污染危害为最终目的，能远离的尽量远离。附近无大型化工厂、矿厂、家禽场与其他畜牧场。

（三）水源充足可靠

水源包括地面水、地下水和降水等。资源量和供水能力应能满足养鸭场的总需要，且水质洁净、无污染，水源充足，取用方便、省力，处理简便。鸭养殖过程中需要大量水，除了鸭饮水，棚舍和用具的清洗及消毒等用水以外，鸭的放牧、洗浴和交配也都离不开水，所以养鸭场应建在有稳定、可靠水源的地方，一般的养鸭场应尽量利用天然水域，水源充足是首要条件，即使是干旱的季节，也不能断水。宜选在河流、沟渠、水塘和湖泊边缘。水面尽量宽阔，水活浪小，水深为 1～2 米。如果是河流交通要道，不应选主航道，以免骚扰过多，引起鸭群应激。但大中型养鸭场如果利用天然水域进行放牧可能对水域造成污染，可修建人工放牧水池。无天然水域可以利

用的养鸭场，实行旱养的，养殖场（户）应考虑在所建鸭场附近打井，修建水塔。要求水质符合无公害食品饮用水质的要求。

（四）供电稳定

不仅要保证满足最大电力需要量，还要求常年正常供电，接用方便、经济。最好是有双路供电条件或自备发电机、送配电装置。

（五）地形要开阔平坦

地面要平坦或有 1%～3% 的坡度，便于排放污水、雨水等。保证场区内不积水，不能建在低洼地。地形应适合建造东西长、坐北朝南的棚舍，或者适合朝东南或朝东方向建棚。不要过于狭长和边角过多，否则不利于养殖场及其他建筑物的布局和棚舍、运动场的消毒。

（六）远离噪声源和污染严重的水渠及河边

家禽场周围 3 公里内要求无大型化工厂、矿厂，距离其他畜牧场应至少 1 公里以外。严禁在饮用水源、食品厂上游，水保护区，旅游区，自然保护区，其他畜禽场，屠宰厂，候鸟迁徙途径地和栖息地，环境污染严重以及畜禽疫病常发区建场。

（七）交通便利

距公路干线及其他养殖场较远，距离至少在 1000 米以上，能保证货物的正常送到和销售运输即可。

（八）面积适宜

养鸭场包括养鸭舍、育雏室、生活住房、饲料库等房舍，建筑用地面积大小应当满足养殖需要，最好还要为以后发展留出空间。鸭场的建筑系数（建筑系数指建筑面积占养鸭场场地总面积的百分数）为 20％～35％，若本场在饲养商品肉鸭或蛋鸭的同时，还饲养种鸭及孵化，且栽种牧草作为饲料，其占用的场地另行计算。如建造一个 5000 只肉鸭场，占地面积一般为 2000 平方米左右，若考虑以后发展，面积还要增加。

（九）符合国家畜牧行政主管部门关于家禽企业建设的有关规定

禁止在生活饮用水水源保护区、风景名胜区、自然保护区的核心区及缓冲区、城市和城镇居民区、文教科研区、医疗区等人口集中地区，以及国家或地方法律、法规规定需特殊保护的其他区域内修建禽舍。

小贴士：

养鸭场一旦建成位置将不可更改，如果位置非常糟糕的话，几乎不可能维持鸭群的长期健康。可以说，场址选择的好坏，直接影响着养鸭场将来生产和鸭场的经济效益。

一个合理的养鸭场址应该满足地势高燥平坦、向阳避风、排水良好、隔离条件好、远离污染、交通便利、水电充足可靠等条件。要根据养殖的性质、自然条件和社会条件等因素进行综合衡量而决定选址。

良好的环境条件是：保证养鸭场周围具有较好的小气候条件，有利于养鸭场内空气环境控制；便于实施卫生防疫措施；便于合理组织生产和提高劳动效率，同时要考虑继续发展的需要。

二、规划布局

按照生物安全和饲养管理的要求，规模化养鸭场通常应划分为相互隔离的3个功能区，即管理区、生产区和疫病处理区。布局时应从人和鸭保健的角度出发，建立最佳的生产联系和兽医卫生防疫条件，并根据地势和本地区常年主导风向合理安排各功能区的位置。具体布局见鸭场按地势、风向分区规划示意图（图3-1）。

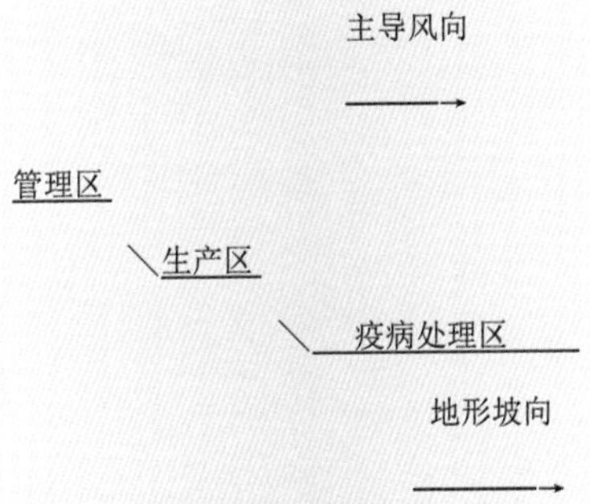

主导风向

→

管理区

生产区

疫病处理区

地形坡向

→

图 3-1 鸭场按地势、风向分区规划示意图

管理区主要进行经营管理、职工生活福利等活动，在场外运输的车辆和外来人员只能在此区活动。由于该区与外界联系频繁，故应在其大门处设立消毒池、门卫室和消毒更衣室等。除饲料库外，车库和其他仓库应设在管理区。

生产区是养鸭场的核心，该区的规划与布局要根据生产规模确定。养鸭生产规模较大的，应按照不同类型、不同日龄鸭分开隔离饲养，实行全进全出的生产制度。相邻鸭舍之间应有足够的安全距离，根据生产的特点和环节确定各建筑物之间的最佳生产联系，不能混杂交错配置，并尽量将各个生产环节安排在不同的地方，如种鸭场、肉鸭场、孵化车间、饲料生产车间、屠宰加工车间等需要尽可能地分散布置，以便于对人员、鸭群、设备、运输甚至气流方向等进行严格的生物安全控制。场区内要求道路直而线路短，运送饲料、鸭及鸭蛋的道路不能与粪便等废弃物运送道路共用或交叉。

饲料库是生产区的重要组成部分，其位置应安排在生产区与管理区的交界处，这样既方便饲料由场外运入，又可避免外面车辆进入生产区。储粪场或废弃物处理场应设置在与饲料调制间相反的一侧，并使之到各舍之间的总距离最短。

疫病处理区应设在全场下风向和地势最低处，并与生产区保持一定的卫生间距，周围应有天然的或人工的隔离屏障，如深沟、围墙、栅栏或浓密的乔灌木混合林等。该区应设单独的通道与出入口，处理病死鸭尸体的尸坑或焚烧炉应严密防护和隔离，以防病原体的扩散和传播。

👤 小贴士：

鸭场建设可分期进行，但总体规划设计要一次完成。切忌边建设边设计边生产，导致布局零乱，特别是如果附属设施资源各生产区不能共享，不仅造成浪费，还给生产管理带来麻烦。鸭场规划设计涉及气候环境，地质土壤，鸭的生物学特性、生理习性，建筑知识等各个方面，要多参考借鉴正在运行鸭场的成功经验，请教经验丰富的实战专家，或请专业设计团队来设计，确保一次成功，少走弯路，不花冤枉钱。

三、鸭舍建筑与设施配置

（一）鸭舍建筑

鸭舍分临时性简易鸭舍和长期性固定鸭舍两大类。我国农村早期的小型鸭场大都用简易鸭舍，近几年创建的大中型鸭场大都是固定鸭舍。从长远考虑，为保证生产的稳定性和高效养鸭的需要，以固定式保温鸭舍为宜。家庭农场可根据自身的经济条件和当地的资源情况选择一种合适的鸭舍。

完整的平养鸭舍通常由鸭舍、陆上运动场（鸭滩）、水上运动场（水围）三个部分组成，这三部分面积的比例一般为1:（1.5～2）:（1.5～2）。在鸭舍、陆上运动场、水上运动场这三部分的连接处，均需用围栏把它围成一体，使每一单间都自成一个独立体系，以防鸭互相走乱混杂。

1. 鸭舍

鸭舍一般分为育雏舍、育成（或青年）鸭舍、种鸭舍或产蛋鸭舍、肉用仔鸭舍或填鸭舍四类。四类鸭舍的要求各有差异。

鸭舍的基本要求是，鸭舍屋顶应具有良好的保温隔热和防水性能。鸭舍的墙壁应便于清扫、冲洗和消毒。鸭舍内地面应坚实、平坦。冬暖夏凉，空气流通，遮阳防晒，光线充足和防止兽害，便于饲养管理，便于实施防疫和消毒，以及经济耐用（视频3-1）。

视频 3-1 鸭舍

鸭舍的朝向在综合考虑当地地形、主导风向及其他条件的情况下，南向鸭舍可适当向东或向西偏转15°～30°，南方地区以防暑为主，因尽量避开西晒，以向东偏转为好；北方地区朝向偏转的自由度可大一些。

鸭舍宽度通常为8～10米，长度视需要而定，一般不超过100米，内部分隔成若干隔间，隔间可采用实墙隔离成单独的饲养单元，也可采用矮墙或低网（栅），做部分隔离。

（1）育雏舍　育雏舍（图3-2）要求温暖、干燥、保温性能良好，空气流通而无贼风，电力供应稳定。育雏舍采用砖瓦结构的封闭式，檐高有2～2.5米，内设保温天棚，设若干南北窗户，以增加保温性能。窗与地面面积之比一般为（1:8）～（1:10），南窗离地面60～70厘米，设置气窗，便于空气调节，北窗面积为南窗的1/3～1/2，离地面100厘米左右，所有窗子与下水道通外的口子要装上铁丝网，以防兽害。育雏地面最好用水泥或砖铺成，以便于消毒，并向一边略倾斜，以利排水。室内放置饮水器的地方，要有排水沟，并盖上网板，雏鸭饮水时溅出的水可漏到排水沟中排出，确保室内干燥。为便于保温和管理，育雏室应隔成几个小间。商品蛋鸭舍每间的深度8～10米，宽度7～8米，近似于方形，便于

图3-2　育雏舍

鸭群在舍内作转圈活动，绝对不能把鸭舍分隔成狭窄的长方形，否则鸭子进舍转圈时，极容易踩踏致伤。通常每间养 500 只左右。在育雏舍的一头设仓库、饲料室和饲养员宿舍。

（2）育成鸭舍　育成鸭舍也称青年鸭舍。育成阶段鸭的生活力较强，对温度的要求不如雏鸭严格。因此，育成鸭舍的建筑结构简单，基本要求是能遮挡风雨、夏季通风、冬季保暖、室内干燥。规模较大的鸭场，建筑育成鸭舍时，可参考育雏鸭舍，建设保温效果好的鸭舍。育成舍养鸭见视频3-2。

视频 3-2 育成舍养鸭实例

（3）种鸭舍或产蛋鸭舍　种鸭舍或产蛋鸭舍有单列式和双列式两种。双列式鸭舍中间设走道，两边都有陆上运动场和水上运动场，在冬天结冰的地区不宜采用双列式。单列式鸭舍冬暖夏凉，较少受季节和地区的限制，故大多采用这种方式。单列式鸭舍走道应设在北侧。种鸭舍要求防寒、隔热性能更好，有保温顶棚。屋檐高 2.6～2.8 米。窗与地面面积比要求 1：8 或 1：8 以上，特别在南方地区南窗应尽可能大些，离地 60～70 厘米以上的大部分做成窗，北窗可小些，离地 100～120 厘米。舍内地面用水泥或砖铺成，并有适当坡度，饮水器置于较低处，并在其下面设置排水沟。较高处设置产蛋箱或在地面上靠近墙边的地方砌若干个池子，池边高度 10 厘米左右，池子里面铺稻草或稻壳等以供产蛋之用。

（4）肉用仔鸭舍或填鸭舍　肉用仔鸭舍和填鸭舍的要求与育雏鸭舍基本相同，但窗户可以小些，通风量应大些，要便于消毒。肉用仔鸭采用笼养和网上平养时房舍应适当高些。

2. 陆上运动场

陆上运动场（鸭滩）一端紧连鸭舍，一端直通水面，是为鸭群提供采食、梳理羽毛、运动和休息的场所，面积为鸭舍的 1.5 ～ 2 倍（图 3-3）。运动场地面用砖、水泥等材料铺成，也可以用夯实的泥地，最好是渗水性好的沙土地，要求必须平整，不允许坑坑洼洼，以免蓄积污水。有的鸭场把喂鸭后剩下的贝壳、螺蛳壳平铺在泥地的鸭滩上，这样，即使在大雨以后，鸭滩也不会积水，仍可保持干燥清洁。陆上运动场与水上运动场的连接部，用砖头或水泥制成一个 10°左右坡度的斜坡，以利排水，水泥地面要防滑。此处是鸭群入水和上岸必经之地，使用率极高，而且还要受到水浪的冲击，很容易坍塌凹陷，必须用石块砌好，浇上水泥，把坡面修得很平整坚固，斜坡应延伸至水上运动场的水下 10 厘米。最好在水位最低的枯水期内修建坡面。

图 3-3　陆上运动场

运动场面积的 1/2 应搭有凉棚或种植落叶的乔木或落叶的果树（如葡萄等），并用水泥砌成 1 米高的围栏，以免鸭子入内啄伤幼树的枝叶，同时防止浓度很高的鸭粪肥水渗入树的根

养鸭家庭农场致富指南

部致使树木死亡。在鸭滩上植树，不仅能美化环境，而且还能充分利用鸭滩的土地和剩余的肥料，促进树木和水果丰收，增加经济收入。还可以在盛夏季节遮阳降温，使鸭舍和运动场的小环境比没有种树的地方，温度下降3～5℃，一举多得，生产者对此要高度重视。

3. 水上运动场

水上运动场（水围）是供鸭洗浴、嬉耍和配种的场所（图3-4）。其面积不少于陆上运动场，考虑到枯水季节水面缩小，如条件许可，尽量把水上运动场扩大些，有利于鸭群运动。水上围栏的上沿高度应超过最高水位50厘米，下沿最好深入河底，或低于最低水位50厘米。水上运动场可利用天然沟塘、河流、湖泊，也可用人工浴池。如利用天然河流作为水上运动场，靠陆上运动场这一边，要用水泥或石头砌成。人工浴池一般宽2.5～3米，深0.3～0.5米，用水泥制成。人工浴池的排水口要有一个沉淀井，排水时可将泥沙、粪便等沉淀下来，避免堵塞排水道。

图3-4 水上运动场

一个合格的鸭舍要具备：冬季暖和、夏季凉爽、通风良好、遮光防晒、光源充裕、避免兽害、利于喂养、管理方便、利于防疫和消毒、建设经济、经久耐用。

（二）设备设施

1. 网床

网床（图 3-5 和视频 3-3）的网面可采用软质塑料网、镀锌钢丝网、木栅网、竹片（竿）栅网。框架可用直径 5 厘米的竹竿或相应规格的木料按可利用空间制作。当用竹竿或木栅网时，亦可直

视频 3-3 高架网床

接固定在砖砌的短墙上。框架支撑采用水泥预制件、砖垛、短墙皆可。高度以使网面距地面 80 ～ 120 厘米为宜。

网床安装时，过道一侧围以塑料网或木栅，高度为 30 ～ 40 厘米。网床过长时，可用网片分隔成小的区块。

塑料网规格：前期（0 ～ 14 日龄）用 1.7 ～ 3.5 厘米大小的网眼，后期（15 日龄后）用 2.0 ～ 4.0 厘米大小的网眼。塑料网的交接处用竹片 / 木片钉好压实。

栅网规格：用直径 1.0 ～ 1.5 厘米的竹竿或 1.0 ～ 1.5 厘米宽的木条、竹篾，按 1.5 ～ 2.0 厘米的间隙钉制成栅网；或用直径 2.0 ～ 3.0 厘米的镀塑或镀锌钢丝焊接成网孔长 2.0 厘米的网片。育雏床竹片 / 木片间距 1.0 厘米，中大鸭竹片 / 木片间距 2.0 厘米。

2. 蛋鸭笼

蛋鸭笼（图 3-6）一般长 1.95 米，宽 46 厘米，高 43 厘米，

一个蛋鸭笼有五个笼位或者四个笼位。每个可以养 10 只或 12 只左右的蛋鸭。一组 6 个笼子，可养蛋鸭 60 只或者 72 只。

图3-5　网床养鸭　　　　　　　图3-6　蛋鸭笼

3. 肉鸭笼

肉鸭笼（图 3-7）为叠层式，一般有三层笼或四层笼。每层之间有清粪带。笼具安装时每两笼背靠背安装，数个或数十个笼子组成一列，每两列之间留有过道。

4. 喂料用具

喂鸭的工具式样很多，有饲料盘、饲槽、料桶、塑料布或盆等，根据鸭的不同生长阶段采用不同的工具。

饲料盘（图 3-8）和塑料布多用于雏鸭开食，饲料盘一般采用浅料盘，采用的塑料布反光性要强，以便雏鸭发现食物。也可以用竹席、草席代替。饲槽或料桶（图 3-9、图 3-10）可用于各种阶段的鸭，饲槽应底宽上窄，防止饲料浪费。料桶能存放较多饲料，并且可以一边采食一边自动下料，节省人工，使鸭子采食均匀，尤其适合于喂用颗粒饲料。如喂用粉料，必

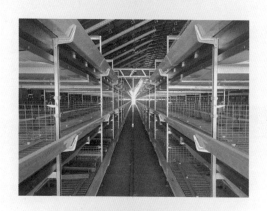

图 3-7　肉鸭笼

图 3-8　饲料盘　　　　图 3-9　料桶　　　　图 3-10　鸭用大料桶

须十分干燥，也不能粉碎过细，以免受潮后结块降低品质，影响下料。较大的青年鸭和种鸭采用料桶或自动上料线（图 3-11、图 3-12），也可用无毒的塑料盆，作为食盆，这种食盆便于清洗、消毒和搬动。填肥鸭采用填鸭机。

图 3-11 自动料线用料盘　　图 3-12 料盘使用现场图

　　填饲机械通常分为手动填饲机和电动填饲机两类。

　　（1）手动填饲机　手动填饲机（图 3-13）规格不一，主要由料箱和唧筒两部分组成。填饲嘴上套橡皮软管，其内径 1.5 ～ 2 厘米，管长 10 ～ 13 厘米。手动填饲机结构简单，操作方便，适用于小型鸭场使用。

图 3-13 手动填饲机　　　图 3-14 电动填饲机

（2）电动填饲机　电动填饲机（图3-14）又可分为两大类型。一类是螺旋推运式，它利用小型电动机，带动螺旋推运器，推运玉米经填饲管填入鸭食管。这种填饲机适用于填饲整粒玉米，效率较高，多用于生产鸭肥肝时使用。另一类是压力泵式，它利用电动机带动压力泵，使饲料通过填饲管进入鸭食管。这种填饲机采用尼龙和橡胶制成的软管作填饲管，不易造成咽喉和食管的损伤，也不必多次向食管捏送饲料，生产率也高。这种填饲机适合于填饲糊状饲料，多用于烤鸭填饲。

5. 饮水用具

养鸭用的饮水器的式样很多，供鸭饮水之用，有塔式（图3-15）、普拉松饮水器（图3-16）、乳头式（图3-17、图3-18）、长流水水槽（图3-19）等多种类型。成年鸭的饮水器，可以用无毒的塑料盆或陶钵，也可以用小水缸。但必须注意，用口径较大的盆式或者槽式饮水器，必须在盆或水槽上方加盖格栅罩子（用竹条或粗铁丝制成，图3-20），以防鸭子在饮水时进入盆中洗澡，污染饮用水。

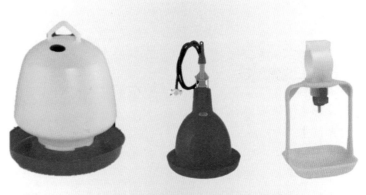

图3-15　塔形真空饮水器　　图3-16　普拉松自动饮水器　　图3-17　乳头式饮水器

图 3-18 水线使用现场

图 3-19 长流水水槽使用现场

图 3-20 带格栅水槽

　　生产实践中有一种自制的饮水管比较实用，饮水管采用
7.5 厘米 PVC 管制作，长度 2 米，每个饮水管钻有 20 个饮水孔
供鸭饮用。采用内置式控水阀，根据鸭日龄合理调整水位高低。
这种饮水管造价低廉，制作简单，控水精准。较小的饮水孔既
方便鸭饮水，又不便于鸭摆头衔水洗浴，不会出现饮水溢出或
泼洒现象，在保证鸭有充足饮水供应的情况下，控制了饮水浪
费和污水产生，比传统普拉松饮水器节水 1/3，而且没有污水产
生和排放。根据棚宽配置，每栋鸭舍可配置两列饮水器，可顺
向布置在两侧，也可横向置于过道两侧。

6.鸭舍的保温设备和用具

鸭育雏时所必需的保温设备和用具，大多数与鸡的育雏保温设备和用具相同。各地可以根据本地区的特点选择使用。

（1）煤炉　煤炉（图3-21）采用类似火炉的进风装置，进气口设在底层，将煤炉的原进风口堵死，另装一个进气管，其顶部加一小块玻璃，通过玻璃的开启来控制火力调节温度。炉的上侧装有一排气烟管，通向室外。此法多用来提高室温，采用此法时务必注意通气，防止一氧化碳中毒。

图3-21　煤炉

（2）保温伞　保温伞又称电热育雏伞（图3-22），形状像一只大木斗，外观呈圆锥塔或方锥塔形，上部小，直径为8～30厘米；下部大，直径为100～120厘米；高67～70厘米。外壳用铁皮、铝合金或木板（纤维板）制成双层，夹层中填充玻璃纤维（岩棉）等保温材料，外壳也可用布料制成，内侧涂一层保温材料，制成可折叠的伞状。保温伞内用电热管加热，伞顶或伞下装有控温装置，在伞下还应装有照明灯及辐射板，在伞的下缘留有 15 ～ 20 厘米间隙，让雏鸭自由出入。这种保温伞每台可养初生雏鸭 100 ～ 150 只。利用保温伞加温优点是节省人力，管理方便，空气好，育雏室清洁无污染，育雏效果好。缺点是耗电较多，无电或经常停电的地方使用受到限制，冬季气温较低时，还需要炉子辅助保温。

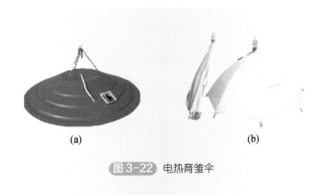

图 3-22 电热育雏伞

（3）红外线灯　在室内直接使用红外线灯加热。常用的红外线灯泡（图 3-23）为 250 瓦，使用时可等距离排列，也可 3 ～ 4 个红外线灯泡组成一组。第一周龄，灯泡离地面 35 ～ 45 厘米，随雏龄增大，逐渐提高灯泡高度。一般每周将灯泡提高 7 ～ 8 厘米，直到离地面 60 厘米高为止。在外界气温较低的情况下育雏，第一周时室内还要有升温设备，而且还要将初生雏围在灯下 1.2 ～ 1.5 米直径的范围内。料槽和水槽不要放在灯下，以免污染。用红外线灯泡加温，温度稳定，室内垫料干燥，管理方便，节省人力。但红外线灯耗电量大，灯泡易损坏，成本较高，供电不正常的地方不宜使用。

（4）烟道　有地下烟道（即地龙）和地上烟道（即火龙）两种，由炉灶、烟道和烟囱 3 部分组成。地上烟道有利于发散热量，地下烟道可保持地面平坦，便于管理。烟道要建在育雏室内，一头砌有炉灶，用煤或柴草作燃料，另一头砌有烟囱，烟囱要高出屋顶1米以上，通过烟道把炉灶和烟囱连接起来，把炉温导入烟道内。建造烟道的材料最好用土坯，有利于保温吸热。我国北方农村所用火炕也属于地下烟道式。

（5）热风炉　热风炉有电（图3-24）、煤炭或燃气两种，是一种先进的供暖装置，广泛用于畜禽养殖的加温。由加热和室内送风等部分组成。由管道将温暖的热气输送入舍内。热风炉使用效果好，但安装成本高。热风炉由专门厂家生产，不可自行设计，使用煤炭或燃气时需要防止煤气中毒。

图 3-23　红外线灯泡　　　　图 3-24　电热风炉

7.通风设备

通风设备通常为风机或排气扇，主要用于封闭式鸭舍，将舍内污浊的空气排出，将舍外清新的空气送入，使鸭舍内空气符合鸭的生长要求。对鸭舍内纵向和横向通风均能适用。

风机要求具有全压低、风量大、噪声低、节能、运转平稳、百叶窗自动启闭、维修方便等特点。无动力风机（图3-25）是利用自然界的自然风速推动风机的涡轮旋转，及利用舍内外空气对流的原理，将任何平行方向的空气流动，加速并转变为由下而上垂直的空气流动，以提高舍内通风换气效果的一种装置。该风机不用电，无噪声，可长期运转。其根据空气自然规律和气流流动原理，合理化设置在屋面的顶部，能迅速排出室内的热气和污浊气体，改善室内环境。

排气扇（图3-26、图3-27）又被称作通风扇、负压风机、负压风扇等。由电动机带动风叶旋转驱动气流，利用空气对流让舍内一直处于负压状态，形成一股吸力，源源不断地吸入室外的空气，并排出室内闷热的空气，从而达到通风透气、除去室内的污浊空气，调节温度、湿度和感觉效果的目的。排气扇按进排气口分为隔墙型（隔墙孔的两侧都是自由空间，从隔墙的一侧向另一侧换气）、导管排气型（一侧从自由空间进气，而另一侧通过导管排气）、导管进气型（一侧通过导管进气，而另一侧向自由空间排气）、全导管型（排气扇两侧均安置导

  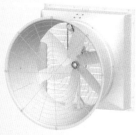

图3-25 无动力风机　　图3-26 方形排气扇　　图3-27 喇叭形排气扇

管，通过导管进气和排气）。按气流形式分为离心式（空气由平行于转动轴的方向进入，垂直于轴的方向排出）、轴流式（空气由平行于转动轴的方向进入，仍平行于轴的方向排出）和横流式（空气的进入和排出均垂直于轴的方向）。

8.产蛋窝

产蛋窝供地面平养蛋鸭产蛋时使用，黑色，因为黑色对鸭有遮羞性，产蛋率高，分有底产蛋窝（图3-28）和无底产蛋窝（图3-29），规格分别为（38.5厘米×38.5厘米×38.5厘米）和（38.5厘米×38.5厘米×28.5厘米）。蛋窝前高都是12厘米。

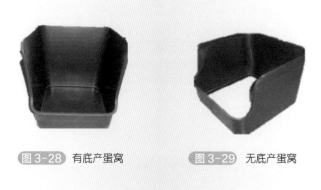

图 3-28　有底产蛋窝　　　　图 3-29　无底产蛋窝

9.消毒设备

舍内地面、墙面、屋顶及空气的消毒多用火焰消毒（图3-30）、喷雾消毒和熏蒸消毒。喷雾消毒采用的喷雾器有背负式（图3-31、图3-32）、手提式、固定式和车式高压消毒器。熏蒸消毒采用熏蒸盆，熏蒸盆最好采用陶瓷盆或金属盆，切忌用塑料盆，以防火灾发生。

图 3-30　火焰消毒器　　　　图 3-31　背负式电动喷雾器

图 3-32　背负式喷雾器

10. 测温器材

测温器材主要有干湿度计（图 3-33）和最高最低温度计

（图 3-34）。

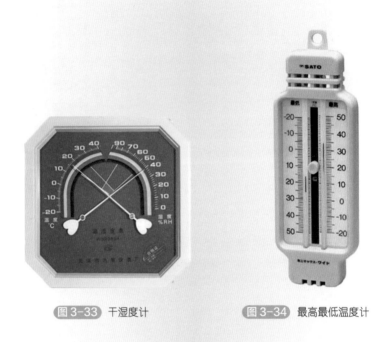

图 3-33 干湿度计 　　　　　图 3-34 最高最低温度计

11. 照明设备

照明设备通常由灯和灯光控制器组成。

目前采用白炽灯和节能灯等光源来照明。白炽灯应用普遍。也可用日光灯管照明，将灯管朝向天花板，使灯光通过天花板反射到地面，这种散射光比较柔和均匀。用节能灯照明还可以节电。

鸭舍的灯光控制是鸭饲养中重要的一个环节。鸭舍灯光控制器是取代人工开关灯，既能保证光照时间的准确可靠，实现科学补光，同时又减少了因为舍内灯光的突然明暗给鸭群带来的应激。鸭舍灯光控制器有可编光照程序、时控开关、渐开渐灭型灯光控制和速开速灭型灯光控制4种功能。其功能主要有：根据预先设定，实现自动调节鸭舍光的强弱明暗、设定开启和关闭时间以及自动补充光源等。使用鸭舍灯光控制器好处非常多。养殖场（户）可根据鸭舍的结构与数量、采用的灯具类型和用电功率、饲养方式等进行合理选择。

> **💬 小贴士：**
>
> 规模化、集约化养鸭离不开科学合理的养殖设备，以实现高效、高产的目的。养殖设备要求具有设计合理、坚固耐用、配套完善、便于饲喂操作、便于观察等特点。

四、鸭舍环境控制

鸭舍内环境包括物理的（温度、湿度、气流、光照、噪声、尘埃等）、化学的（氨气、硫化氢、二氧化碳及恶臭）、生物的（病原微生物、寄生虫、蚊蝇等）和工艺的（人、饲养及管理、组群、饲养密度等）。鸭舍环境控制就是通过不同类型的鸭舍克服以上因素对鸭产生的不良影响，建立有利于鸭只生存和生产环境的设施。

（一）场区环境控制

一是采用科学生产工艺，合理选择场址、规划场地和布局建筑物，防止外界污染和污染周围环境。从生物安全的角度出发，理想的场址应该是既不受外界的影响和威胁，同时也不对外界产生污染和威胁。

二是采用全进全出的饲养工艺流程。

三是搞好隔离带和各场区绿化，改善场区温湿度及空气卫生状况。

四是粪便污水减量化、无害化、资源化，实现清洁生产，建设生态鸭场。

五是合理配置场内外净污道、给排水（雨污分流）和防疫设施，严格卫生防疫消毒制度。

（二）舍内环境控制

鸭具有合群性，也有争斗性，良好的群居性是经过争斗建立起来的。啄斗顺序：强者优先采食、饮水，占据鸭群最高地位。在鸭群成员固定的情况下，已经确定下来的等级关系一直保持下去，这种结构促进鸭群和平共处，形成良好的共居性，可促进鸭群的高产。干扰和破坏已经形成的啄斗顺序，会引起新的争斗。啄斗顺序的形成是不可避免的，只能通过创造适宜的密度、光照、供水及小气候环境条件，缓解啄斗顺序形成过程中的应激反应和不必要的损失，鸭啄斗从2周龄开始，3～5周达到高峰。

鸭耐寒怕热，没有汗腺，因而抗暑能力差。鸭有许多气囊，可通过呼吸来散热，还可进入水中，通过传导散热。鸭羽毛能阻碍皮肤表面蒸发散热，鸭的尾脂腺发达，鸭在梳理羽毛时，用喙压迫尾脂腺，挤出分泌物涂于羽毛上，使羽毛不被水浸湿，起到防水御寒的作用。

鸭性急、胆小，容易受惊而高声鸣叫，导致互相挤压。鸭的这种惊恐行为一般在1月龄开始出现。人接近鸭群时也要做出鸭熟悉的声音，以免鸭骤然受惊。

因此，规模化养鸭的鸭舍结构和工艺设计都要围绕着这些问题来综合考虑，以创造一个有利于鸭群生长发育的环境。

1. 鸭舍内温度的控制

温度在环境诸因素中起主导作用，提供适宜的温度是饲养肉鸭的主要技术之一。3周龄之前的雏鸭，因自身体温调节功能差，在育雏最初2天育雏室温度应达到32～35℃，绝对不能使温度低于27℃，否则会造成灾难性的后果。3日龄后鸭舍温度每3天下降1.5℃左右，至21日龄时降到常温，以后保持在20℃左右为最佳。这对于其生长发育、健康、羽毛生长、饲料效率是最适宜的。

（1）温度控制方法　育雏前期，可将鸭舍的一部分用塑料布与其他部分隔开，作为取暖区，以减少取暖面积，便于升温，节约费用。以后可随日龄的增加，再逐渐延伸供暖面积及活动场地。在取暖区内的取暖方式很多，有使用地上火龙管道供暖的，经济条件好的也有使用电热伞供暖的。使用电热伞供暖的取暖室内可形成2个区域，一是高温区，二是室温区，以便鸭子自由选择适宜的温度区域进行活动与休息。对使用地上火龙管道供暖方式的，可根据室内温度灵活掌握生火的大小。为了随时掌握室内温度是否适宜，可在室内挂上温度计，其高度应置于鸭背以上20厘米高度，供暖方式不要使用明煤生火加温，避免引起一氧化碳（煤气）中毒，另外也有利防火安全。

（2）降温与脱温　雏鸭10日龄前后，鸭舍就要视具体情况决定是否加热和加热的程度，主要看地域、季节与天气情况，灵活掌握。寒冷地区或冬季，夜里或阴雨天气，只要温度达不到上述介绍的适宜温度，就需继续供暖，以避免因温度忽高忽低而引起鸭子感冒，甚至继发疫病；在炎热的夏季若温度超过育雏温度，要注意防暑降温。

不论是冬季还是夏季，当雏鸭脱温后，要随时观察鸭群的舒适程度，特别是冬季晴天，当室内外温差比较大时，应在中午放鸭。若晒太阳的运动场是水泥或潮湿地面应铺垫干垫草，以避免鸭子卧在凉冷又潮湿地面上而引起着凉及增加营养消耗。商品鸭在饲养全过程中，温度控制始终是个关键，只有认真细心地控制温度，才能保证其良好的生长速度。

2. 鸭舍内湿度的控制

湿度是指鸭舍内空气中水分的多少，一般用相对湿度表示。鸭舍内的湿度过高或过低都会影响鸭的生长和健康。鸭喜欢干燥环境，对潮湿不适应，在湿度过大、温度低时体内水分散发、体热散发会受阻，容易诱发感冒。湿度过低，体内的水分就会被干燥的空气吸收，导致鸭子喝水增加，对肠道造成应激，影响生长。

雏鸭在适宜的湿度下，水分蒸发与体热散发比较容易，感到舒适，食欲良好，发育正常。如果过于干燥会影响雏鸭卵黄的吸收，导致育雏期死淘率高，后期生长不均匀，料比增高。前期育雏湿度保持在65％左右，后期逐步降低，10日龄至出栏时控制在55％左右。

育雏期为避免湿度低，相对湿度低于50％时尽快采取加湿措施，舍内应喷洒适量水来保持湿度。如采取过道洒水、炉子加水盆等方式来产生蒸汽，也可以采用喷雾加湿等方法提高湿度。

随着鸭子的增大，吃料及饮水的增加，舍内湿度及氨气浓度也会随着升高，此时舍内环境容易导致饲料发生霉变。鸭舍湿度过大导致鸭病增多，容易引起浆膜炎、腹泻等疾病。所以应根据季节不同灵活运用通风换气来降低舍内湿度。

3. 舍内有害气体的控制

规模化养鸭多采用高密度饲养，鸭舍容易产生氨气、硫化氢、二氧化碳等有害气体，这些有害气体对人和鸭均有直接或间接的毒害作用。而鸭舍内的有害气体主要由粪便、饲料、垫草经微生物分解后产生或由鸭呼吸道排出。鸭舍空气中夹杂着大量的水滴和灰尘，容易滋生病原微生物。饲喂干粉料、厚垫草、密集饲养等都会使舍内灰尘及细菌数量明显增加。

鸭舍的空气环境控制主要指控制空气污染物的含量。鸭舍内有害气体含量应控制在允许含量之内。控制和消除鸭舍的有害气体，一是杜绝或减少有害气体的产生，二是有害气体一旦产生则应设法降低有害气体的浓度。除合理进行鸭舍通风外，还应采取以下措施。

一是及时清理粪便，减少粪便中的硫化氢、氨气在鸭舍内的溢出量。粪便中有机物分解是氨气和硫化氢的产生之源，减少粪便在舍内的积存，可以显著降低舍内有害气体浓度。二是加强通风换气，把鸭舍内的有害气体排出舍外。自然通风只适合在小跨度的鸭舍使用。净宽超过 7 米的鸭舍自然通风的效果不好。采用自然通风的鸭舍，窗户的设置应多一些，间距小一些。鸭舍跨度小，排风筒设一排即可，其间距 6 米左右，直径应不低于 25 厘米，并应装有翻板，使风筒可开闭。气流应从粪层表面经过，以便及时将粪便中的水分和产生的有害气体排出。机械通风使用最多的是纵向负压通风，采用纵向通风工艺时应选用适合家禽生产的低风压、高流量的风机。鸭舍南北墙上应设通风窗，以防突然停电作应急之用。最好采取自然通风和机械通风相结合的办法。三是保持舍内相对干燥。当粪便、垫料含水量低的时候，其中有害气体的产生也明显减少。舍内潮湿会在房舍内壁及物体表面吸附大量的氨气和硫化氢，当舍温上升或舍内变干燥时，就会挥发到舍内空气中。四是在鸭的饲料中加入益生素类活菌制剂，减少粪便中有害气体的产生量。五是定期更换垫料。在采用地面垫料平养的鸭舍中，垫料中混有粪便、饲料、微生物，在温度和湿度适宜的条件下，也会发酵产生有害气体。

六是进行加工饲料、取暖和清理卫生等各项活动时要尽量减少灰尘、烟尘等颗粒物的产生，因为病原微生物一般附着在空气颗粒物的表面，有些颗粒物还能引起部分蛋鸭过敏。七是进行鸭舍除尘，方法包括机械除尘、湿式除尘、过滤式除尘和静电除尘等。八是在鸭场周围及其运动场进行绿化造林。树木不仅吸附尘土，而且能够降低鸭场整个区域的有害气体浓度，增加氧气量。

在控制和消除污染的同时，必须保证鸭舍温度、湿度和光照适宜。

4. 鸭舍内噪声的控制

养鸭生产过程中，噪声会使鸭受到惊吓、精神紧张，对其生产性能和健康带来严重的影响。噪声会降低骡鸭的生长速度。噪声还会使骡鸭的残次品率、发病率及死亡率上升。特别是突发的、异常的声响对鸭危害最严重，它是生产中造成鸭群精神紧张或惊群的主要因素。

鸭场和鸭舍内噪声一般来源有：一是由外界传入，如飞机的轰鸣声、火车的汽笛声、汽车的喇叭声、雷鸣、鞭炮声等；二是场内和舍内的机械声，如风机、除粪机、饲料粉碎机、喂料机的声音以及刮风时门的晃动声和饲养管理工具的碰撞声；三是鸭体自身产生，鸭有较强的警觉性和自卫行为，叫声响亮；四是工作人员的喊叫。

噪声控制的办法：一是科学选址，避免距离机场、厂矿、铁路、交通要道、繁忙公路等过近；二是饲养管理上避免产生噪声，禁止人员大喊大叫，禁止鸭舍附近燃放鞭炮，人员操作要轻，门窗开闭后要有固定装置；三是采用低噪声轴流风机。

有报道认为，对鸭群播放音乐可使鸭表现安静，并有利于生产性能的提高，鸭场不妨一试。

小贴士：

　　鸭舍环境调控应以鸭体周围局部空间的环境状况为调控的重点。充分利用舍外适宜环境，自然与人工调控结合。舍内环境调控不要盲目追求单因素达标，必须考虑诸因素相互影响制约，以及多因素的综合作用。采取多因素综合调控措施，且应侧重鸭的体感（行为、福利、健康）调控效果。因此，舍内环境调控应从工艺设计、改善场区环境、鸭舍建筑、舍内环境调控工艺和设备、加强饲养管理、控制环境污染等多方面采取综合措施。

第四章

鸭场饲养品种的确定与繁殖

我国养鸭历史悠久，品种资源丰富。《国家畜禽遗传资源品种名录（2021 年版）》收录的鸭品种共有 55 个。其中地方品种 37 个，我国自行培育的配套系 10 个品种，引入品种 1 个，引入配套系 7 个品种。

一、鸭的品种

（一）鸭品种的分类

鸭的品种类型是在长期不同的生态环境和一定的社会经济条件下形成的，可按经济用途、体型或体重大小、品种亲本起源划分类型。

1. 依据经济用途

按经济用途划分，我国的鸭品种分为肉用型、蛋用型、兼用型 3 种类型。如北京鸭、樱桃谷鸭、瘤头鸭（俗称番鸭）、中新白羽肉鸭配套系、中畜草原白羽肉鸭配套系等生长速度快、产肉性能强，属于肉鸭品种。绍兴鸭、山麻鸭、金定鸭、攸县麻鸭等产蛋性能强，属于蛋用型鸭品种。建昌鸭、高邮鸭、大余鸭、巢湖鸭等产蛋性能和产肉性能相对均衡，属于肉、蛋兼用型鸭品种。

2. 依据体型或体重大小

鸭品种分为大、中、小型 3 种类型。北京鸭、樱桃谷鸭、瘤头鸭属于大体型肉鸭品种，建昌鸭、高邮鸭属于中体型鸭品种，绍兴鸭、金定鸭、山麻鸭等属于小体型鸭品种。

3. 依据品种亲本起源

将鸭品种分为地方品种、培育品种和引进品种 3 种。绍兴鸭、金定鸭、攸县麻鸭、北京鸭等属于地方品种。中新白羽肉鸭配套系、南口 1 号北京鸭配套系、青壳 1 号绍兴鸭配套系、仙湖肉鸭配套系、中畜草原白羽肉鸭配套系等属于培育品种。卡叽 - 康贝尔鸭、瘤头鸭属于引进品种。

（二）优良鸭种介绍

1. 肉用型鸭种

肉用型品种鸭生产性能以产肉为主，体型大而丰满，早期生长特别迅速。主要品种有北京鸭、樱桃谷鸭、狄高鸭配套系、番鸭、半番鸭、天府肉鸭、奥白星鸭、中新白羽肉鸭配套系和中畜草原白羽肉鸭配套系等。

（1）北京鸭　北京鸭属肉用型鸭种，是世界著名的优良肉用鸭标准品种，原产于北京西郊玉泉山一带，现已遍布世界各地，在国际养鸭业中占有重要地位。其具有生长发育快、育肥性能好的特点，是闻名中外"北京烤鸭"的制作原料。

【体型外貌】体型硕大丰满，体躯呈长方形。全身羽毛丰满，羽色纯白并带有奶油光泽。喙为橙黄色，喙豆为肉粉色，胫、蹼为橙黄色或橘红色。母鸭开产后喙、胫、蹼颜色逐渐变浅，喙上出现黑色斑点，随产蛋期延长，斑点增多，颜色加深。公鸭尾部带有3～4根卷起的性羽（图4-1和视频4-1）。

视频4-1 北京鸭

(a)公鸭　　　　　　　　(b)母鸭

图4-1 北京鸭

【生产性能】成年鸭体重：公3.5～4.0千克，母3.0～3.5千克。填鸭的屠宰率：半净膛，公81.0%，母81.0%；全净膛，公74.0%，母74.0%。开产日龄160～170天，年产蛋200～240个，蛋重85～92克，蛋壳白色。

【利用】北京鸭主要用于生产填鸭。

（2）樱桃谷鸭　樱桃谷鸭准确名称应为樱桃谷北京鸭，是英国樱桃谷公司以北京鸭和埃里斯伯里鸭为亲本，经杂交选育而成的商用品种。它是世界著名的瘦肉型鸭，具有生长快、瘦肉率高、净肉率高和饲料转化率高以及抗病力强等优点。其适合在水系发达地区推广应用。

该品种内有 10 个品系，其中白羽系有 L2、L3、M1、M2、S1 和 S2，杂色羽系有 CL3、CMl、CS3 和 CS4。我国于 1980年首次引进一个三系杂交的商品代 L2，现在河南、四川、河北、山东等省和南京市都有它的祖代鸭场，向全国各地推出樱桃谷公司的新产品 Super M3 超级大型肉鸭。

【体型外貌】樱桃谷鸭全身羽毛白色，头大额宽，颈粗短，背宽而长。从肩到尾倾斜，胸部宽而深，胸肌发达。喙橙黄色，胫、蹼都是橘红色。体型外貌与北京鸭极相似，属北京鸭型的大型肉鸭（图 4-2 和视频 4-2）。

视频 4-2 樱桃谷鸭

【生产性能】樱桃谷鸭开产日龄为 180～190 天。公母配种比例为 1∶5。种蛋受精率 90％以上。父母代母鸭第一年产蛋量为 210～220 枚，可提供初生雏 160 只左右，平均蛋重 90 克。父母代公鸭成年体重 4～4.25 千克，母鸭 3～3.2 千克。商品代 49 日龄活重 3～3.5 千克；耗料增重比（2.4∶1）～（2.8∶1）；全净膛屠宰率 72.55％，半净膛屠宰率 85.55％，瘦肉率26％～30％，皮脂率 28％～31％。

【利用】樱桃谷鸭既耐寒又耐热，可以水养也能旱养，喜欢栖息于干爽地方，能在陆地交配，无论湖沼、平原、丘陵或山区、坡地、竹林、房前屋后均可放养。性情温驯，不善飞翔，易合群，好调教，便于大群管理。

（3）狄高鸭　狄高鸭又叫鹅仔鸭，原产于澳大利亚。狄高鸭是澳大利亚狄高公司引入北京鸭选育而成的大型配套系肉鸭，20 世纪 80 年代引入我国。其具有生长快、体型大、肉质鲜嫩、无鸭腥味、品质优良、肥而不腻、含脂率低、生长周期短的特点。

【体型外貌】狄高鸭的外形与北京鸭近似。雏鸭红羽黄色，脱换幼羽后，羽毛白色。头大稍长，颈粗，背长阔，胸宽，体躯稍长，胸肌丰满，尾稍翘起，性指羽2～4根；喙黄色，胫、蹼橘红色（图4-3）。

图 4-2 樱桃谷鸭　　　　　图 4-3 狄高鸭

【生产性能】初生雏鸭体重55克左右，30日龄体重1114克，60日龄体重2713克。7周龄商品代肉鸭体重3.0千克，肉料比（1：2.9）～（1：3.0）；半净膛屠宰率92.86%～94.04%，全净膛屠宰率（连头脚）79.76%～82.34%。胸肌重273克，腿肌重352克。

性成熟期182天，33周龄进入产蛋高峰。产蛋率达90%，年产蛋量在200～230个，平均蛋重88克，蛋壳白色。公母配种比例（1：5）～（1：6），受精率90%以上，受精蛋孵化率85%左右。父母代每只母鸭可提供商品代雏鸭苗160只左右。

【利用】该鸭具有很强的适应性，即使在自然环境和饲养条件发生较大变化的情况下，仍能保持较高的生产性能。该鸭抗寒耐热，喜在干爽地栖息，能在陆地上自然交配，是旱地圈养和网养的好鸭种。

（4）番鸭 番鸭也称为瘤头鸭，我国也称为洋鸭，国外称为火鸡鸭、蛮鸭、巴西鸭。番鸭公鸭在繁殖季节会散发出麝香气味，故又称麝香鸭。番鸭原产于中南美洲，与一般家鸭同科不同属，分布于气候温暖多雨的亚热带地区，是不太喜欢下水的森林禽种，有一定的飞翔能力，爱清洁，不污染垫草和蛋。番鸭虽不是我国土生土长的地方品种，但引进的历史已有250年以上，广东、福建、湖南等地以及浙江的中南部饲养比较普遍。如在北方地区饲养，冬季需要保温舍饲。

【体型外貌】番鸭的外貌与家鸭有明显的区别，它前后窄，中间宽，如纺锤状，站立时体躯与地面平行。喙基部和头部肌肉两侧有红色或黑色皮瘤，不生长羽毛，公鸭的皮瘤比母鸭发达，故称瘤头鸭。喙较短而窄，胸宽而平，腿短而粗壮，胸、腿的肌肉很发达，翅膀长达尾部，能做短距离飞行。后腹不发达，尾狭长。头顶有1排纵向羽毛，受到刺激时会竖起如冠状。

番鸭的羽毛主要有黑色和白色两种。此外，还有黑白夹杂的花色羽毛。

① 白羽番鸭是目前国内饲养最多的一种。它的全身羽毛白色，喙粉红色，皮瘤红色、呈珠状排列于脸部，虹彩浅灰色，胫、蹼橘黄色。这个品种在屠宰后不残留黑色羽根，胴体美观，羽毛价值较高（图4-4和视频4-3）。

视频 4-3 番鸭

② 黑羽番鸭全身羽毛黑色，且带有光泽，皮瘤黑红色、比较小，喙红色带有黑斑，虹彩浅黄色，胫、蹼大多黑色。

③ 花羽番鸭实际上是黑白色两种番鸭的杂种，其身上的羽毛黑白相间，但黑白羽的比例在个体间的差异很大，有的个体白羽多，有的个体黑羽多，一般常见的"三点黑"现象较多，即头顶、背部、尾部的羽毛黑色，其余羽毛都是白色。有的个体只在尾部或头顶出现黑羽，其余部分都是白色羽毛。

图4-4　白羽番鸭

【生产性能】成年公鸭体重3500～4000克，母鸭2000～2500克。仔鸭3月龄公鸭重2700～3000克，母鸭1800～2000克。公鸭全净膛屠宰率76.3%，母鸭77%；公鸭胸腿肌占全净膛屠体重的比率29.63%，母鸭29.74%。肌肉蛋白质含量达33%～34%，肉质细嫩，味道鲜美。10～12周龄的番鸭经填饲2～3周，平均产肝可达300～353克，公鸭高于母鸭，料肝比（30∶1）～（32∶1）。番鸭的生长高峰期在9～11周龄，但该品种具有自我平衡早期生长的能力，如前期生长不好，后期改善饲养条件，仍可以达到理想的体重标准。

一般年产蛋量为80～120枚，高产可达150～160枚，蛋重70～80克。蛋壳玉白色，蛋形指数1.38～1.42。

母鸭开产日龄6～9月龄。公母鸭配种比例（1∶6）～（1∶8），受精率85%～94%，孵化期35天，受精蛋孵化率80%～85%，母鸭有就巢性，种公鸭利用年限1～1.5年。公番鸭与母家鸭杂交由于公母鸭体重差别多，多采用人工辅助配种和人工授精繁殖半番鸭，受精率60%～80%。

【利用】采用公番鸭与母家鸭杂交生产的属间杂种鸭，称为半番鸭或骡鸭。其具有生长快、饲料报酬高、肉质好和抗逆性强的特点，在南方，特别是台湾和福建饲养较多。以公番鸭和母北京鸭杂交生产的半番鸭，60日龄平均体重达2160克，生长速度快于其他杂交组合。以公番鸭为父本与北京鸭、金定鸭进行三元杂交生产的"番北金"杂种鸭，3月龄平均体重达2240克，杂种优势率达23.78%。

（5）半番鸭　半番鸭，俗称骡鸭,是用栖鸭属的公番鸭与河鸭属的母家鸭杂交产生的后代（属间杂种）。骡鸭克服了纯番鸭公母体型悬殊、生长周期长的缺陷，表现出较强的杂交优势，具有耐粗易养、生活力强、生长快、体型大、肉质好、营养价值高、适合于填肥生产肥肝等特点，但是无繁殖力。

【体型外貌】体型介于家鸭与番鸭之间，无皮瘤（图4-5）。

图4-5　半番鸭

【生产性能】采用正交杂交组合（公番鸭×母家鸭）所产杂交公母半番鸭生长速度差异不大，12周龄平均体重可达

3.5～4千克。谢金防等用番鸭做父本，北京鸭做母本，生产半番鸭，采用笼养和地面平养 2 种饲养方式，经 3 周填饲后，笼养 10 周龄肥肝重高达 490 克，耗料肝增重比为 25.45∶1，显著高于地面平养。地面平养肥肝重 391 克，耗料肝增重比 44.48∶1。

【利用】由于近年来国际市场对于鸭肥肝的需求日益增大，因此鸭肥肝的生产也得到迅速发展。利用半番鸭生产肥肝，肥肝和屠体的重量以及饲料报酬高于其他鸭种。采用笼养的饲养方式更适合半番鸭产肥肝。

另外，白色羽毛半番鸭最受欢迎，因为其羽毛不仅是轻纺工业的珍贵原料，而且屠宰后的胴体洁白美观，既可作为优质肉鸭，也可作为加工板鸭、卤鸭等的上乘原料，适宜集约化生产加工。法国克里莫公司和我国台湾选育的母本种鸭生产的白骡鸭，白羽率均较高。

（6）天府肉鸭　天府肉鸭是由四川农业大学利用从国外引进的肉鸭品种和我国地方优良鸭种为育种材料，经过 10 多个世代选育而成的大型肉鸭商用配套品系新品种，具有生长速度快，饲料报酬高，胸、腿肉比率较高，饲养周期短，适于集约化饲养，经济效益高等优点。父母代的繁殖性能和商品代的肉用性能分别达到或超过樱桃谷肉鸭和狄高肉鸭的生产水平。天府肉鸭是制作烤鸭、板鸭的上等原料。

【体型外貌】天府肉鸭初生雏鸭绒毛呈黄色。成熟鸭体型硕大丰满，羽毛洁白，喙、胫、蹼呈橙黄色。公鸭体型狭长，尾部有 4 根向背部卷曲的性羽。母鸭随着产蛋日龄的增长，颜色逐渐变浅，甚至出现黑斑（图 4-6）。

【生产性能】①天府肉鸭白羽系：父母代种鸭 26 周龄开产（产蛋率达 5%），年产合格种蛋 240～250 枚，蛋重 85～88 克，受精率 90% 以上。商品代肉鸭 4 周龄活重 1.8～1.9 千克，耗料增重比（1.6∶1）～（1.8∶1）；6 周龄活重 2.9～3.0 千克，耗料增重比（2.2∶1）～（2.4∶1）；7周龄活重3.2～3.3千克，耗料增重比（2.5∶1）～（2.6∶1）。

图4-6 天府肉鸭

②天府肉鸭麻羽系：父母代种鸭26周龄开产，年产合格种蛋230～240枚，蛋重83～85克，受精率90％以上。商品代在放牧补饲饲养条件下，45日龄活重达1.7～2.0千克，补饲耗料增重比（1.7∶1）～（1.8∶1）。

【利用】天府肉鸭适宜集约化饲养。一般采用封闭式网上饲养或地上平养，在35～49日龄体重与耗料增重比呈显著正相关。随着体重的增长，维持需要增加，因而耗料增重比增加。从屠体品质的角度推荐，以水盆鸭出售，可在4周龄左右上市；以烤鸭和板鸭为目的，大约在6周龄上市为宜；用于生产分割肉，则应以7～8周龄较为理想。一年可养殖4～5批。

（7）奥白星鸭　奥白星鸭是由法国奥白星公司采用品系配套方法选育的商用肉鸭，具有体型大、生长快、早熟、易肥和屠宰率高等优点。我国引进的是奥白星 2000 型肉鸭。

【体型外貌】雏鸭绒毛金黄色，随日龄增大而逐渐变浅，换羽后全身羽毛白色。喙、胫、蹼均为橙黄色。成年鸭外貌特征与北京鸭相似，头大，颈粗，胸宽，体躯稍长，胫粗短（图4-7）。

图4-7 奥白星鸭

【生产性能】种鸭标准体重：公鸭为 2.95 千克，母鸭为 2.85 千克。种鸭性成熟期为 24 ～ 26 周龄，32 周龄进入产蛋高峰。年平均产蛋量为 220 枚。公母配种比例为 1∶5。

商品代肉鸭，6 周龄体重 3.3 千克，7 周龄体重 3.7 千克，8 周龄体重 4.04 千克。耗料增重比：6 周龄为 2.3∶1，7 周龄为 2.5∶1，8 周龄为 2.75∶1。

【利用】奥白星鸭性喜干燥，能在地上进行自然交配，适合旱地圈养或网上饲养。

（8）中畜草原白羽肉鸭配套系　中畜草原白羽肉鸭配套系由中国农科院北京畜牧兽医所与内蒙古塞飞亚公司联合培育。2018年通过农业农村部国家畜禽遗传资源委员会新品种审定。该配套系具有瘦肉率高、饲料转化效率高、肉质好、皮脂率更低等特点，主要生产性能指标均达到并部分超过了国外肉鸭品种。它是我国具有自主知识产权的优质高效肉鸭新品种，打破了国外白羽肉鸭对我国肉鸭种鸭市场的长期垄断。

【生产性能】经过与引进品种肉鸭的对比试验，中畜草原白羽肉鸭配套系商品代出栏日龄41天，活体重3340克/只，料重比1.92∶1。同一日龄活体重、耗料、料重比均优于引进品种。

（9）中新白羽肉鸭配套系　中新白羽肉鸭配套系是中国农业科学院北京畜牧兽医研究所与新希望六和联合培育的优秀肉鸭新品系。2019年通过农业农村部国家畜禽遗传资源委员会新品种审定。该配套系具有生长速度快、饲料转化率和瘦肉率高、生活力强的特点，其皮脂率低、肉质好，更加适合中国人的消费习惯。

【生产性能】42日龄商品代肉鸭的体重3359克；料重比1.85∶1；成活率98.2%；瘦肉率28.5%；皮脂率18.4%。

2. 蛋用型

蛋用型品种鸭多为麻鸭，主要品种有绍兴鸭、金定鸭、攸县麻鸭、江南1号鸭、江南2号鸭、荆江麻鸭、卡叽-康贝尔鸭和国绍Ⅰ号蛋鸭等。

（1）绍兴鸭　绍兴鸭简称绍鸭，又称绍兴麻鸭，是我国优良的蛋用型小型麻鸭品种。经过长期的提纯复壮、纯系选育，形成了带圈白翼梢（WH）系和红毛绿翼梢（RE）系两个品系（图4-8）。绍鸭具有产蛋量高、饲料利用率高、杂交利用效果好和对多种环境适应性强的特点。目前，已在全国许多地区饲养。

白颈绍兴鸭　　白羽绍兴鸭　　绿翅绍兴鸭

（公鸭）

白颈绍兴鸭　　白羽绍兴鸭　　　绿翅绍兴鸭

（母鸭）

图4-8　绍兴鸭

【体型外貌】WH系母鸭全身以浅褐色麻雀毛为基调，颈中间有2～6厘米宽的白色羽圈，主翼羽尖和腹、臀部羽毛呈白色，喙、胫、蹼橘黄色，虹彩灰蓝色，皮肤黄色。公鸭羽毛以淡麻栗色为基调，头颈上部及尾部性羽均为墨绿色，富有光泽，并有少量镜羽，其他与母鸭相同。雏鸭绒羽呈淡黄色，出壳重40克。

RE系母鸭全身以发棕色带雀斑的羽毛为主，胸腹部棕黄色，镜羽墨绿色，有光泽，喙灰黄色，嘴豆黑色，虹彩赫石色，皮肤淡黄色，蹼橘黄色。公鸭羽毛大部分呈麻栗色，喙黄带青色，头颈上部、镜羽及尾部羽毛均为墨绿色，富有光泽。雏鸭绒羽细软，呈暗黄色，有黑头星，黑线脊，黑尾巴。出壳重42克。

【生产性能】WH 系见蛋日龄 97 天，开产日龄 132 天，达到 90％产蛋率日龄 178 天，90％以上产蛋率维持 215 天，500 日龄产蛋量 291.5 枚，总蛋重 21.07 千克，蛋重 69 克，产蛋期料蛋比 2.6∶1，产蛋期存活率 97％。

RE 系见蛋日龄 104 天，开产日龄 134 天，达到 90％产蛋率日龄 197 天，90％以上产蛋率维持 180 天，500 日龄产蛋量 305 枚，总蛋重 20.36 千克，蛋重 72 克，产蛋期料蛋比 2.64∶1，产蛋期存活率 92％。

WH 系和 RE 系的繁殖性能无显著差异，公母配比（1∶15）～（1∶25），受精率 90％，受精蛋孵化率 85％，从出壳到 4 周龄成活率 95％。雏鸭出壳即进行雌雄鉴别，公母分群，公鸭 60～70 日龄，体重 1000～1200 克，作菜鸭供应市场，半净膛屠宰率 83％。

（2）金定鸭　金定鸭属麻鸭的一种，又称绿头鸭、华南鸭。金定鸭属蛋鸭品种，是优良的蛋用鸭品种，主要产于定海县紫泥镇，该镇有村名金定，金定鸭因此得名。金定鸭具有产蛋多、蛋大、蛋壳青色、觅食力强、饲料转化率高和耐热抗寒特点。

【体型外貌】公鸭的头颈部羽毛有光泽，背部褐色，胸部红褐色，腹部灰白色，主尾羽黑褐色，性羽黑色并略上翘，喙黄绿色，颈、蹼橘黄色，爪黑色；母鸭全身披赤褐色麻雀羽，分布有大小不等的黑色斑点，背部羽毛从前向后逐渐加深，腹部羽毛较淡，颈部羽毛无斑点，翼羽深褐色，有镜羽，喙青黑色，胫、蹼橘黄色，爪黑色（图 4-9）。

【生产性能】成年公鸭体重 1.76 千克，母鸭 1.78 千克。母鸭 110～120 日龄开产，年产蛋 280 枚，在舍饲条件下年可产蛋 300 枚，蛋重 72 克。蛋壳以青色为主，约占 95％。公母配比 1∶25，受精率 90％，孵化率 85％～92％。育雏成活率 98％，育成成活率 99％，初生重 45.5 克，育雏期 28 日龄体重 0.7 千克。雏鸭期耗料增重比 1.9∶1，产蛋期料蛋比为 3.4∶1。

(a) 公鸭   (b) 母鸭

图4-9　金定鸭

【利用】金定鸭的性情聪颖，体格强健，走动敏捷，觅食力强，尾脂腺较发达，羽毛防湿性强，适宜海滩放牧和在河流、池塘、稻田及平原放牧，也可舍内饲养。金定鸭与其他品种鸭进行生产性杂交，所获得的商品鸭不仅生命力强，成活率高，而且产蛋、产肉、饲料报酬较高。

（3）攸县麻鸭　攸县麻鸭属小型蛋用品种。全身羽毛黄褐色与黑色相间，形成麻色，故称麻鸭。产于湖南省攸县境内的洣水和沙河流域一带。其具有体型小、生长快、成熟早、产蛋多和适应能力强的特点。

【体型外貌】攸县麻鸭体型狭长，呈船形，羽毛紧密。公鸭颈上部羽毛呈翠绿色，颈中部有白环，颈下部和前胸羽毛赤褐色，翼羽灰褐色，尾羽和性羽墨绿色。母鸭全身羽毛黄褐色，具椭圆形黑色斑块。胫、蹼橙黄色，爪黑色。

【生产性能】攸县麻鸭成年鸭体重，公1170克，母1260克。在放牧和适当补料的饲养条件下，60日龄时每千克增重耗料约2千克；每千克蛋耗料2.3千克，每只产蛋鸭全年需补料25千克左右。90日龄公鸭半净膛屠宰率为84.85%，全净膛屠宰率为 70.66%；85 日龄母鸭半净膛屠宰率为 82.8%，全净膛屠宰率为 71.6%。

在大群放牧饲养的条件下，年产蛋为 200 个左右，平均蛋重为 62 克，年产蛋总重为 10 ~ 12 千克；在较好的饲养条件下，年产蛋量可达 230 ~ 250 个，总蛋重为 14 ~ 15 千克。每年 3 ~ 5 月份为产蛋盛期，占全年产蛋量的 51.5%；秋季为产蛋次盛期，占全年产蛋量的 22%。圈养条件下 270 ~ 290 个，蛋壳以白色居多，占 86% 左右，其余为青壳蛋。性成熟较早，母鸭开产日龄为 100 ~ 110 天，公鸭性成熟为 100 天左右。公母配种比例为 1:25。

【利用】攸县麻鸭善行走、游水和爬坡，适宜放牧，特别适于稻田放牧。

（4）江南 1 号鸭和江南 2 号鸭　江南 1 号鸭和江南 2 号鸭是由浙江省农科院畜牧兽医研究所陈烈先生主持培育成的高产蛋鸭配套系，获得省科技进步二等奖。

这两种鸭的特点是：产蛋率高，高峰持续期长，饲料利用率高，成熟较早，生活力强，适合我国农村的饲养条件。现已推广至 20 多个省市。

【体型外貌】该配套系江南 1 号雏鸭黄褐色，成鸭羽深褐色，全身布满黑色大斑点。江南 2 号雏鸭绒毛颜色更深，褐色斑更多，全身羽浅褐色，并带有较细而明显的斑点。

【生产性能】江南 1 号母鸭成熟时平均体重 1.6 ~ 1.7 千克。产蛋率达 90% 时的日龄为 210 日龄前后。产蛋率达 90% 以上的高峰期可保持 4 ~ 5 个月。500 日龄平均产蛋量 305 ~ 310 个，总蛋重 21 千克。江南 2 号母鸭成熟时平均体重 1.6 ~ 1.7 千克。产蛋率达 90% 时的日龄为 180 天前后。产蛋率达 90% 以上的高峰期可保持 9 个月左右。500 日龄平均产蛋量 325 ~ 330 个，总蛋重 21.5 ~ 22.0 千克。

（5）荆江麻鸭　荆江麻鸭属蛋用型鸭种。其主产于湖北省，西起荆州，东至监利的荆江两岸，以监利市和仙桃市为中心，毗邻的洪湖、石首、公安、潜江和荆门也有分布。

【体型外貌】头清秀，喙青色，胫、蹼橘黄色。全身羽毛紧密。眼上方有长眉状白羽。公鸭头颈羽毛翠绿色，有光泽，前胸、背腰部羽毛红褐色，尾部淡灰色。母鸭头颈羽毛多呈泥黄色。背腰部羽毛以泥黄色为底色上缀黑色条斑。

【生产性能】成年鸭体重：公 2415 克，母 2495 克。180 日龄屠宰率：半净膛，公 79.7%，母 79.9%；全净膛，公 72.2%，母 72.3%。开产日龄 100 天，年产蛋 214 个，蛋重 64 克，蛋壳以白色居多。

(6) 卡叽 - 康贝尔鸭　卡叽 - 康贝尔鸭属于蛋用型品种，由英国育成。卡叽 - 康贝尔鸭有黑色、白色和黄褐色 3 个品变种，我国是从荷兰引进的黄褐色康贝尔鸭，具有肉质鲜美、有野鸭肉的芳香、产蛋性能好、性情温驯、不易应激、适于圈养的特点，是目前国际上优秀的蛋鸭品种之一，现已在全国各地推广。

【体型外貌】卡叽 - 康贝尔鸭体型较国内蛋鸭品种稍大，体躯宽而深，背宽而平直，颈略粗，眼较小，胸腹部发育良好，体型外貌与我国的蛋用品种鸭有明显的区别，近似于兼用品种的体型。雏鸭绒毛深褐色，喙、胫黑色，长大后羽色逐渐变浅。成年公鸭羽毛以深褐色为基色，头、颈、翼、肩和尾部均为带有黑色光泽的青铜色，喙绿蓝色，胫、蹼橘红色。成年母鸭全身羽毛褐色，没有明显的黑色斑点，头部和颈部的羽色较深，主翼羽也是褐色，无镜羽，喙灰黑色或黄褐色，胫、蹼灰黑色或黄褐色（图 4-10）。

【生产性能】卡叽 - 康贝尔鸭成年公鸭体重 2.1～2.3 千克，成年母鸭体重 2～2.2 千克。开产日龄 130～140 天。公母配种比例为（1：15）～（1：20）。种蛋受精率为 85% 左右，500 日龄产蛋量 270～300 枚，产蛋总重 18～20 千克。300 日龄蛋重 71～73 克。蛋壳颜色为白色。

(7) 国绍 I 号蛋鸭　国绍 I 号蛋鸭是三系杂交配套系，由浙江省农科院卢立志研究员主持，诸暨市国伟禽业有限公司和

图 4-10　卡叽 - 康贝尔鸭

浙江省农业科学院共同培育。其具有周期短、开产早、饲料消耗少、育成成本低、产蛋高峰持续时间长、产蛋量高、青壳率高、蛋壳质量好、破损率低等特点，深受加工企业的欢迎。其改变了蛋鸭老品种的体型外貌特征，更加符合消费需求。

【生产性能】配套系商品代蛋鸭 72 周龄平均产蛋数为 327 个，总蛋重 22.54 千克，产蛋期料蛋比 2.65：1，入舍母鸭成活率 98.24%，青壳率 98.2%。

3. 兼用型

兼用型主要品种有高邮鸭、建昌鸭、巢湖鸭、大余鸭和连城白鸭等。

（1）高邮鸭　高邮鸭又称高邮麻鸭、台鸭、绵鸭，是全国三大名鸭之一。原产江苏省高邮，是我国有名的大型肉蛋兼用型（瘦肉型）麻鸭品种。高邮鸭善潜水、耐粗饲、适应性强、肉质好、蛋头大、蛋质好，且以善产双黄而久负盛名。高邮鸭蛋为食用之精品，口感极佳，其质地具有鲜、细、红、油、嫩、沙的特点，蛋白凝脂如玉，蛋黄红如朱砂。

【**体型外貌**】高邮鸭公鸭体型较大，背阔肩宽，胸深躯长呈长方形。头颈上半段羽毛为深孔雀绿色，背、腰、胸为褐色芦花羽，臀部黑色，腹部白色。喙青绿色，趾蹼均为橘红色，爪黑色。母鸭全身羽毛褐色，有黑色细小斑点，如麻雀羽。主翼羽蓝黑色，喙豆黑色，虹彩深褐色，胫、蹼灰褐色，爪黑色（图4-11）。

(a) 公鸭

(b) 母鸭

图 4-11 高邮鸭

【生产性能】成年鸭体重：公 2800 克，母 2500 克。屠宰率：半净膛 80.0%，全净膛 70.0%。开产日龄 120 ～ 160 天，500 日龄产蛋 206 个，蛋重 85 克，蛋壳呈白色和青色两种，以白色居多。

（2）建昌鸭　建昌鸭属偏肉用型的鸭种，以生产大肥肝而闻名，故有"大肝鸭"的美称。其具有体大、膘肥、油多、肉嫩、气香、味美等特点。主产于凉山彝族自治州境内的安宁河流域的河谷坝区等地。德昌县古属建昌县，因而得名建昌鸭。

【体型外貌】体躯宽阔，头大、颈粗。公鸭头颈上部羽毛墨绿色，有光泽，颈下部多有白色颈圈。尾羽黑色，2 ～ 4 根性羽，前胸和鞍羽红褐色，腹部羽毛银灰色。母鸭浅褐麻雀色居多。胫、蹼橘红色（图 4-12）。

(a) 公鸭　　　　　(b) 母鸭

图 4-12　建昌鸭

【生产性能】成年鸭体重：公 2410 克，母 2035 克。180 日龄屠宰率：半净膛，公 79.0％，母 81.4％；全净膛，公 72.3％，母 74.1％。开产日龄 150～180 天，年产蛋 140～150 个，蛋重 73 克，蛋壳以青色为主，占 60％～70％。

（3）巢湖鸭　巢湖鸭属中型蛋肉兼用麻鸭品种。主产地安徽省巢湖周围的庐江、肥东、肥西、舒城、无为等地。其具有野外放牧、觅食力强、适应性广、耐粗饲、潜水深、抗病力强等特点。

【体型外貌】该鸭体型中等大小，体躯长方形，匀称紧凑，羽毛紧密，公鸭头颈上部墨绿色有光泽，前胸和背腰浅褐色带黑色条斑，腹部白色。母鸭全身羽毛浅褐色带黑色细花纹，翅膀有蓝绿色镜羽。眼眶上有半月状白眉或浅黄眉。胫、蹼橘红色，爪黑色（图 4-13）。

(a) 公鸭　　　　　(b) 母鸭

图 4-13　巢湖鸭

【生产性能】成年鸭体重：公 2420 克，母 2130 克。270

日龄屠宰率：半净膛，公83.8％，母84.4％；全净膛，公72.6％，母73.4％。开产日龄150天，年产蛋160～180个，蛋重70克，蛋壳以白色居多，青色较少。

【利用】巢湖鸭能适应以放牧饲养为主的各种饲养形式（如鸭稻共作饲养、鸭鱼混养等），能适应在全国大部分省份饲养。

（4）大余鸭　大余鸭，也称大余麻鸭，主产于江西省大余县，分布遍及周围的遂川、崇义、赣县、永新等赣西南各地及广东省南雄市。其以腌制板鸭而闻名。

【体型外貌】该鸭体型中等偏大，头型稍粗，喙青色，皮肤白色，胫、蹼青黄色。公鸭头、颈、背部羽毛红褐色，少数头部有墨绿色羽毛，翼有墨绿色镜羽。母鸭全身羽毛褐色，有较大的黑色雀斑，称"大粒麻"，翼有墨绿色镜羽（图4-14）。

(a) 公鸭　　　　　　(b) 母鸭

图 4-14　大余鸭

【生产性能】成年鸭体重：公2147克，母2108克。屠宰率：半净膛，公84.1％，母84.5％；全净膛，公74.9％，母

75.3％。50％产蛋率开产日龄180天，500日龄产蛋190个，蛋重70克，蛋壳呈白色。

（5）连城白鸭　连城白鸭属中国麻鸭中的白色变种，蛋用和药用型。主产于福建省连城县，分布于长汀、上杭、永安和清流等地。

【体型外貌】连城白鸭体型狭长，头小，颈细长，前胸浅，腹部不下垂，行动灵活，觅食力强，富于神经质，全身羽毛洁白紧密，公鸭有性羽2～4根。喙黑色。胫、蹼灰黑色或黑红色。因其全身白羽和黑色的脚丫及头部对比鲜明，故当地又称其为"黑丫头"（图4-15）。

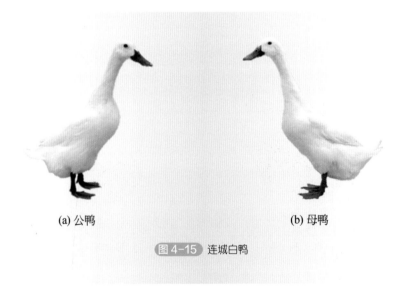

(a) 公鸭　　　　　　　　　　　　(b) 母鸭

图 4-15　连城白鸭

【生产性能】成年鸭体重：公1440克，母1320克。全净膛屠宰率：公70.3％，母71.7％。开产日龄120天，年产蛋250～270个，蛋重58克，蛋壳以白色居多，少数青色。

【利用】连城白鸭是一个适应山区丘陵放牧饲养的小型蛋用鸭种。

二、饲养品种的确定

（一）选择鸭的品种的方法

鸭的品种很多，各有其适应特点和用途。家庭农场养鸭必须选择好鸭的品种，只有满足市场需求，适应家庭农场当地养殖环境条件的品种才能给家庭农场带来良好的收益。因此，选择品种时应从以下三个方面进行选择。

1. 根据品种适应性选择

适应性是指生物体与环境表现相适合的现象。适应性是通过长期的自然选择，需要很长时间形成的。虽然生物对环境的适应是多种多样的，但究其根本，都是由遗传物质决定的。而遗传物质具有稳定性，它是不能随着环境条件的变化而迅速改变的。所以一个生物体有它最适合的生长环境的要求，而且这个最佳生长环境要变化最小，在它的承受范围之内，该生物体就能正常的生长发育、生存繁衍。否则，如果由于生存的环境变化过大，超出该生物体的承受范围，该生物体就表现出各种的不适应，严重的不适应甚至可以致死。

鸭子的适应性是指鸭子适应饲养地的水土、气候、饲养管理方式、鸭舍环境、饲料等条件。养殖者要对自己所在地区的自然条件、物产、气候以及适合于自己的饲养方式等因素有较深入的了解。否则，适应性问题容易造成养殖失败。

我国南方和北方自然环境方面的差异主要是气候条件不同，南方平均气温高，夏季炎热；北方平均气温低，冬季寒冷。南方多雨潮湿；北方少雨干燥。南方农村主要栽培作物是水稻，放牧的场地大都是江河湖泊和水稻田；北方农村主要栽培的是麦类、玉米和大豆等旱地作物，放牧环境与南方差别较大。

就品种的适应性来说，我国地方优良品种鸭中，麻鸭适应性最好，具有耐粗饲、抗病力强、产蛋多等特点，凡是有水源的地方都可以饲养，没有水源的地方也可以旱养。具有代表性的如金定鸭、绍兴鸭和缙云麻鸭。金定鸭既可以放牧饲养、也可以圈养，尤其适合北方少水地区圈养方式。绍兴鸭体型小、成熟早、产蛋量高、饲料转化率高、抗病力强、杂交利用效果好、对多种环境适应性强。缙云麻鸭是我国著名的蛋鸭地方品种，以成熟早、产蛋多、耗料省、抗病力强、适应性广而著称，形成良种已有三百多年历史。

此外还有具有觅食能力强、适宜放牧的地方品种，如高邮鸭和连城白鸭，抗热性能好的如莆田黑鸭。高邮鸭觅食力强、耐粗饲，适应于以湖荡为主的放牧生活，可以潜入水中 3～4 米深的湖底觅食。连城白鸭具有体型小，行动轻快，善于爬坡和潜水，觅食能力和抗病能力强，适宜在山区梯田、垄田放牧饲养的特点。连成白鸭还具有药用功效，被誉为"全国唯一药用鸭"。莆田黑鸭觅食能力强、活动面大，不但适于软质或硬质海滩放牧，也适合于池塘河溪放牧。从低盐分海域转牧到高盐分海域不停产，而其他鸭种很难适应。除适于放牧饲养，还适合圈养或旱养。该鸭抗热性能较好，在持续 35℃ 高温情况下，产蛋率可保持在 80% 以上。

引进品种的蛋鸭有卡叽-康贝尔鸭，我国是从荷兰引进的黄褐色康贝尔鸭。这种鸭肉质鲜美，有野鸭肉的芳香，且产蛋性能好，性情温驯，不易应激，适于圈养，是目前国际上优秀的蛋鸭品种之一，全国各地均适合饲养。

肉用鸭品种有的热耐受性差，如北京鸭。在南方夏季高温造成的热应激对繁殖性能的影响已相当严重。有的对寒冷比较敏感，如番鸭和狄高鸭。番鸭原产于南美地区，巴西、秘鲁一带的，喜欢温暖潮湿的环境，在我国主要分布在台湾、广东、浙江，现在慢慢向北方推广，已经推广到河南一带，在黄河的南边，如果超过黄河到达黄河北边，那么它的生长速度和饲料转化率就会受到影响。狄高鸭耐热性能良好，对寒冷比较敏感。能较好地适应南方夏季气候条件，能在陆地上交配，适于旱养，也可在丘陵地区圈养或者网养。

中新白羽肉鸭配套系和中畜草原白羽肉鸭配套系适合笼养。

从以上的品种适应性特点分析，我们如果要选择其中某一个品种来饲养，首先就要看当地以及本场的饲养条件能否满足该品种的生长需要，也就是说要看养鸭场能否适应肉鸭或蛋鸭的生长需要，而不是让肉鸭或蛋鸭适应养鸭场。

2. 根据市场需求选择

市场需求是一定的地区、一定的时间、一定的市场消费者对某种商品能够购买的数量，是消费者需求的总和。我们养殖鸭子的主要目的是销售肉鸭、种蛋、商品鸭蛋以及鸭血、鸭肠、鸭绒等鸭产品。因此，只有适应市场需要，才能达到我们通过养鸭赚钱的目的。

目前我国有许多肉鸭和蛋鸭品种，而市场究竟需要哪类鸭产品，需要家庭农场在决定饲养之前进行充分的市场调研和论证。选择饲养品种时不能跟着企业的广告走，一方面要听专家们的介绍，另一方面要向养过良种并有实践经验的人请教，可避免走弯路，减少经济损失。根据市场调研的结果，确定引入能满足市场需要的品种。

从南北方对鸭产品消费的形势看，我国南方省区的四川、重庆、江苏、广东、香港、澳门、台湾和东南亚地区一直是养殖和消费鸭肉的主要地区，板鸭、烤鸭、盐水鸭等都是当地的名小吃，随着人们对食品多样性的需求不断增加，鸭肉将在禽肉市场上有更大的份额。北方肉鸭的消费同样在增加，一些鸭特色加工的产品，带动了肉鸭的消费，如北京烤鸭、卖旺烤鸭、麻辣鸭脖、烤鸭脖等，各地市场随处可见。在某些特定的地区兼用型还是有很大市场的。

从家庭农场当地消费习惯看，如果当地有消费烤鸭的习惯，且需求量较大，就要选择饲养大型的肉鸭，如养殖北京鸭。如果当地肉鸭屠宰加工企业多，对某一品种的肉鸭需求量大，不愁销路，或者当地有消费鸭蛋的习惯或者有鸭蛋加工企业，或者有稳定的大量外销渠道，对鸭蛋需求量大的，就可以引进适应性强、生产性能高的蛋鸭优良品种来养殖。如在一些鸭肉出口基地，应该选择饲养配套系杂交鸭，才能达到出口屠体质的要求。而制作传统的卤鸭、板鸭、熏鸭，则选择中型杂交肉鸭及本地麻鸭。

从消费差异性上看，如鸭蛋有白壳蛋和青壳蛋，这与鸭的产蛋率高低没有关系，也和鸭蛋的营养价值没有关系，但和经济效益有密切关系。因为有些地区群众喜欢青壳的鸭蛋，每个蛋的零售价比白壳蛋高 0.05 ～ 0.1 元，按 1 只鸭年产蛋 300 个计算，在同样条件下，青壳比白壳增收 15 ～ 30 元，效益是很可观的。又如，有的地区养鸭，主要是加工皮蛋和咸蛋，出售时按个数计价，而不是按重量计价，因此商人在收购时，每公斤售价小蛋比大蛋高出 30% ～ 50%，因而小蛋很畅销，造成大蛋品种很难推广。类似情况，如孵化厂收购种蛋时，有的专拣小蛋收，因为无论大蛋或小蛋，每一个受精蛋都只能孵出一只小鸭，而小鸭出售是按只计价的。所以在选择优良品种时，除了考虑生产性能这个主要因素外，还必须考虑到当地市场的特殊需要。只有把两者结合起来，通盘考虑，才能获得最佳效益。

因此，可以根据这些消费特点，引进生产性能高的良种来饲养或者用来提高当地品种的生产力水平，以满足越来越大的市场需求。以上这些都是养殖的最先决条件。

3.根据生产性能进行选择

优良的生产性能是取得良好经济效益的基础。因此，在同一类型的品种中，要选择生产性能好的品种。肉鸭要看其生长速度、耗料增重比；蛋鸭要看其产蛋量、蛋重、料蛋比；另外，还要看鸭的适应性和生活力，看哪个鸭种抗病力强，发病少。

> **小贴士：**
>
> 市场需求的构成要素有两个，一是消费者愿意购买，即有购买的欲望；二是消费者能够购买，即有购买的能力，两者缺一不可。鸭产品畅销与否、价格高低，均取决于市场。
>
> 长期以来，从国外引进的肉鸭品种——樱桃谷瘦肉型北京鸭占据了我国市场的主导地位。根据我国的食品结构，烤鸭、烧鸭用北京鸭品种，卤鸭、盐水鸭等用地方麻鸭品种。

（二）种鸭的选择方法

种鸭的好坏，直接影响后代的生长速度、体格大小和产蛋或产肉性能。因此，种鸭的选择非常重要，必须按照科学的方法进行选择。

1.根据体型外貌选择

体型外貌是一个品种的重要特点，也是生产力高低的主要依据。因此，选择的种鸭必须具备本品种的固有特点，同时更应着重于经济类型的选择。

① 种公鸭的选择：蛋用型公鸭要求体型较大，喙宽齐平，眼大有神，头颈较母鸭粗大，胸深而挺突，体躯向前抬起。腿

粗稍长而有力，蹼厚大。性欲旺盛，雄壮稳健灵活，羽毛紧密，有光泽，体重符合标准，第二性征明显。肉用公鸭要求体型呈长方形与地面近于水平，头大，颈粗，背平直而宽，胸骨正直，尾稍上翘，腿的位置近于体躯中央，雄壮稳健，体重符合标准，配种能力强。

②种母鸭的选择：蛋用型母鸭要求头部清秀，颈细长，眼大而明亮。胸饱满，胸深，臀部丰满，肛门大而圆润，脚稍高，两脚间距宽，蹼大而厚，羽毛紧密，两翼贴身，行动灵活而敏捷，觅食力强，肥瘦适中。皮肤有弹性，两耻骨间距宽，末端柔薄，耻骨与胸骨末端的间距宽阔。胫、蹼和喙的色泽鲜明。羽毛精密，麻鸭的斑纹要细。肉用型母鸭要求是喙宽而直，头大宽圆，颈粗、中等长，胸部丰满向前突出，背长而宽，腹深，脚粗稍短，两脚间距宽。

③兼用型的选择：兼用型要求种鸭善鸣，尾部宽扁齐平，腿粗脚宽，左右翅膀末端经常来回拨动。

④青年鸭的选择：可分两个阶段进行，第一阶段在育雏结束时，第二阶段在10周龄时（肉鸭可以稍晚几周）。此时骨架已经长成，除主翼羽外，全身羽毛基本长好。这两个阶段的选择标准，主要根据生长发育水平和体型外貌，将生长慢、体重轻的不符合本品种要求的次鸭淘汰，将羽毛颜色和喙、胫、蹼、趾的颜色不符合本品种要求的个体淘汰。

⑤雏鸭的选择：雏鸭应体躯硕大，绒毛柔软，头大颈粗，眼大有神，反应灵敏，鸣声洪亮，食欲旺盛，胸深背阔，腹圆齐平，尾钝翅贴，脚粗而高，健康结实，活泼好动。选择的重点放在初生体重大小和毛色一致性上。把不符合本品种特征要求的变种淘汰。此外，还要将硬脐（脐带收缩不好，腹部有硬块）的弱雏淘汰。

⑥开产前期的选择：此项选择时机确定，蛋鸭宜在100日龄左右、肉鸭宜在150日龄左右入舍时进行。将已培育好的青年鸭，除根据本品种对体型外貌和体重的要求选择外，还要观

察以下五个方面：一是羽毛着生紧密，毛片细致，有光泽；二是胸骨硬而突出，肋骨硬而圆，肌肉结实；三是嘴长、颈长、体躯长；四是眼睛突出有神，虹彩符合本品种标准；五是腹部发育良好，宽大柔软，趾骨间和趾骨与龙骨之间的距离要大。将符合要求的个体选进种鸭舍饲养。

如北京鸭要求体型硕大丰满，体躯呈长方形，前部昂起，与地面呈 $30º \sim 40º$，背宽平，胸部丰满，两翅紧附于体躯。头部蛋圆形，颈粗，长度适中，眼明亮，虹彩呈蓝灰色。公鸭尾部带有 $3 \sim 4$ 根卷起的性羽，母鸭腹部丰满，前躯仰角加大，母鸭叫声洪亮，公鸭叫声沙哑。

初生雏鸭的绒毛为金黄色，成年鸭的羽毛为白色。皮肤白色，喙为橙黄色，胫和脚蹼为橙黄色或橘红色，母鸭开产后喙、胫和脚蹼颜色逐渐变浅，喙上出现黑色斑点，随产蛋期延长，斑点增多，颜色加深。

在生产中，常采用择优选留法，即在鸭群中将满足品种特点、生长发育良好的个体依次选留，直至满足所需数量为止。

2. 依据主要经济性状进行选择

种鸭选择应侧重于主要经济性状，并且对不同的专门化品系有不同的选种标准，如肉鸭和蛋鸭，它们选种的侧重点完全不同。在肉鸭的配套品系中，作父系和作母系的要求也不同。

① 蛋用型鸭主要考察：开产日龄、产蛋量、开产体重、产蛋期料蛋比、蛋重、蛋壳厚度、蛋壳强度、蛋壳颜色、蛋形指数、哈夫单位、蛋的血斑和肉斑率、种蛋受精率、种蛋孵化率、雏鸭成活率、育成鸭成活率、羽毛生长速度和换羽等指标。

② 肉用型鸭主要考察：初生重、早期（$3 \sim 7$ 周龄）体重、成年体重、胸角、羽毛生长速度、种蛋受精率、种蛋孵化率、开产日龄、蛋重、仔鸭耗料增重比、7 周龄仔鸭成活率、屠宰率、胸肌率、腿肌率、皮脂率、屠体品质、抗病力等指标。

体重是肉鸭很重要的一个经济性状。体重和生长速度的遗传性都比较高，通过个体选择和家系选择均有效。体重与性成熟和饲料消耗量相关，体重大的一般性成熟晚，饲料消耗多；体重轻的开产早，料耗少。肉鸭要求一定的成年体重，更着重于早期的生长速度。

饲料转化率是指利用饲料转化为产蛋总重或鸭体重的效率。在蛋用型鸭时特称为料蛋比，为某一阶段内饲料消耗量与产蛋总重之比；在肉用型鸭时特称为耗料增重比，为某一阶段内饲料消耗量与体重增重之比。由于饲料成本占养鸭总成本的60%～70%，因此饲料转化率与养鸭生产的经济效益密切相关。饲料转化率的性状是可以遗传的，品系和个体之间常存在着明显的差别，通过选种可提高饲料报酬。

肉的品质这项性状对肉用鸭尤为重要。优秀的肉鸭品种，不仅要求屠宰率、半净膛率、全净膛率都要高，而且胸肌率和腿肌率也要高。屠宰率、半净膛率和全净膛率能反映出肉率的高低，胸肌率和腿肌率能反映出肉鸭屠体的结构和品质，胸、腿肌肉占全净膛的比值高，即屠体品质好。屠体重量和屠体结构有较高的遗传性，通过个体选择可获得改进。

存活率或死亡率反应鸭对不良条件的适应能力，也是与经济效益有直接关系的重要性状。肉鸭生活力考察还需加上仔鸭7周龄成活率一项。

如北京鸭商品鸭的生产性能按 DB11/T 012.1—2016《北京鸭 第1部分：商品鸭养殖技术规范》标准规定：初生雏鸭平均体重不低于52克，32日龄平均体重≥2500克，42日龄平均体重自由采食≥3000克，42日龄平均体重人工填饲≥3150克。1～35日龄成活率≥95%；36日龄～出栏成活率：自由采食97%～99%，人工填饲96%～98%。商品鸭料重比为，1～20日龄（1.6∶1）～（1.8∶1）；21～33日龄（2.0∶1）～（2.4∶1）；34～42日龄：自由采食（3.6∶1）～（3.9∶1），人工填饲（3.9∶1～4.5∶1）。

北京鸭种鸭的生产性能按 DB11/T 012.2—2016《北京

鸭 第 2 部分：种鸭养殖技术规范》标准规定：300 日龄体重，公鸭 4.0 ～ 4.3 千克，母鸭 3.5 ～ 3.8 千克。1 ～ 24 周成活率 ≥ 93％，产蛋期死淘率 ≤ 15％。年平均产蛋率（25 ～ 70 周龄）70％～ 80％。开产日龄 22 ～ 24 周龄；种蛋合格率（30 ～ 60 周龄）≥ 95％，种蛋受精率 ≥ 90％，受精蛋孵化率 ≥ 90％，健雏率 96％～ 99％。

樱桃谷鸭 SM3 大型父母代种鸭的生产性能要求：初生至 25 周龄时的成活率 97％。初生至 25 周龄时的种鸭体重，公鸭 4.25 千克，母鸭 3.2 千克。10％母鸭开始产蛋的时间为 25 周龄，75 周龄时总产蛋为 296 枚，饲料消耗量为 180 ～ 240 克/（天·只）。

樱桃谷超级肉鸭 SM3 商品代生产性能要求，42 日龄，活重 3.2 千克，饲料转化率 2.02∶1，成活率 98％，胸肉率（胸肉＋鸭胸部皮和脂肪占胴体的百分比）20.9％，腿肉率 17.7％。47 日龄，活重 3.48 千克，饲料转化率 2.28∶1，成活率 97％，胸肉率（胸肉＋鸭胸部皮和脂肪占胴体的百分比）23.6％，腿肉率 17.7％。53 日龄，活重 3.72 千克，饲料转换化 2.62∶1，成活率 96％，胸肉率（胸肉＋鸭胸部皮和脂肪占胴体的百分比）26.0％，腿肉率 16.7％。70 日龄，活重 4.100 千克，饲料转化率 3.79∶1，胸肉率（胸肉＋鸭胸部皮和脂肪占胴体的百分比）28.0％，腿肉率 15.8％。

3. 根据记录成绩进行选择

关于产蛋性能，单凭体型外貌的选择，还不能明确被选择个体的确切成绩，产量相差不大的个体，有时还会发生错误的判断。只有依靠科学测定的记录资料，进行统计分析，才能做出比较正确的选择。

正规的种鸭场，必须做好种鸭系谱登记和各项生产性能的记录。生产性能需记录的项目很多，主要项目有：鸭年产蛋量、蛋重、蛋形指数、开产日龄、饲料消耗量、种蛋受精率、受精蛋孵化率、雏鸭成活率、产蛋期成活率、初生重、育雏结束时体重、育成期末体重、开产期体重等。

选择种鸭时，可根据系谱和生产性能记录进行择优选择。根据系谱资料进行选择，就是根据种鸭双亲及祖代的成绩进行选择。尤其是公鸭，本身没有产蛋记录，在后代尚未繁殖的情况下，系谱就是主要依据，因为亲代或祖代的表现，在遗传上有一定相似性，可以据此对被选的种鸭作出大致的判断。在运用系谱资料时，血缘关系愈近影响愈大，亲代的影响比祖代大，祖代比曾祖代大。

根据生产性能记录进行选择。通过记录的本身成绩和同胞姐妹的成绩进行选择，甚至通过后裔的成绩进行选择。将生产性能优异的鸭挑选出来作为种鸭，这样就可以正确地选出优秀的种鸭，取得可观的经济效益。

👤 **小贴士：**

符合品种特征是指能看得见的感官指标，主要经济性状是指品种资料上的指标，而记录成绩是要通过亲身饲养实践结果来检验，因此，从外部引进品种时，符合品种特征是选择的最重要指标。

（三）引种时应注意的问题

在养鸭生产中，引种是每个养鸭场生产经营者都要考虑的问题，它是实现品种改良和迅速提高养鸭效益的有效途径，一个养鸭场经济效益的好坏除了跟市场行情、鸭场的投资环境及饲养管理水平等有关外，鸭优良品种的引入便是最为重要的环节了。优良的肉鸭或蛋鸭是提高养鸭效益的基础要素，而种鸭质量却是关系养鸭成败的关键环节。

1. 制订引种计划

家庭农场应该结合自身的实际情况，根据种鸭群更新计划，确定所需种鸭的品种和数量，有选择性地购进能提高本场鸭种某种性能，满足自身要求，并且与自己的鸭群健康状况相同的优良个体，如果是加入核心群进行育种的，则应购买经过生产性能测定的种鸭。新建养鸭场应从所建鸭场的生产规模、产品市场和鸭场未来发展的方向等方面进行计划，确定所引进种鸭的数量、品种和级别，从国外引进的樱桃谷肉鸭和克里莫肉鸭只有祖代种鸭，国内只有一级繁育场，繁育和推广父母代种鸭。根据引种计划，选择质量高、信誉好、知名的大型育种公司引种。这样的育种公司技术力量雄厚，质量可靠。

2. 确定合适的引进时机

引种要选择合适的时机，合适的时机引种能更好地发挥引种优势，降低引种成本，这就需要我们对养鸭市场有敏锐的洞察力和用前瞻性的眼光来分析预测养鸭生产。

3. 了解供种企业的售后保障情况

了解该公司的售后服务情况，是否能提供全面系统的服务，尤其是对于新建场或者从未饲养过的新品种来说，技术力量相对薄弱，饲养管理经验缺乏，完善的售后服务是引种成功的有力保障。要求有详实的被引进品种的资料，如系谱资料、生产性能鉴定结果、饲养管理条件等，一旦出现质量或技术问题，可以得到及时解决。

4. 掌握拟引进品种的适应性和生产性能

充分了解拟引进品种的适应性。掌握所引进品种是否适应本地的自然环境条件，如水资源、气候特点等。掌握拟引进品种的品种描述、饲养管理和卫生防疫要求、体重发育标准、饲养标准、喂料量控制标准、生产性能标准等。还要掌握在当地的引进和饲养情况。

5. 要注意公母比例适当

不同鸭品种采用人工授精或者自然交配的公母比例不一样，应根据实际生产需要确定公母鸭的数量搭配。本地麻鸭品种，公鸭的配种性能很好，公母的配比较大，受精率很高。早春季节，气温较低时，公母鸭的合理配比为（1∶8）～（1∶10）；夏秋季节，气温高，公母的合理配比可适当提高，全年的受精率一般均在90％以上。外来良种肉用型鸭，公母比例为（1∶6）～（1∶8）。饲养过程中要注意观察受精率，若发现鸭群受精率偏低，应及时找出原因，尤其要检查公鸭，发现不合格的个体，要立即淘汰。

6. 加强疫病监测

调查各地疫病流行情况和各品种种鸭的质量情况，必须从没有严重危害的疫病流行地区并经过详细了解的健康种鸭场引进种鸭，同时了解该种鸭场的免疫程序及具体措施。

引种时要加强检疫工作，应将检疫结果作为引种的决定条件。做到没有经过检疫的不引进、检疫不合格的不引进、没有检疫证明的不引进和疫区的不引进，以免引起传染病的流行和蔓延。引进后，要隔离饲养一段时间。

小贴士：

生产实践中，很多的养殖户由于不懂品种鉴别，或者对自己要养哪个品种不明确，看见别人买什么品种的鸭苗他也跟着买，或者遇到卖什么品种鸭苗就买什么。还有的喜欢选择比较新奇的品种进行饲养，不考虑当地的养殖环境以及市场情况盲目的选种。这些做法都是不可取的，极容易导致养殖失败。

　　饲养商品鸭，务必到父母代种鸭场购买鸭苗。供种的种鸭场要有县级以上畜牧行政部门颁发的种畜禽生产经营许可证和动物防疫条件合格证。规模小的种鸭场或养鸭户，很少做选育工作，所提供的鸭苗在很大程度上存在着质量问题。因此，要到饲养管理及孵化规模大、选育工作开展好、管理规范、市场信誉好的种鸭场进苗。

三、鸭的繁殖

（一）鸭的配种

鸭的配种有自然交配、杂交和人工授精三种方法。

1. 鸭的自然交配

　　自然交配是让公母鸭在有水的环境中进行自行交配的配种方法。配种季节一般为每年的 2 ～ 6 月，即从初春开始，到夏至结束。自然交配有大群配种和小群配种两种方式。

　　（1）大群配种　　大群配种是将公母鸭按一定比例合群饲养，让其进行自由交配。群的大小视种鸭群规模和配种环境的面积而定，一般利用池塘、河湖等水面让鸭嬉戏交配。这种方法能使每只公鸭都有机会与母鸭自由组合交配，受精率较高，尤其是放牧的鸭群受精率更高，适用于繁殖生产群。但需注意，大群配种时，种公鸭的年龄和体质要相似，体质较差和年龄较大的种公鸭，没有竞配能力，不宜作大群配种用。

（2）小群配种　小群配种又称单间配种，将每只公鸭及其所负责配种的母鸭单间饲养，使每只公鸭与规定的母鸭配种，每个饲养间设水栏，让鸭活动交配。公鸭和母鸭均编上脚号，每只母鸭晚上在固定的产蛋窝产蛋，种蛋记上公鸭和母鸭脚号。这种方法能确知雏鸭的父母，适用于鸭的育种，是种鸭场常用的方法。

（3）注意事项

① 注意公母比例。一般蛋用型鸭公母比例为（1∶2）～（1∶5），兼用型鸭公母比例为（1∶15）～（1∶20），肉用型鸭公母比例为（1∶5）～（1∶8）。早春寒冷，鸭的性活动受影响，可适当提高公鸭比例，在良好的饲养或者公鸭1岁左右的条件下，公鸭配种能力强，公鸭比例可适当降低。

② 注意初配年龄。鸭配种不宜过早，一般蛋用型初配年龄以5月龄以上为宜。肉用型公鸭初配年龄以6月龄以上为宜。

③ 注意种鸭利用年限。种公鸭利用年限为1年，种母鸭利用年限为2～3年。

2. 杂交

不同品种间的公母鸭交配称为杂交。在鸭生产中，有利用纯种繁育进行生产的，也有很多是利用杂交进行商品生产的。由于杂种一代常常表现出生活力强、成活率高、生长发育快、产蛋产肉多、饲料报酬高、适应性和抗病力强的特点，所以在生产中利用杂交生产出的具有杂种优势的后代，作为商品鸭是经济而有效的。

（1）二元杂交　二元杂交也称为简单经济杂交，即两个种群进行杂交，利用子一代的杂种优势进行商品鸭生产。我国具有丰富的鸭品种资源，各地方品种长期进行闭锁繁育，生产性能存在较大差异，所以，这些品种之间杂交，可产生明显的杂种优势。如采用绍鸭与卡叽－康贝尔鸭进行正反交，均有杂交优势。所产商品鸭年产蛋量均在300个以上，蛋重达70克以上，深受养鸭户欢迎。

卡叽 - 康贝尔公鸭与高邮母鸭杂交。从炕孵、雏鸭饲养、成鸭饲养管理、个体产蛋记录，实行"四统"。结果杂一代的产蛋效益明显优于高邮鸭。

二品种杂交父本选用北京鸭、樱桃谷鸭、狄高鸭等与高邮母鸭杂交。各杂交一代都在相同条件下比较试验，各项经济技术指标超过预定要求。其中以北京鸭 × 高邮鸭和樱桃谷鸭 × 高邮鸭两组为最佳。

进行经济杂交时应注意：在大规模的杂交之前，必须进行配合力测定。配合力是指不同种群的杂交所能获得的杂种优势程度，是衡量杂种优势的一项指标。配合力有一般配合力和特殊配合力两种，应选择最佳特殊配合力的杂交组合。

公瘤头鸭（番鸭）与母寒鸭杂交是瘤头鸭与一般家鸭之间的杂交，是不同属、不同种之间的远缘杂交，所得的杂交后代有较强的杂交优势，但一般没有生殖能力。

（2）三元杂交　三元杂交指两个种群的杂种一代和第三个种群相杂交，利用含有三种群血统的多方面的杂种优势进行商品鸭生产。此方法在使用时应注意：在三元杂交中，第一次杂交应注意繁殖性状，第二次杂交应强调生长等经济性状。

在肉鸭生产中，较成功的三元杂交组合有樱桃谷鸭（北京鸭）公鸭与金定鸭（山麻鸭）母鸭的杂交，杂交一代母鸭再与白番鸭公鸭杂交生产三元商品肉鸭，此三元杂交的子代，其长势比半番鸭更胜一筹，育肥性能更好，屠宰率更高，肉质更鲜美。

3. 鸭的人工授精

为了提高优良种公鸭的利用率和受精率，扩大公母鸭配种比例，便于净化工作和清洁卫生，在养鸭生产中广泛应用重型品种进行杂交、改良来生产肉鸭。为克服某些品种鸭的体型大而繁殖性能低的弱点，常常在大群生产进行自然交配的同时采用人工授精技术，实现高效繁育。鸭的人工授精技

术包括种公鸭选择、采精训练、精液采集、精液
质量评定、精液的稀释、精液保存和输精等环节
（视频 4-4）。

视频 4-4 鸭的
人工授精

（1）种公鸭选择　选择好种公鸭是开展人工
授精技术的基础。除了按品种特征、生产性能、
健康状况选择外，还应选择发育好、健壮、性欲良好、精液品
质好的个体。

种公鸭第一次选留在 2 月龄进行。第二次选留，蛋用型鸭
在 4 月龄，肉用型鸭在 6 月龄进行。

选留的公鸭需定期采精并检查精液品质。公鸭最初 3 次采
集的精液品质与其后的精液品质呈高度正相关，可利用这一特
性来选留精液质量好的公鸭。

（2）采精训练　选留的种公鸭在采精前 3 ～ 4 周应隔离饲
养，最好采用个体笼养或小单间饲养，隔离 1 周后进行采精训
练。种鸭约需 1 周可采出精液。

采精前应将公鸭泄殖腔周围的羽毛剪掉，以免妨碍操作或
污染精液，之后用 75 % 的酒精消毒，再用蒸馏水擦洗，待晾干
后采精。

（3）精液采集　公鸭采精方法有按摩法、台鸭诱情法、假
阴道法和电刺激法，前两种方法在生产中使用较多，特别是按
摩法较实用和简便，是目前应用最广泛的方法。

① 按摩法。采精时通常由两人配合进行，其中一人保定，
另一人采精。保定员用双手各握住公鸭的两脚，自然分开，拇
指扣住鸭翅膀，使公鸭尾部向外，头部夹于左臂下，类似自然
交配姿势。采精员左手掌心向下，拇指和其他手指自然分开并
稍弯曲，手指和掌面紧贴公鸭的背部，从翅膀的基部 (睾丸部
位) 向尾部方面有顺序、有规律进行按摩，因为引起公鸭性兴
奋的部位是在髋关节后上方的骶骨区。性反射快的公鸭，按摩
6 ～ 7 次就可以射精。同时，用右手拇指和其他四指握住泄殖
腔环按摩揉捏直到泄殖腔周围肌肉充血膨胀，待阴茎充分勃起

时，手可感到泄殖腔内有一个如核桃大小的硬块，阴茎基部的大小淋巴结开始外露于肛门外，此时固定公鸭的助手应迅速将手中的采精杯靠近泄殖腔，采精员右手固定阴茎基部的下面，用左手挤压泄殖腔的上方部位，阴茎遂外翻伸入到集精杯内，精液沿着闭合的螺旋精沟，射到集精杯内。

② 台鸭诱情法。即使用母鸭（台鸭）对公鸭进行诱情，促使其射精而获取精液的方法。首先将母鸭固定于诱情台上 (离地 10 ～ 15 厘米)，然后放出经调教的公鸭，公鸭会立即爬跨台鸭，当公鸭阴茎勃起伸出交尾时，采精人员迅速将阴茎导入集精杯而取得精液。有的公鸭爬跨台鸭而阴茎不伸出时，可迅速按摩公鸭泄殖腔周围，使阴茎勃起伸出而射精。

采精注意事项。采精前先准备数支 1 毫升注射器，若干套集精器和集精瓶，洗干净、消好毒、晾干备用。准备 75％酒精瓶，75％酒精棉球及消毒好的镊子、剪子，放于消毒好的瓷盘内，并用消毒纱布盖上备用。

采精时动作应轻柔、迅速，使其感到舒适，切忌粗暴对待公鸭。按摩时间不宜过久，压挤动作不宜用力过大，以免引起公鸭排粪或损伤黏膜出血而污染精液。从训练开始，应做到采精的人员、地点和时间三固定，使公鸭形成良好的条件反射。

公鸭宜在上午采精配种，采精前 1 ～ 2 小时停止喂食，防止采精时排粪尿。注意采精频率，不能过度采精。公鸭每周可采精 3 次或隔日采精，若配种任务重每采 2 天（每天 1 次）休息 1 天。采精的间隔时间也不宜过久，若间隔时间超过 2 周，会使退化的精子数增加，故数日未采精后第一次采得的精液应弃之不用。

采集的精液不可受到阳光照射或造成精液污染，以免影响人工授精效果。

（4）精液质量评定　为保证精液质量，采集后的精液要对精液质量进行评定，只有质量合格的精液才能进行稀释和保存，以及用于人工授精。评定项目主要有以下几个方面。

① 外观检查。正常精液为乳白色，不透明液体。

② 射精量。射精量的多少，依品种、年龄等生理状况而定。通常公鸭的射精量为 0.1～0.2 毫升，北京鸭的射精量为 0.3 毫升，番鸭的射精量为 1.2 毫升。

③ 精子密度。通常公鸭的精子密度为 10 亿～60 亿/毫升。北京鸭的精子密度为 26 亿/毫升，番鸭的精子密度为 5 亿～20 亿/毫升。

④ 精子活力。检查可在 37℃ 显微镜恒温台或保温箱内进行，在显微镜下观察直线运动的情况。一般精子活力应在 50%～80% 之间，低于 40% 的精液不适宜应用。

⑤ 精液的 pH。精液的 pH 一般为 6.2～7.4，用 pH 试纸就可测出。

（5）精液的稀释　目前在生产实践中，家禽精液多为现采现用，不作稀释保存。事实上采下的新鲜精液在室温下几小时就会影响受精率，因此进行稀释保存是必要的。

① 稀释液。若精液现采现用，可选简单易购的稀释液，如生理盐水和 5% 的葡萄糖溶液。

② 稀释精液。稀释精液时将稀释液沿装有精液的试管壁缓慢加入，并轻轻转动或倒置试管，以充分混匀。

③ 注意事项。因精子较脆弱，混合精液时不得用玻璃棒或硬物搅拌，否则会人为造成畸形精子数量的增加；稀释液和精液均放于 30℃ 的保温杯或保温箱内，以防两者之间温差过大，或者温度突然升高或降低，而影响精子活力；常温保存时的稀释比例以 1∶1 为宜；精液应在采精后的 5 分钟内尽快稀释完成。

（6）精液保存　禽类的精子代谢非常旺盛，未经稀释的精液，在体外很快就因内源能量的耗竭而死亡。尽管通过稀释液补充精液能量及中和精子产生的乳酸等有害物质可实现延长保存时间，但保存的效果也不太理想。因此，精液应始终放置于 25～30℃ 水温的保温瓶内保存，并于采精后 30 分钟内使用完毕。

（7）输精

① 输精方法。手指引导输精法：助手将母鸭固定于输精台上（50～60厘米高的台面），输精者用右手食指插入母鸭泄殖腔，探到输卵管口后插入食指，左手持输精器沿食指插入输卵管内，输入精液。

直接插入阴道输精法：助手将母鸭固定于输精台上，使其尾部稍抬起，输精者用左手将母鸭尾巴压向一侧，并用母指按压泄殖腔下缘，使泄殖口张开，右手以拿毛笔方式持输精器上部，输精器插入泄殖腔后就向左方插进，便可插入输卵管口，此时，左手大拇指放松并稳住输精器，再输入精液。

② 输精深度。输精深度为注入输卵管口内4～6厘米。

③ 输精量与输精次数。输精量和输精次数取决于精液品质，另外还受到鸭种、个体、年龄、季节的影响。一般采用原液输精时，每只鸭一般用量为0.05毫升，用稀释液稀释的新鲜精液一般为0.1毫升。无论是用原精液还是稀释精液，均应保证有效精子数在5000万～9000万。公番鸭与母麻鸭杂交有效精子数在7000万～9000万时受精率最佳，超过9000万时并不能提高其受精率。北京鸭与麻鸭杂交，有效精子数5000万就能得到较高受精率。可能是因为北京鸭与麻鸭是同属间杂交的原因。

第一次输精时，输精量可加大1倍。使用2～3只公鸭的混合精液输精，比单只公鸭精液输精受精率高。

④ 输精间隔。输精间隔取决于精子在母鸭生殖道内存活时间的长短，通常母鸭一次输精后大约在40小时后出现第1枚受精蛋，最长受精时间可达11～15天。北京鸭与麻鸭人工授精时精子的受精持续时间为4～5天，以后受精率显著下降，故间隔3～4天输精1次，以维持良好受精率。番鸭与麻鸭（北京鸭）之间进行人工授精，由于不同属，番鸭精子在母鸭输卵管内受精能力维持时间较短，在3～4天内维持高受精率，因

此间隔 2～3 天输精 1 次。

⑤ 输精时间。母禽子宫里有蛋存在时，会影响精子向受精地点运行，据此，一般鸭输精宜在上午进行。由于番鸭多在凌晨 4 时至第二天上午 10 时产蛋，故输精以下午输精为好。

（二）孵化

1. 种蛋的选择

（1）种蛋来源　种蛋应来源于高产、健康的种禽群，受精率应在 90% 以上。

（2）蛋形要求　蛋形是由蛋的长径与短径比例即蛋形指数来表示。蛋形指数是蛋的质量的重要指标，它与受精率、孵化率及运输有直接关系。用游标卡尺测量蛋的长径和短径，以毫米为单位，精确度为 0.1 毫米。正常蛋形指数要求（长径横径）以 1.2～1.4 毫米为宜。剔除过大、过小、过长、过圆的蛋。

（3）蛋壳质量　钢皮、腰箍、沙皮、花皮、软皮蛋要剔除，破损蛋、裂纹蛋不可做种用。外表不光滑，有棱角、皱皮等畸形蛋也不能做种用。

（4）卫生状况　被粪便等脏物污染的蛋不可做种用。

2. 种蛋保存

（1）种蛋贮存室的要求　大型的孵化场应有专门的种蛋贮存室。贮存室要求是隔热性能良好、无窗式的密闭房间。此外，贮存室内还应配备恒温控制的采暖设备以及制冷设备，配备湿度自动控制器。种蛋贮存室与鸭舍之间的距离越远越好，同时应便于清洗和消毒。

（2）适宜的蛋位　保存一周内的种蛋，存放时的蛋位对孵化率或许只有较小的影响。为了使气室保持适当位置，保存种蛋时大头（钝端）向上，小头（锐端）向下。如果每天转蛋，钝端向上保存一周以上的种蛋仍可获得较好的孵化效果。钝端向上还可防止胚胎与壳膜的粘连，避免引起胚胎的早期死亡。保存期较长时，翻蛋的角度以大于90°为宜。

（3）种蛋保存的温度　种蛋保存的适宜温度与贮存时间长短有关。种蛋保存温度为15～18℃。高温对种蛋保存不利，影响孵化率。

（4）种蛋贮存的适宜湿度　种蛋的保存湿度为70%～75%。湿度过低，蛋内的水分大量蒸发，气室扩大，不利于孵化和胚胎发育。湿度过高能引起蛋表面出现冷凝水，破坏蛋表面的膜结构，影响孵化。

（5）种蛋保存的时间　保证种蛋的新鲜，种蛋的贮存时间愈短愈好，一般贮存7天以内，4～5天为宜。两周以内的种蛋可保持一定孵化率；若超过两周则孵化期推迟，孵化率降低，雏鸭弱雏较多。种蛋的新鲜程度除与保存时间有关外，还与保存的温度、湿度、方法等有关。种蛋长期保存时，每天翻蛋一次，也可延缓孵化率的急剧下降。

3. 种蛋的运输

装运种蛋是良种引进、交换和推广过程中不可缺少的一个环节，应做好种蛋运输的每一个环节，确保万无一失。

（1）种蛋的包装　引进种蛋时常常需要长途运输，如果保护不当，往往引起种蛋破损和系带松弛、气室破裂等，致使孵化率降低。包装种蛋的用具最好是专用的种蛋箱（60厘米×30厘米×40厘米，250个）或塑料蛋托盘。种蛋箱或蛋托盘必须结实，能经受一定的压力，并且要留有通气孔。装箱时必须装满，并使用一些填充物以防震。如果没有专用种蛋箱，也可用木箱或竹筐装运，此时可用废纸将蛋逐个包好，装入箱（筐）内，各层之间填充锯木面或刨花、稻草等垫料，以防撞击和震动，尽量避免蛋与蛋的直接接触。不论使用什么工具装蛋，尽量使大头向上或平放，排列整齐，以减少蛋的破损。

（2）种蛋的运输　在种蛋的运输过程中，不管使用什么交通工具，都应注意避免日晒雨淋，否则会影响种蛋的质量。因此，在夏季运输种蛋时，要有遮阳和防雨设备。冬季运输时注意保暖以防受冻，运输工具要求快速平稳。装卸时轻装轻放，尽可能减少震动，严禁强烈震动，防止卵黄膜破裂和系带断裂等现象，运输种蛋的最好工具是飞机、火车、汽车等。种蛋运到后，应立即开箱检查，剔除破损蛋并进行消毒，还要尽快入孵。

4. 种蛋的消毒

种蛋收集后，立即装盘上架，在专用的熏蒸室内，按每立方米容积加福尔马林 42 毫升、高锰酸钾 21 克的比例，将福尔马林倒入盛有高锰酸钾干粉的容器中，熏蒸 30 分钟。熏蒸时关严门窗，保持温度 24℃以上，湿度 75％以上，熏后排出气体。为了防止种蛋在保存期间又被污染，在入孵升温前可用同样的方法再消毒一次，用药量减少 1/3。

种蛋消毒除用熏蒸法外，完全可以采用喷雾法进行。方法是将 5％的新洁尔灭配制成 0.1％的溶液（水与 5％新洁尔灭之比为 50∶1），均匀喷洒在种蛋表面。采用过氧乙酸消毒时，将 20％的过氧乙酸配制成 0.1％的溶液，均匀喷洒在种蛋表面。上述两种消毒液的使用效果良好，能有效杀灭细菌、真菌和病毒。

5. 孵化

鸭的孵化期为 28 天，在孵化期间要做好温度、湿度、照蛋、通风换气等工作。

（1）准备好孵化机　孵化机事先清洗、消毒、调试，并要预热。

（2）孵化温度和湿度的要求　孵化室的环境温度为23～30℃。

变温孵化孵化机空间温度入孵后第1～5天为38.1℃，第6～11天为37.8℃，第12～16天为37.5℃，第17～23天为37.2℃，第24～28天为37.0℃。

恒温孵化孵化机空间温度为37.8℃。

孵化湿度：孵化室湿度为60%～65%。

孵化机空间湿度：入孵后第1～12天孵化湿度为70%～75%，第13～24天孵化湿度为60%～65%，第25～28天孵化湿度为70%～80%。

（3）翻蛋　翻蛋可避免胚胎与壳膜粘连，有利于改变胚胎方位，促进羊膜运动。要定时转动蛋的放置位置，特别是第一周更为重要。

在入孵后第1～26天，每隔2～3小时要翻蛋1次，每日翻蛋8～12次，翻转角度为110°，以使胚胎各部分受热均匀，防止胚胎黏壳。孵化到19日龄，应将上下蛋盘对调，蛋盘四周与中央的蛋对调，以弥补温差的影响。孵化到落盘后停止翻蛋。

（4）凉蛋　凉蛋的目的是排出孵化器内多余的热量，保持适宜的孵化温度。当孵化至14天后，开始凉蛋直至出雏。凉蛋的方法是关闭电源，打开孵化器门，将蛋架车拉至孵化室内。也可在蛋上喷40.5℃的温水。凉蛋时间根据季节、室温和孵化胚龄而定，一般每昼夜凉2次，每次凉蛋时间一般15～30分钟，以蛋贴眼皮感到微凉（32℃）时即可。

（5）通风换气　通风换气与胚胎发育有直接关系，孵化器内空气越新鲜，越有利于胚胎正常发育，出雏率也越高。在正常通风条件下，孵化器中的氧气含量维持在21%，二氧化碳0.5%左右。当二氧化碳含量超标（如1%）时，胚胎发育迟缓，死亡率提高，出现胎位不正或畸形等现象。因此，应注意孵化器内通气孔位置、大小和进气孔启开的程度，以控制孵化器内空气的流速、路线。为维持孵化器内空气新鲜、风速正常，通气孔的大小和位置应适当。一般孵化初期，气孔只打开 1/4～1/3，以后逐渐加大，出壳时全部打开。调节通气孔的大小位置特别重要，一定要按照孵化机的说明要求操作。

（6）照蛋检查　通常整个孵化期间照蛋 2 次。在孵化过程还要不定期地抽检胚蛋，以便掌握胚胎发育情况，并据此采取相应措施。

第 1 次照蛋在孵化后第 7 天进行，通过照蛋，拣出无精蛋和死胚蛋。受精蛋胚胎发育正常，血管呈放射状分布，颜色鲜艳发红；死胚蛋颜色较浅，内有不规则的血环、血弧，无放射状血管；无精蛋发亮无血管分布，只能看到蛋黄的影子。

第 2 次照蛋在入孵后第 25～26 天进行，以剔除死胚蛋，活的正常胚蛋移入出雏盘和出雏器。活胚蛋呈黑红色、气室倾斜、边界弯曲、周围有粗大的血管；死胚蛋气室周围看不到暗红色的血管，边缘模糊，有的蛋颜色较浅，小头发亮。

（7）落盘与出雏　鸭种蛋孵化至 26 天，应将活的胚蛋落盘。落盘后要按种蛋孵化的温度与湿度要求来控制温度和湿度，即较前一孵化阶段，温度适当降低，而湿度适当增加，以利出雏。为保证有足够湿度，应适当增加水盘数量，保持水盘内的清洁，以利水分蒸发。

鸭种蛋孵化至第 27.5 天即开始出雏，至 29 天出雏完毕，鸭雏出壳后，在出雏器内要停留至羽毛干透，而后取出，放入育雏室或箱中。

注意不可过早拣雏，过早幼雏羽毛未干，对环境适应性差；也不能拣雏过晚，幼雏羽毛干后四处活动，鸭雏可能自行爬出，掉入水盘淹死。

出雏期间应尽量少开照明灯，只在拣雏时开灯，以免幼雏爬行时损伤关节。一般拣雏 2～3 次。

（8）孵化管理　鸭蛋在孵化期间，应有专人值班，孵化员每日定时观察温度、湿度和风门大小（如不符合要求应及时调整），并做记录，一般每 2 小时检查记录一次。定时往孵化机的水盘内加水，定时翻蛋。注意通风换气及仪表、指示器的变化，如有异常应及时排除故障。每次孵化工作结束后，应将孵化器、出雏器及用具进行彻底清扫、刷洗和消毒。

四、雏鸭运输的注意事项

运输雏鸭也是育好雏鸭的关键，是育雏工作的一个重要环节，稍有疏忽，即可带来重大经济损失。初生雏鸭的运输原则是：迅速及时，舒适安全，注意卫生和做好保温。初生雏鸭最好在 8～12 小时运到育雏舍，如为远途运雏也不应超过 48 小时，以免中途喂饮的麻烦和损失。

当雏鸭还处于软身潮毛（即出壳后胎毛未干，呈软瘫样，尚不能起立）时，经雌雄鉴别后，即可装运。运雏最好有专用的雏箱（图 4-16），上下左右均应有孔洞，雏箱要坚固。每箱装载雏鸭不可过多，防止挤压。雏箱与车厢之间要留有空隙并由木架隔开，以免雏箱滑动。装卸雏箱时要小心平稳，避免倾斜。运雏车和雏箱事前要经过消毒，特别是运雏车要做好检修和加油，防止中途停歇。如天冷雏箱可加盖棉絮或被单；天热则应在早晨或晚上凉爽时运输，并携带雨布。无论任何季节，运输途中都要经常检查雏鸭的动态，如发现过热致使其绒毛发潮（俗称"出汗"，实践证明这种雏鸭较难饲养）、过冷致使其挤堆或通风不良等现象应及时采取措施。

图 4-16 周转纸箱装雏鸭

采取空运的，要在出雏前确定好由孵化场到机场的行驶路线、雏鸭周转箱是否符合空运的要求、飞机的具体起飞的时间、飞机飞行时间、飞机到达目的地时间，以及接机的车辆是否准备好等。

恶劣天气情况下的远途运输会对雏鸭造成很大的应激，有时可以采用传统的嘌蛋方法代替初生雏鸭的运输，即将孵化20天以后的鸭蛋经照检剔除其中的死蛋后，装在厚铺稻草的竹篮里，每篮装 200 ~ 300 枚。启运日期应根据路程而定，以出雏前到达目的地为原则。运输途中注意防止震荡，保持温度适宜，并定时翻蛋，以防下层蛋过热。将蛋运到目的地后立即照检，拣出死胎蛋，然后上摊继续孵化。也可在较晚日龄嘌蛋，雏鸭运输途中陆续出雏，待到目的地时全部出完。

第五章

鸭场饲料保障

养鸭的目的就是利用鸭机体，将饲料转化为我们所需要的肉类、蛋类和羽绒等产品。鸭要维持生长、运动、繁殖等各种生命活动，就要从饲料中获得营养物质，饲料是养鸭的重要物质基础。因此，在鸭的养殖过程中，给予充分合理的营养，满足其对各种营养物质的需要，充分发挥其遗传优势，获得较快的生长速度和较高的饲料转化率。

为了取得优质高产的饲养效果，必须首先了解鸭的营养需要和常用饲料原料特性等方面的知识，掌握饲料配合技术和加工调制等基本技能。

一、鸭的营养需要

饲养标准是根据大量饲养实践结果和动物生产实践的经验总结，对各种特定动物所需要的各种营养物质的定额作出规定，这种系统的营养定额及有关资料统称为饲养标准。简言之，即特定动物系统成套的营养定额就是饲养标准。

动物的营养需要也称营养需要量，指动物在最适宜环境条件下，正常、健康生长或达到理想生产成绩时对各种营养物质种类和数量的最低要求。营养需要量是一个群体平均值，不包括一切可能增加需要量而设定的保险系数。

为了保证相互借用参考的可靠性和经济有效地饲养动物，营养物质的定额按最低需要量给出。对一些有毒有害的微量营养素，常给出耐受量和中毒量。

营养需要中规定的营养物质定额一般不适宜直接在动物生产中应用，常要根据不同的具体条件，适当考虑一定程度的保险系数。其主要原因是实际动物生产的环境条件一般难达到制定营养需要所规定的条件要求。因此，应用营养需要中的定额，认真考虑保险系数十分重要。

樱桃谷 SM3 大型种鸭饲料营养最低需要量见表 5-1、樱桃谷 SM3 大型商品肉鸭饲料营养最低需要量见表 5-2、蛋鸭的饲养标准见表 5-3、绍兴蛋鸭营养需要见表 5-4、绍兴肉公鸭的营养需要见表 5-5、法国克里莫公司推荐鸭的饲养标准（2006）见表 5-6、法国番鸭营养标准见表 5-7。

表 5-1　樱桃谷 SM3 大型种鸭饲料营养最低需要量推荐表

营养成分	育雏期（0～8 周）	生长期（9～20 周）	产蛋期（20 周后）
代谢能量/（千卡[①]/千克）	2900	2850	2700
粗蛋白/%	20	15.5	19.5
总赖氨酸/%	1.3	0.7	1.2
可利用赖氨酸/%	1.1	0.59	1.02
总甲硫氨酸/%	0.4	0.31	0.39
总甲硫氨酸＋胱氨酸/%	0.7	0.55	0.68
可利用甲硫氨酸＋胱氨酸/%	0.65	0.51	0.63
总苏氨酸/%	0.9	0.55	0.65
总色氨酸/%	0.21	0.14	0.21
脂肪/%	4.0	4.0	4.0
亚油酸/%	1.0	0.75	1.5
纤维素/%	4.0	4.5	4.0
钙（最低）/%	1.0	0.9	3.75

营养成分	育雏期（0～8周）	生长期（9～20周）	产蛋期（20周后）
可利用磷（最低）/%	0.5	0.4	0.4
钠（最低）/%	0.18	0.18	0.18
钾（最低）/%	0.6	0.4	0.6
氢化物（最低）/%	0.18	0.14	0.18
胆碱/（克/吨）	1500	1500	1500
维生素			
维生素A/（百万单位/吨）	13.5	10	15
维生素D$_3$/（百万单位/吨）	3	3	4
维生素E/（克/吨）	100	100	100
维生素B$_1$/（克/吨）	3	3	5
维生素B$_2$/（克/吨）	12	10	16
维生素B$_6$/（克/吨）	4	3	4
维生素B$_{12}$/（毫克/吨）	25	15	25
钾/（克/吨）	10	10	5
叶酸/（克/吨）	2	2	2.5
生物素/（毫克/吨）	250	150	—
烟酸/（克/吨）	75	45	—
泛酸/（克/吨）	16	12	20
微量元素			
锰/（克/吨）	100	80	100
锌/（克/吨）	100	80	100
铜/（克/吨）	15	15	15
铁/（克/吨）	50	50	50
钴/（克/吨）	1	1	1
碘/（克/吨）	3	2	3
钼/（克/吨）	0.5	0.5	0.5
硒（毫克/吨）	250	250	250

① 1卡=4.19焦。

表5-2 樱桃谷SM3大型商品肉鸭饲料营养最低需要量推荐表

营养成分	初始期（0～9天）	初始期（10～16天）	生长期（17～42天）	最终期（43天～屠宰）
代谢能量/（千卡①/千克）	2850	2900	2900	2950
蛋白质/%	22.00	20.00	18.50	17.00

营养成分	初始期 （0～9天）	初始期 （10～16天）	生长期 （17～42天）	最终期 （43天～屠宰）
总赖氨酸 /%	1.35	1.17	1.00	0.88
可利用赖氨酸 /%	1.15	1.00	0.85	0.75
总甲硫氨酸 /%	0.50	0.47	0.42	0.42
总甲硫氨酸＋胱氨酸 /%	0.90	0.84	0.75	0.70
可利用甲硫氨酸＋胱氨酸 /%	0.80	0.75	0.66	0.66
总苏氨酸 /%	0.90	0.85	0.75	0.75
总色氨酸 /%	0.23	0.21	0.20	0.19
油脂（脂肪）/%	4.00	4.00	5.00	4.00
亚油酸 /%	1.00	1.00	0.75	0.75
纤维素 /%	4.00	4.00	4.00	4.00
钙（最低）/%	1.00	1.00	1.00	1.00
可利用磷（最低）/%	0.50	0.50	0.35	0.32
钠（最低）/%	0.20	0.18	0.18	0.18
钾（最低）/%	0.60	0.60	0.60	0.60
氯化物（最低）/%	0.20	0.18	0.17	0.16
胆碱 /（克 / 吨）	1500	1500	1500	1500

① 1 卡 =4.19 焦。

表 5-3 蛋鸭的饲养标准

营养成分	0～4 周龄	4～9 周龄	9～14 周龄	14 周龄以上
代谢能 /（兆焦 / 千克）	11.51	11.42	10.35	11.42
粗蛋白 /%	17.00	15.40	12.00	18.70
钙 /%	0.75	0.90	0.75	3.00
磷 /%	0.58	0.66	0.58	0.72
有效磷 /%	0.30	0.36	0.30	0.43
甲硫氨酸 /%	0.39	0.35	0.29	0.45
甲硫氨酸＋胱氨酸 /%	0.63	0.57	0.47	0.74
色氨酸 /%	0.22	0.20	0.14	0.22
赖氨酸 /%	1.00	0.90	0.55	1.00
缬氨酸 /%	0.73	0.66	0.55	0.86
亮氨酸 /%	1.19	1.08	1.00	1.55

营养成分	0 ~ 4 周龄	4 ~ 9 周龄	9 ~ 14 周龄	14 周龄以上
异亮氨酸 /%	0.60	0.54	0.52	0.80
精氨酸 /%	1.02	0.95	0.72	1.14
苏氨酸 /%	0.63	0.57	0.45	0.70
维生素 A/(国际单位 / 千克)	5500	8250	5500	11250
维生素 D/(国际单位 / 千克)	400	600	400	1200
维生素 E/(国际单位 / 千克)	10.00	15.00	10.00	37.50
维生素 K/(毫克 / 千克)	2.00	3.00	2.00	3.00
硫胺素 /(毫克 / 千克)	3.00	3.90	3.00	2.60
核黄素 /(毫克 / 千克)	4.60	6.00	4.60	6.50
泛酸 /(毫克 / 千克)	7.40	9.60	7.40	13.00
烟酸 /(毫克 / 千克)	46.00	60.00	46.00	52.00
吡哆醇 /(毫克 / 千克)	2.20	2.20	2.20	2.90
生物素 /(毫克 / 千克)	0.08	0.08	0.08	0.10
胆碱 /(毫克 / 千克)	1300	1100	1100	1690
叶酸 /(毫克 / 千克)	1.00	1.00	1.00	0.65
钴胺素 /(毫克 / 千克)	15.00	15.00	15.00	13.00
钾 /%	0.33	0.40	0.33	0.30
钠 /%	0.13	0.15	0.13	0.28
氯 /%	0.12	0.14	0.12	0.12
镁 /%	0.040	0.05	0.04	0.05
铜 /(毫克 / 千克)	10.00	12.00	10.00	10.00
碘 /(毫克 / 千克)	0.40	0.04	0.40	0.48
铁 /(毫克 / 千克)	80.00	89.00	80.00	72.00
锰 /(毫克 / 千克)	39.00	47.00	39.00	60.00
锌 /(毫克 / 千克)	52.00	62.00	52.00	72.00
硒 /(毫克 / 千克)	0.15	0.12	0.10	0.12

表 5-4　绍兴蛋鸭营养需要

营养成分	0 ~ 4 周	5 周 ~ 开产	产蛋期
代谢能 /(兆焦 / 千克)	11.7	10.0	11.4
粗蛋白 /%	19.5	14.0	18.0
甲硫氨酸 + 胱氨酸 /%	0.7	0.6	0.7
赖氨酸 /%	1.0	0.7	0.9
钙 /%	0.9	0.8	3.0
磷 /%	0.5	0.5	0.5

资料来源：NY/T 827—2004《绍兴鸭饲养技术规程》。

表 5-5　绍兴肉公鸭的营养需要

项目	代谢能 /（兆焦 / 千克）	粗蛋白 /%	甲硫氨酸 + 胱氨酸 /%	钙 /%	磷 /%	盐分 /%	粗纤维 /%	粗灰分 /%
0 ～ 3 周	11.7	19.0	0.6	1.0	0.7	0.3 ～ 0.8	<6.0	<8.0
4 ～ 8 周	11.7	17.0	0.5	1.0	0.6	0.3 ～ 0.8	<6.0	<9.0

资料来源：NY/T 827—2004《绍兴鸭饲养技术规程》。

表 5-6　法国克里莫公司推荐鸭的饲养标准（2006）

营养成分	烤鸭用						强饲			
	0 ～ 3 周		4 ～ 7 周		8 ～ 12 周		0 ～ 4 周		5 ～ 11 周	
	最低	最高	最低	最高	最低	最高	最低	最高	最低	最高
代谢能 /（千卡[①] / 千克）	2850	2900	2900	3100	3000	3200	2700	2800	2800	2900
粗蛋白 /%	19.00	22.00	17.00	19.00	15.00	18.00	19.00	22.00	17.00	19.00
甲硫氨酸 /%	0.45	—	0.40	—	0.30	—	0.45	—	0.40	—
甲硫氨酸 + 胱氨酸 /%	0.85		0.65		0.60		0.85		0.65	
赖氨酸 /%	0.95	—	0.85		0.75		0.95		0.85	
苏氨酸 /%	0.75		0.60		0.50		0.75		0.60	
色氨酸 /%	0.23		0.16		0.16		0.23		0.16	
粗纤维 /%	—	4.00	—	5.00	—	6.00		4.00		5.00
粗脂肪 /%	—	5.00	—	6.00	—	7.00		5.00		6.00
灰分 /%								6.00		6.00
钙 /%	1.00	1.20	0.90	1.00	0.85	1.00	1.00	1.20	0.90	1.00
有效磷 /%	0.45	—	0.40	0.35	0.35	—	0.45	—	0.35	—
维生素 A/（国际单位 / 千克）	15000	—	10000		10000		13500		12000	
维生素 D/（国际单位 / 千克）	3000	—	2000		2000		3000		2000	
维生素 E/（国际单位 / 千克）	20	—	20		20		20		20	
钠 /%	0.15	0.18	0.15	0.18	0.15	0.18	0.15	0.18	0.15	0.18
氯 /%	0.15	0.22	0.15	0.22	0.15	0.22		0.22	—	0.22

①1 卡 =4.19 焦。

养鸭家庭农场致富指南

表 5-7 法国番鸭营养标准

营养成分	0~3周（公母混养）		4~7周（公母混养）		8周~上市			
					公		母	
	最低	最高	最低	最高	最低	最高	最低	最高
代谢能 /（千卡[①]/ 千克）	2800	3000	2600	2800	2800	3000	2800	3000
粗蛋白 /%	17.7	19.0	13.9	14.9	13.0	14.0	12.2	13.0
赖氨酸 /%	0.90	0.96	0.96	0.71	0.65	0.70	0.54	0.58
甲硫氨酸 /%	0.38	0.41	0.29	0.31	0.24	0.26	0.23	0.24
甲硫氨酸 + 胱氨酸 /%	0.75	0.80	0.57	0.61	0.50	0.54	0.46	0.50
苏氨酸 /%	0.65	0.69	0.48	0.51	0.44	0.46	0.56	0.56
色氨酸 /%	0.19	0.20	0.14	0.15	0.13	0.14	0.11	0.12
钙 /%	0.85	0.90	0.70	0.75	0.65	0.70	0.65	0.70
总磷 /%	0.63	0.65	0.55	0.58	0.49	0.51	0.49	0.51
钠 /%	0.15	0.16	0.14	0.15	0.15	0.16	0.15	0.16
氯 /%	0.13	0.14	0.12	0.13	0.13	0.14	0.13	0.14

资料来源：法国农业科学研究院（INPA）（1984）。

① 1 卡 =4.19 焦。

二、鸭对饲料的要求

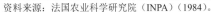

鸭同其他家禽一样，其消化器官和消化代谢过程有独自的特点，因为鸭的快速生长和饲料转化率高，因而对饲料也有特殊要求，主要有以下几点。

一是鸭有特殊的消化特性，有特殊的排泄器官——泄殖腔，鸭没有牙齿，在颈食管和胸食管之间有一暂存食物的嗉囊；再下有腺胃和肌胃。肌胃内层是坚韧的筋膜。采食饲料主要依靠肌胃蠕动磨碎食物。因此在鸭饲料中要加入适当大小的石粒，以帮助消化食物。

二是家禽中鹅、鸭喜欢采食鲜嫩的青草、野菜，日粮中粗饲料含量可为 5% 左右。家禽对粗饲料的消化利用率较低，而且要求是优质草粉，如苜蓿草、三叶草等草粉。粗饲料在家禽饲养中主要起促进肠胃内食物蠕动的作用，主要营养物质应由精饲料供给。

三是鸭是"依能而食"的家禽，当饲料的能量水平高时，采食量减少，当饲料的能量水平低时，采食量增加。所以，鸭饲料中的蛋白质与能量比例要平衡，否则会使饲料消耗增加。

四是放牧养鸭经常吃新鲜的鱼虾和小螺等软体动物，这些动物体内含有一种叫硫胺素酶的物质，能破坏维生素 B_1，故鸭很容易发生维生素 B_1 缺乏症。该病多发生于雏鸭，常在 2 周龄内突然发病。因此，在鸭子能够吃到水生动物的情况下，要增加日粮中维生素 B_1 的含量，尤其在雏鸭料中。

五是产蛋鸭经常会发生维生素 D 缺乏症，这是日粮中维生素 D 供给不足或家禽接受日光照射不足造成的。因此，经常需要在鸭饲料中额外添加鱼肝油或维生素 A、维生素 D_3、维生素 E 等。

六是鸭子一般在凌晨产蛋，因此，必须使鸭在凌晨时保持较高的血钙浓度，否则会产出沙壳蛋、畸形蛋，甚至造成产蛋量下降。在配制产蛋鸭饲料时，既要有吸收快的钙源，又要有吸收缓慢的钙源，通常同时用石粉和贝壳粉作为钙源。

七是鸭肌胃发达，内压高，消化能力强，肌胃内常贮存沙砾帮助消化，饲料中应添加 0.5% ～ 1% 的沙砾。

八是雏鸭的嗉囊和胃容积小，消化道短，每次采食和贮存的饲料有限，消化功能也尚未发育完全，消化能力弱。但是肉雏鸭生长发育快，为促进其生长发育，必须提供高营养和易消化的饲料。

九是鸭属杂食动物，食谱比较广，很少有择食现象。

十是鸭的味觉不发达，对饲料的适口性要求不高，对异物和食物辨别能力差，常把异物当成饲料吞食，所以必须注意饲料和垫料的卫生，防止发霉变质和异物混入。

十一是肉鸭喜食颗粒饲料，不喜食过细和黏性饲料。

十二是鸭有先天的辨色能力，喜食黄色饲料。

十三是肉鸭 3 周龄后生长速度加快，所以前期必须提供高蛋白、高能量全价饲料，后期粗蛋白虽可低些，但能量必须提高。

三、鸭的常用饲料原料

鸭饲料原料指除饲料添加剂以外的用于生产配合饲料和浓缩饲料的单一饲料成分。根据营养特性，将鸭的常用饲料原料分为能量饲料、蛋白质饲料、青绿饲料、矿物质饲料和饲料添加剂等五大类。不同类型饲料差异很大，了解各类饲料的营养特点对合理配制日粮，提高饲料的利用率非常重要。

（一）能量饲料

凡是干物质中粗纤维含量低于 18%，粗蛋白含量低于 20% 的饲料均属于能量饲料。这类饲料在鸭日粮中占的比重较大，可达 70%，是鸭能量的主要来源。该类饲料的营养特点是淀粉含量高，有效能值高，粗纤维含量低，适口性好，易消化。但蛋白质含量低，氨基酸不平衡，生物学价值低。矿物质中钙、磷不平衡，钙少磷多，且植酸磷含量较高，不易被鸭消化吸收。另外，维生素 A、维生素 D 缺乏。糠麸类饲料含粗纤维很高，如用小麦麸和玉米糠喂产蛋鸭和肉用鸭，在饲料中的含量都不能超过 15%。常用的能量饲料主要有玉米、小麦、米糠、小麦麸、玉米糠、统糠等。

1. 玉米

玉米易消化、适口性好、价格适中，是养鸭业中最主要的饲料之一，也是主要的能量饲料。但玉米蛋白质含量较低，一般为 8.6%，蛋白质中几种必需氨基酸含量低，特别是赖氨酸和色氨酸。钙和磷含量低。玉米中含有较多的胡萝卜素，有利于体脂和皮肤着色。玉米中脂肪含量高（3.5%～4.5%），是小麦、大麦的 2 倍，主要是不饱和脂肪酸。因此，玉米粉碎后易酸败变质。鸭饲料宜选用成熟的玉米，没有成熟的玉米能量、蛋白质等含量均较成熟玉米低得多。玉米在饲料中占 50%～70%。使用中注意补充赖氨酸、色氨酸等必需氨基酸。

玉米的标准含水量为 14%，选用玉米时尽量选择干玉米，如果选用当年产的水分超过 14% 的新玉米时，应以玉米的干物质含量计算玉米的添加量。加工的时候可以采取掺入部分干玉米来综合新玉米的过高水分。用后一定要关注成品料的水分达到多少，如果水分很高，那么在饲料成品储存的过程中会有困难，不易久储。注意不能选择过湿的玉米，因为随着玉米水分含量的提高，全价料的粗蛋白和代谢能水平会不断下降。同时，玉米水分高，易霉变，增加粉碎难度，不易储存。霉变的玉米含有黄曲霉等毒素，极易造成鸭的曲霉菌病，尤其是雏鸭，会带来严重的经济损失。严格禁止将霉变玉米作为鸭饲料。

2. 小麦

小麦是人类最主要的粮食作物之一，在来源充足或玉米价格高时，小麦可作为鸭的主要能量饲料。能量与玉米相近，粗蛋白含量高（13%），且氨基酸组成比其他谷物类籽实完全，氨基酸组成中较为突出的问题是赖氨酸和苏氨酸不足，B族维生素含量丰富，但不含胡萝卜素。用量过大会引起消化障碍，影响鸭的生产性能，因为小麦内含有较多的非淀粉多糖。用小麦替代玉米作能量饲料时，配合饲料中的豆粕用量可降低。

一般在配合饲料中其用量可占 10% ～ 20%。添加 β 葡聚糖酶和木聚糖酶的情况下，可占 30% ～ 40%。

试验证明，添加酶制剂后饲粮代谢能提高，鸭的生产性能得到改善，粉碎的小麦配制饲料要制成颗粒料，或压扁、粗粉碎饲用，如果粉碎太细，以粉料状态饲喂会不利于鸭的采食。

3. 大麦

大麦种类按栽培季节有春大麦和冬大麦，按有无麦稃，可将大麦分为有稃大麦（皮大麦）和无稃大麦（裸大麦）。裸大麦又称裸麦、元麦、青稞。一些欧洲国家用大麦作为饲料的数量较多。我国主要在青海、西藏、四川西部等地种植。我国大麦年产量较少，我国仅一些局部地区用大麦作为动物的饲料。大麦不仅是良好的精饲料，由于生长期短，分蘖力强，适应性广，再生力强，可以刈割青饲。其种粒可以生芽，是良好的维生素补充料，是一种重要的饲用精料。

大麦含粗蛋白平均 12%，国产裸大麦 13%，最高达 20.3%，质量稍优于玉米，赖氨酸大于 0.52%，粗脂肪 2%，饱和脂肪酸含量高，亚油酸占 50%；无氮浸出物 66.9%，低于玉米，主要是淀粉；粗纤维 4%，钙 0.03%，磷 0.27%。胡萝卜素和维生素 D 不足，维生素 B_1 含量较多，而维生素 B_2 少，烟酸含量丰富。适口性不如玉米（原因是含有单宁，约 60% 存在于稃皮，10% 存在于胚芽）。

因为含有不易消化的 β- 葡聚糖和阿拉伯木聚糖，饲养效果明显比玉米差，喂量过多易引起家禽肠道疾病。因其皮壳粗硬，需破碎或发芽后少量搭配饲喂。喂量以不超过 20% 为宜。

4. 稻谷和糙米

中国的稻谷产量居世界首位，从南到北都有种植，但主要产地在长江以南。由于稻谷主要用作人的粮食，在我国南方稻谷主产区，长期以来就有用糙米作饲料喂畜禽的习惯。稻谷去壳后为糙米，糙米去米糠为精白米，在加工过程中生成一部分碎米。

稻谷粗蛋白7%～8%，亮氨酸稍低，粗纤维为8%左右，粗纤维主要集中于稻壳中，且半数以上为木质素等，能值较低，仅为玉米的67%～85%；粗脂肪为1.6%，主要存在于胚，组成以油酸（45%）和亚油酸（33%）为主；淀粉颗粒较小，呈多角形，易糊化；B族维生素丰富，β-胡萝卜素极低；含钙少，含磷多，主要是植酸磷，磷的利用率16%。稻谷因粗纤维含量较高，限量使用，在鸭日粮中不宜用量太大，一般应控制在20%以内，同时要注意与优质蛋白饲料的配合，补充蛋白质的不足。

糙米中无氮浸出物多，蛋白质含量（8%～9%）及氨基酸组成与玉米相似，碎米养分变异大，适宜养鸭。糙米可完全取代玉米，增加背脂硬度，以粉碎较细为宜，带壳整粒稻谷影响饲料利用率，粉碎后价值约为玉米的85%。糙米粉碎后极易变质，不可久贮，作为主要能量饲料时应注意补充胡萝卜素或黄色素。

5. 高粱

高粱的籽实是一种重要的能量饲料，高粱磨的米与玉米一样，主要成分为淀粉，粗纤维少，可消化养分高。高粱的养分含量变化比玉米大，粗蛋白含量和粗脂肪含量与玉米相差不多，蛋白质略高于玉米，同玉米相比，更容易消化。同玉米一样，含钙量少，含非植酸磷量较多，矿物质中锰、铁含量比玉米高，钠含量比玉米低。缺乏胡萝卜素及维生素D，B族维生素含量与玉米相当，烟酸含量多。

另外高粱中含有单宁，有苦味，适口性差，还含有抗营养因子。因此，一般在鸭的配合饲料中用量不宜超过10%，并粉碎成粗粉使用。

使用单宁含量高的高粱时，还应注意添加维生素A、甲硫氨酸、赖氨酸、胆碱和必需脂肪酸等。

6. 小麦麸和次粉

小麦是人们的主食之一，所以很少用整个小麦粒作为饲料。作为饲料的一般是小麦加工副产品。小麦麸和次粉均是面粉厂用小麦加工面粉时得到的副产品。小麦麸俗称麸皮，成分可因小麦面粉的加工要求不同而不同，一般由种皮、糊粉层、部分胚芽及少量胚乳组成，其中胚乳的变化最大。在精面生产过程中，大约只有85%的胚乳进入面粉，其余部分进入麦麸，这种麦麸的营养价值很高。在粗面生产过程中，胚乳基本全部进入面粉，甚至少量的糊粉层物质也进入面粉，这样生产的麦麸营养价值就低得多。一般生产精面粉时，麦麸约占小麦总量的30%，生产粗面粉时，麦麸约占小麦总量的20%。次粉由糊粉层、胚乳和少量细麸皮组成，是磨制精粉后除去小麦麸、胚及合格面粉以外的部分。小麦加工过程可得到23%～25%小麦麸，3%～5%次粉和0.7%～1%胚芽。

小麦麸和次粉数量大，是我国畜禽常用的饲料原料。粗蛋白含量高（12.5%～17%），这一数值比整粒小麦含量还高，而且质量较好。与玉米和小麦籽粒相比，小麦麸和次粉的氨基酸组成较平衡，其中赖氨酸、色氨酸和苏氨酸含量均较高，特别是赖氨酸含量（0.67%）较高；粗纤维含量高。由于小麦种皮中粗纤维含量较高，使小麦麸中粗纤维的含量也较高（8.5%～12%），这对小麦麸的能量价值稍有影响，有效能值较低，可用来调节饲料的养分浓度。脂肪含量约4%，其中不饱和脂肪酸含量高，易氧化酸败。B族维生素及维生素E含量高，维生素 B_1 含量达 8.9 毫克 / 千克，维生素 B_2 达 3.5 毫克 / 千克，但维生素 A、维生素 D 含量少。矿物质含量丰富，但钙（0.13%）磷（1.18%）比例极不平衡，钙磷比为 1∶8 以上，磷多属植酸磷，约占 75%，但含植酸酶，因此用这些饲料时要注意补钙。小麦麸的质地疏松、适口性好，含有适量的硫酸盐类，有轻泻作用，可防止便秘。

作为能量饲料，其饲养价值相当于玉米的 65%。麸皮密度小，体积大，在日粮中配合后则容积大，可以调节日粮的能量浓度。用量不宜过多，日粮中其用量不超过 15%，20 日龄前雏鸭饲料中不宜添加。

7. 米糠

稻谷的加工副产品称稻糠，稻糠可分为砻糠、米糠和统糠。砻糠是粉碎的稻壳，米糠是糙米（去壳的谷粒）精制成的大米的果皮、种皮、外胚乳和糊粉层等的混合物，统糠是米糠与砻糠不同比例的混合物。一般 100 千克稻谷可出大米 72 千克，砻糠 22 千克，米糠 6 千克。米糠的品种和成分因大米精制的程度而不同，精制的程度越高，则胚乳中物质进入米糠越多，米糠的饲用价值越高。米糠的能值高，主要是米糠含脂肪高，最高达 22.4%，且大多属不饱和脂肪酸。蛋白质含量比大米高，平均达 14%，高于大米、玉米和小麦。氨基酸平衡情况较好，其中赖氨酸、色氨酸和苏氨酸含量高于玉米。米糠的粗纤维含量不高，约为 9.0%，所以有效能值较高。米糠钙少磷多，微量元素中铁和锰含量丰富，锌、铁、锰、钾、镁、硅含量较高，而铜偏低。B 族维生素及维生素 E 含量高，是核黄素的良好来源，而缺少维生素 A、维生素 D 和维生素 C。米糠是能值较高的糠麸类饲料，但含有的生长抑制剂会降低饲料利用率，未经加热处理的米糠还含有影响蛋白质消化的胰蛋白酶抑制因子。因此，一定要在新鲜时饲喂，新鲜米糠在鸭日粮中可用到 10%。

由于米糠含脂肪较高，且大部分是不饱和脂肪酸，极易氧化酸败变质，贮存时间不能长，尤其是夏季高温期间，更应注意保存。最好经压榨去油后制成米糠饼（脱脂处理）再作饲用。

8. 高粱糠

高粱糠的粗蛋白含量略高于玉米，B 族维生素含量丰富，但粗纤维含量高、能值低，且含有较多的单宁，适口性差，易引起便秘，故喂量受到限制。一般在配合饲料中不超过 5%。

9. 块根块茎类

块根块茎类饲料主要有甘薯、土豆、胡萝卜、饲用甜菜和南瓜等。种类不同，营养成分差异很大，营养共性为：新鲜时水分高，粗纤维含量较低。干物质中含有很多淀粉和糖，无氮浸出物 50% ～ 85%，所以能量高，属于能量饲料。粗蛋白比谷类籽实低，为 4% ～ 12%，品质差；矿物质中钙、磷都极少，钾丰富。

由于含水量高，能值低，除少数散养鸭外，使用较少。在饲料中适量添加，有利于降低饲料成本，提高生产性能和维护鸭体健康。

10. 油脂

油脂来自动植物，是畜禽重要的营养物质之一，油脂包括豆油、玉米油、菜籽油、棕榈油等，属于液体能量饲料。油脂能提供比任何其他饲料都多的能量，因而就成为配制高能饲料所不可缺少的原料。

油脂饲料可作为脂溶性维生素的载体，还能提高日粮中的能量浓度，能减少料沫飞扬和饲料浪费。日粮中可添加 3% ～ 5% 的油脂，在添加油脂的同时要相应提高其他营养素的水平。注意脂肪易氧化、酸败变质，酸价大于 6 的油脂不可饲喂，否则会引起机体消化代谢紊乱。

（二）蛋白质饲料

蛋白质饲料指干物质中粗蛋白含量在 20% 以上，粗纤维含量在 18% 以下的饲料。蛋白质饲料主要分为植物性蛋白质饲料、动物性蛋白质饲料。植物性蛋白质饲料主要是一些饼粕类饲料。这类饲料的营养特点是蛋白质含量高，氨基酸平衡，生物学价值高，矿物质中钙少磷多，B 族维生素丰富。但这类饲料往往含有抗营养因子，使用时应加以注意。动物性蛋白质饲料主要是鱼粉、肉骨粉、血粉、羽毛粉和饲用酵母粉等。这类饲料营养特点是蛋白质含量高，品质好，矿物质丰富，比例适当，B 族维生素丰富，碳水化合物含量极少，不含纤维素，消化率高。但含有一定量的油脂，易酸败，且易被病原菌污染，储藏时间不宜过长。常用的蛋白质饲料主要有大豆粕（饼）、菜籽饼（粕）、棉籽饼（粕）、鱼粉、肉骨粉、血粉等。

1. 大豆粕（饼）

大豆粕和豆饼是我国最常用的一种主要植物性蛋白质饲料，含粗蛋白 40% ～ 45%，赖氨酸含量高，适口性好。大豆饼和豆粕的蛋白质和氨基酸的利用率受加工温度和加工工艺的影响，加热不足或加热过度都会影响利用率。生大豆中含有抗胰蛋白酶、尿素酶、血球凝集素、皂角苷、甲状腺肿诱发因子、抗凝固因子等有害物质。但这些物质大都不耐热，一般在饲用前，先经 100 ～ 110℃的加热处理 3 ～ 5 分钟，即可去除这些不良物质。注意加热时间不宜太长、温度不能过高也不能过低，加热不足破坏不了毒素则蛋白质利用率低，加热过度可导致赖氨酸等必需氨基酸的变性反应，尤其是赖氨酸消化率降低，引起畜禽生产性能下降。

合格的大豆粕从颜色上可以辨别，大豆粕的色泽从浅棕色到亮黄色，如果色泽暗红，尝之有苦味说明加热过度，氨基酸的可利用率会降低。

处理良好的大豆饼（粕）是鸭最好的植物性蛋白质饲料。一般在配合饲料中可用量可占 15% ～ 25%。由于大豆饼（粕）的甲硫氨酸含量低，故与其他饼粕类或鱼粉等配合使用效果更好。

2. 菜籽饼（粕）

菜籽饼（粕）含较高的蛋白质，达 34% ～ 40%，含硫氨基酸较丰富，赖氨酸、精氨酸含量低，精氨酸与赖氨酸之间较平衡。微量元素中铁含量较丰富而其他元素含量较少。可代替部分大豆饼（粕）。菜籽饼中因含多种抗营养因子如硫代葡萄糖苷、芥子碱、植酸、单宁等，适口性差，饲喂价值低于大豆粕，日粮用量一般在 5% ～ 10% 为宜。

3. 棉籽饼（粕）

棉籽饼（粕）含粗蛋白较高，带壳榨油的称棉籽饼，含粗蛋白 17% ～ 28%；脱壳榨油的称棉仁饼，含粗蛋白 39% ～ 40%。其蛋白质中氨基酸组成：精氨酸的含量高达 3.67% ～ 4.14%，但甲硫氨酸、赖氨酸含量低，精氨酸与赖氨酸容易产生拮抗作用，矿物质含量与大豆饼（粕）类似。粗脂肪含量较高，是维生素 E 和亚油酸的良好来源，但不利于贮存。

在棉籽饼（粕）内，含有抗营养因子棉酚和环丙烯脂肪酸，棉酚抑制食欲和生长，环丙烯脂肪酸使蛋清呈粉色。

饲喂前应进行脱毒处理，未经脱毒的棉籽饼喂量不能超过配合饲料的 3%。

4. 花生饼（粕）

花生饼有带壳榨油和脱壳榨油 2 种，营养成分差异较大。

带壳花生饼的蛋白质含量低，而粗纤维含量高达 15%。脱壳后的花生仁饼（粕）营养价值高，代谢能含量可超过大豆饼（粕）。花生仁饼（粕）的粗纤维素含量为 5.3% 左右。蛋白质的含量也很高，高者可以达到 44% 以上，但氨基酸组成不佳。花生仁饼（粕）另一特点是适口性极好，有香味，所有动物都很爱吃。但花生仁饼（粕）脂肪含量高，不耐贮藏，很易染上黄曲霉，产生黄曲霉毒素，使用时应注意，生长黄曲霉的花生饼不能使用。饲料中用量可占 15% ～ 20%，与豆粕（饼）配合使用效果较好。

5. 芝麻饼

芝麻饼粗蛋白含量 40% 左右，甲硫氨酸含量高，适当与大豆粕（饼）搭配饲喂鸭，能提高蛋白质的利用率。配合饲料中用量为 5% ～ 10%。芝麻饼含脂肪高，不宜久贮存，最好现粉碎现喂。

6. 鱼粉

鱼粉是重要的动物性蛋白质添加饲料，在许多饲料中尚无法以其他饲料取代。进口鱼粉质量因生产国的工艺及原料而异，质量较好的是秘鲁鱼粉及白鱼鱼粉。国产鱼粉由于原料品种、加工工艺，产品质量参差不齐。无论是进口鱼粉还是国产鱼粉，在选用时都应了解其盐分含量，在计算实例食盐添加量时，应包括鱼粉中的含盐量。蛋白质含量国产鱼粉应大于 45%，进口鱼粉应大于 55%，选用时应根据蛋白质的准确含量，确定鱼粉的添加量，注意低蛋白质的鱼粉尽量不用。还应检验鱼粉的杂菌含量，如大肠杆菌、沙门菌等含量过高，尽量不用，否则易造成疾病传播。鱼粉中一般含有 6% ～ 12%的脂类，其中不饱和脂肪酸含量较高，极易被氧化产生异味。

鱼粉在购买和使用的时候，关键是把握好质量。由于鱼粉的原料鱼不同，加工出来的鱼粉的色泽、粒度有较大的差异。有的呈细粉状，有的则可见到鱼的碎块及鱼肉纤维，其色泽有棕色、暗绿色等。优质鱼粉都应该有鱼肉松的香味，而浓腥味的鱼粉多为劣质鱼粉、掺假鱼粉或假鱼粉。鱼粉的质量鉴别可从外观的色泽、粒度、气味、肉纤维及味道做初步判断，准确的还需要化验分析。国产鱼粉含盐分较多，使用时要注意避免食盐中毒，鱼粉中脂肪含量较高，久存易发生氧化酸败，可通过添加抗氧化剂来延长贮存期。其饲料中用量不超过10%。

7. 蚕蛹粉

蚕蛹粉是蚕蛹经干燥、粉碎后的产物，其粗脂肪含量可达22%以上，故代谢能水平高，可达 11.7 兆焦 / 千克以上。蚕蛹粉的蛋白质含量高达 54% 以上，甲硫氨酸、赖氨酸和色氨酸含量高，且富含钙、磷及 B 族维生素。因此，蚕蛹粉是优质蛋白质饲料。由于蚕蛹粉不饱和脂肪酸含量高，贮存不当易变质、氧化、发霉和腐烂。蚕蛹粉一般占日粮的 5% ～ 10%，用量过大会影响产品质量。

8. 羽毛粉

羽毛粉是将洁净羽毛在高压下加工而成。水解羽毛粉含粗蛋白 80% ～ 90%，但甲硫氨酸、赖氨酸、色氨酸和组氨酸含量低，营养价值极低。饲料中用量勿超过 5%。使用时应该与其他动物性饲料配合使用，提高氨基酸的平衡性。

9. 螺蛳

螺蛳繁殖能力强、产量高，是南方养鸭的重要蛋白质资源之一。螺蛳蛋白质和矿物质含量高，是良好的动物性蛋白质饲料。

10. 河蚌、蚯蚓、小鱼

河蚌、蚯蚓和小鱼是鸭的优良蛋白质饲料，一般可占日粮的 10% ～ 20%。饲喂前应蒸煮消毒，防止腐败。有些软体动物如蚬肉中含有硫胺素酶，能破坏维生素 B_1。鸭吃大量的蚬肉，所产蛋中维生素 B_1 缺乏，死胎多，孵化率低，雏鸭易患多发性神经炎，俗称"蚬瘟"。

（三）青绿饲料

青绿饲料主要包括牧草类、叶菜类、水生类和根茎类等，如牧草类的苜蓿、三叶草、沙打旺、红豆草、鲁梅克斯、聚合草等，叶菜类的青菜、白菜、通心菜、牛皮菜、甘蓝、菠菜及其他各种青菜、无毒的野菜等，水生类的水花生、水葫芦、绿萍、水芹菜等，根茎类的胡萝卜等，以及苜蓿草粉、槐叶粉和松针粉等叶草粉等。

青绿饲料具有来源广、成本低、粗纤维含量少、消化率高、适口性好的优点。营养特点是干物质中蛋白质含量高，含钙量高，钙、磷比例适宜，富含胡萝卜素和 B 族维生素。水草是鸭的理想青绿饲料，喂量可占精料的 50% 以上，适于喂育成鸭和种鸭，对增强体质、提高产蛋率和孵化率有一定作用。以去根、打浆后的水葫芦饲喂效果较好。干草粉、松针粉、槐叶粉等也可用作鸭冬季的维生素补给料。对采用放牧加补饲精料的养鸭场来讲，充分利用这类饲料可降低饲养成本，提高经济效益。

喂青绿饲料应注意其质量，以幼嫩时期或绿叶部分含维生素较高。饲用时应注意水草中寄生虫及有害微生物的含量，防止有毒物质如氢氰酸、亚硝酸盐、农药中毒等，防止腐烂、变质、发霉等，并应注意两三种搭配喂给和定时驱虫，一般用量占精饲料的 20% ～ 30%。

（四）矿物质饲料

一般饲料中所含钙、磷、钠、氯等矿物质很难完全满足鸭的需要量，需要用专门的矿物质饲料来补充。在这类饲料中，用于补充钙质的主要有石粉、贝壳粉、蛋壳粉等，其含钙量在20%～40%之间，一般雏鸭的用量在1%左右，种鸭用量为5%～7%。既补钙又补磷的饲料有磷酸氢钙、骨粉等，用量可占饲粮的0.5%～1.2%。补充钠、氯的饲料主要是食盐，一般用量为0.2%～0.4%，要粉碎拌匀，太多会中毒。

1. 骨粉、磷酸氢钙

骨粉是用制作动物源食品业的下脚料（哺乳动物组织和骨头，不包括皮毛，除非皮毛与头和蹄角粘连），经过炼油、干燥和粉碎后的产品。骨粉可分为粗制骨粉（煮骨粉）、蒸骨粉和脱脂骨粉三种。主要成分是磷酸三钙、骨胶和脂肪。粗制骨粉和蒸骨粉分别约含钙23%和30%，含磷10%和14.5%。

磷酸氢钙为白色单斜晶系结晶性粉末，无臭无味。通常以二水合物的形式存在，在空气中稳定，加热至75℃开始失去结晶水成为无水物，高温则变为焦磷酸盐。磷酸氢钙易溶于稀盐酸、稀硝酸、醋酸，微溶于水（100℃，0.025%），不溶于乙醇。

骨粉或磷酸氢钙含有大量的钙和磷，而且比例合适，主要用于磷不足的饲料。在配合饲料中用量为1.5%～2.5%。注意如选用骨粉时，蒸制骨粉好于其他骨粉。

2. 贝壳粉、石粉、蛋壳粉

贝壳粉、石粉、蛋壳粉等均属于钙质饲料。贝壳粉是最好的钙质矿物质饲料，含钙量高，又容易吸收，选用贝壳粉时，厚壳的贝壳粉要优于薄壳的贝壳粉。石粉价格便宜，含钙量高，但鸭吸收能力差。蛋壳粉可以自制，将各种蛋壳经水洗、煮沸和晒干后粉碎即成，吸收率也较好，但使用蛋壳粉应严防传播疾病。

3. 食盐

食盐主要成分是氯化钠，因来源、制法等的不同，夹杂物质的质与量，都有所差异。普通常见的杂质，有氯化镁、硫酸镁、硫酸钠、硫酸钙及不溶物质等。其主要用于补充鸭体的钠和氯，保证鸭体正常的新陈代谢，还可以增进鸭的食欲。用量可占日粮的 0.3% ～ 0.5%。注意使用鱼粉时，应将鱼粉中盐含量计算在内。

4. 沙砾

沙砾指的是沙和砾石的混合物。沙砾有助于鸭肌胃中饲料的研磨，起到"牙齿"的作用。舍饲鸭或笼养鸭要注意补给沙砾。因鸭胃液具有强酸性，而石灰石沙砾在酸性环境中可溶解，所以应选择那种不溶于盐酸的沙砾。

5. 沸石

沸石是沸石族矿物的总称，是一种含水的碱或碱土金属铝硅酸盐矿物，均以含钙、钠为主。自然界已发现的沸石有 80 多种，较常见的有方沸石、菱沸石、钙沸石、片沸石、钠沸石、丝光沸石、辉沸石等，含水量的多少随外界温度和湿度的变化而变化。纯净的各种沸石均为无色或白色，但可因混入杂质而呈各种浅色，玻璃光泽。沸石是一种质优价廉的矿物质饲料。在配合饲料中用量可占 1% ～ 3%。

沸石还可以降低鸭舍内有害气体的含量，保持舍内干燥。

（五）饲料添加剂

饲料添加剂是指针对鸭日粮中营养成分的不平衡而添加的，能平衡饲料的营养成分和保护饲料中的营养物质、促进营养物质的消化吸收、调节机体代谢、提高饲料的利用率和生产效率、促进鸭的生长发育及预防某些代谢性疾病，改进鸭产品品质和饲料加工性能的物质的总称。这些物质的添加量极少，一般占饲料成分的百万分之几到百分之几，但其作用极为显著。据饲料添加剂的作用，可以分为营养性饲料添加剂和非营养性饲料添加剂两大类。

根据《无公害食品 畜禽饲料和饲料添加剂使用准则》（NY 5032—2006）规定，营养性饲料添加剂和一般饲料添加剂产品应是《饲料添加剂品种目录》所规定的品种，或取得国务院农业农村行政主管部门颁发的有效期内饲料添加剂进口登记证的产品，抑或是国务院农业农村行政主管部门批准的新饲料添加剂品种。

1. 营养性饲料添加剂

营养性饲料添加剂是指添加到配合饲料中，平衡饲料养分，提高饲料利用率，直接对动物发挥营养作用的少量或微量物质，主要包括合成氨基酸添加剂、维生素添加剂、微量矿物质添加剂和其他营养性添加剂。营养性添加剂是最常用也是最重要的一类添加剂。下面主要介绍氨基酸添加剂、维生素添加剂和微量元素添加剂。

（1）氨基酸添加剂　氨基酸添加剂的主要作用是提高饲料蛋白质的利用率和充分利用饲料蛋白质资源。在配制好的鸭基础日粮中，或多或少地存在着氨基酸比例不平衡的问题，而通过添加氨基酸的办法以达到平衡日粮中的氨基酸比例，是行之有效的办法。氨基酸添加剂由人工合成或通过生物发酵生产。饲料中氨基酸利用率相差很大。必须根据可利用氨基酸的含量确定氨基酸添加的种类和数量。所有影响饲料蛋白质消化吸收的因素都影响氨基酸的有效性。

目前饲料中主要有甲硫氨酸、赖氨酸等限制性氨基酸添加剂。在日粮中蛋白质含量较低时，添加效果更明显，其作用是使鸭日粮中的氨基酸达到最佳配比，减少动物性蛋白质饲料的用量，提高鸭对蛋白质饲料的利用率。

（2）维生素添加剂　维生素添加剂有单一维生素添加剂和多维添加剂。根据鸭的营养需要，由多种维生素、稀释剂、抗氧化剂按比例、次序和一定的生产工艺混合而成的饲料预混剂，由于大多数维生素都有不稳定、易氧化或易被其他物质破坏失效的特点以及饲料生产工艺上的要求，几乎所有的维生素制剂都经过特殊加工处理或包被。例如，制成稳定的化合物或利用稳定物质包被等。为了满足不同的使用要求，在剂型上还有粉剂、油剂、水溶性制剂等。此外，商品维生素饲料添加剂还有各种不同规格的产品。维生素添加剂的使用，除根据饲养标准外，还应考虑饲养方式、环境条件、肉鸭体质等。

由于维生素不稳定的特点，对维生素饲料的包装、贮藏和使用均有严格的要求，饲料产品应密封、隔水包装，最好是真空包装。贮藏在干燥、避光、低温条件下。高浓度单一维生素制剂一般可贮存 1～2 年，所有维生素饲料产品，开封后需尽快用完。湿拌料时应现喂现拌，避免长时间浸泡，以减少维生素的损失。

（3）微量元素添加剂　对鸭来讲，通常需要补充的微量元素有铜、铁、锰、锌、碘、硒、钴等。一般使用硫酸盐作为微量元素添加剂的原料，如硫酸铜、硫酸亚铁、硫酸锌、硫酸锰，碘和硒可从碘化钾和亚硒酸钠中获得。生产中一般使用添加剂厂生产好的微量元素添加剂，并按使用说明书添加即可。

2. 非营养性饲料添加剂

非营养性饲料添加剂是指除营养性饲料添加剂以外的具有特定功效的添加剂。在正常饲养管理条件下，为提高畜禽健康状况、节约饲料、提高生产能力、保持或改善饲料品质而在饲料中加入一些成分，这些成分通常本身对畜禽并没有太大的营养价值，但对促进畜禽生长、降低饲料消耗、保持畜禽健康、保持饲料品质有重要意义。包括酶制剂、抗氧化剂、防霉剂、活菌制剂、中草药制剂、黏结剂、抗结块剂、吸附剂和着色剂等。

（1）酶制剂　饲用酶制剂作为一种饲料添加剂能有效地提高饲料的利用率、促进动物生长和防治动物疾病的发生，可明显提高动物对饲料养分的利用率，大大降低有机质、氮、磷等物质的排泄量，减少对环境的污染。与抗生素和激素类物质相比，酶制剂对动物无任何毒副作用，不影响动物产品的品质，被称为"天然"或"绿色"饲料添加剂，具有卓越的安全性。因此，其引起了全球范围内饲料行业的高度重视，在大规模的集约化生产中，将会带来可观的经济效益和社会效益。

常用的酶制剂有胃蛋白酶、胰蛋白酶、菠萝蛋白酶、支链淀粉酶、淀粉酶、纤维素分解酶、胰酶、乳糖分解酶、葡萄糖酶、脂肪酶和植酸酶等。

（2）抗氧化剂和防霉剂　抗氧化剂和防霉剂属于品质保证剂。在高温环境中，配合饲料中的维生素及不饱和脂肪酸容易与空气中的氧气作用失去活性或变质，抗氧化剂可以保护维生素及不饱和脂肪酸不被氧化。在潮湿季节或饲料中水分含量较高时，为了防止饲料发霉变质，可加入防霉制剂。常用的防霉剂有丙酸钙（露保细盐）、柠檬酸及柠檬酸盐、苯甲酸及苯甲酸盐等。如果生产的饲料在很短时间内即被使用，通常不必加入品质保证剂。

（3）活菌制剂　活菌制剂又名生菌剂、微生态制剂。即动物食入后，能在消化道中生长、发育或繁殖，并起有益作用的活体微生物饲料添加剂。它是近十多年来为替代抗生素饲料添加剂开发的一类具有防治消化道疾病、降低幼畜死亡率、提高饲料效率、促进动物生长等作用，安全性好的饲料添加剂。常用的活菌制剂有乳酸菌、双歧杆菌、芽孢杆菌。

世界著名生物学家、日本琉球大学比嘉照夫教授，将光合菌群、酵母菌群、放线菌群、丝状菌群、乳酸菌群等80余种有益微生物巧妙地组合在一起，让它们共生共荣，协调发展，人们统称这种多种有益微生物为益生菌。它的结构虽然复杂，但性能稳定，在农业、林业、畜牧业、水产、环保等领域应用后，效果良好。益生菌兑水加入饲料中直接饲喂牲畜、家禽等动物，能增强动物的抗病力，并有辅助治疗疾病作用。用益生菌发酵饲料时，通过有益微生物的生长繁殖，可使木质素、纤维素转化成糖类、氨基酸及微量元素等营养物质，可被动物吸收利用。益生菌的大量繁殖又可消灭沙门菌等有害微生物。

目前，生产益生菌的厂家很多，要选购大型厂家生产的有批号的产品。这种产品有固体的，有液体的，以液体为好。

（4）中草药添加剂　中草药兼有营养和药物双重属性，具有健脾理气、促进消化吸收、增强新陈代谢、清热解毒、燥湿散寒、抑菌、杀菌、驱虫、除积、增强机体免疫等功能，使用后鸭生长速度快，饲料转化率高。目前，适用于鸭生产的中草药添加剂有保健型、促生长型和高产型等3类中草药制剂。

① 保健型中草药制剂。由苦参、陈皮、首乌、使君子、大蒜、菊花等组成，有助于调节机体免疫功能，提高抵抗力。

② 促生长型中草药制剂。由艾叶、松针、麦芽、枳壳、苍术、山楂等组成，可以促进蛋禽血液循环，增强消化吸收功能，加快生长发育。

③ 高产型中草药制剂。由芒硝、滑石、石膏等组成，能够增加食欲，促进新陈代谢，提高产肉和产蛋能力。

四、常用配合饲料的种类及适用对象

配合饲料是根据肉鸭、蛋鸭、番鸭等饲养标准，将能量饲料、蛋白质饲料、矿物质饲料、维生素饲料、饲料添加剂等按一定添加比例和规定的加工工艺配制成的均匀一致，满足鸭的不同生长阶段和生产水平需要的饲料产品。

配合饲料按照营养构成、饲料形态、饲喂对象等分成很多的种类。

（一）按营养成分和用途分类

1. 预混料

预混料又称添加剂预混料，是指由两种（类）或者两种（类）以上营养性饲料添加剂为主，与载体或者稀释剂按照一定比例经充分混合配制而成的饲料。不经稀释不得直接饲喂，包括复合预混合饲料、微量元素预混合饲料、维生素预混合饲料。预混料既可供鸭生产者用来配制鸭的饲粮，又可供饲料厂生产浓缩和全价配合饲料。用预混料配合后的全价饲料受能量饲料和蛋白质饲料原料成分、粉碎加工的颗粒度和搅拌的均匀度等影响较大，但成本较低，根据在配合中所用的比例可分为 0.5%、1%、5% 预混合饲料。适合本地玉米来源好，但缺乏饼粕的或者自配制饲料有困难的养鸭场使用。

预混料 = 氨基酸 + 维生素 + 矿物质 + 药物 + 其他

2. 浓缩饲料

浓缩饲料又称蛋白质补充料或基础混合料，是由添加剂预混料、常量矿物质饲料和蛋白质饲料按一定的比例混合配制而成的饲料。养鸭场（户）可用浓缩料加入一定比例的能量饲料（如玉米或小麦）即可配制成直接喂鸭的全价配合饲料。一般在配合饲料中添加量为 40% 左右。配合成全价饲料的成本较低，特别适合在有广泛谷物饲料来源的地区使用。

浓缩饲料 = 预混料 + 蛋白质饲料

3. 全价配合饲料

全价配合饲料是指根据养殖鸭的营养需要，将多种饲料原料和饲料添加剂按照一定比例配制的饲料。浓缩饲料加上一定比例的能量饲料，即可配制成全价配合饲料。它含有鸭需要的各种养分，不需要添加任何饲料或添加剂，可直接用来喂鸭。适用于规模化养殖场（户），质量有保证，但成本相对较高。

全价配合饲料 = 浓缩饲料 + 能量饲料

= 预混料 + 蛋白质饲料 + 能量饲料

（二）按饲料物理性状分类

一是粉状饲料：根据配合要求，将各种饲料按比例混合后粉碎，或各自粉碎后再混合。二是颗粒饲料：粉状饲料经颗粒机加工成一定大小的颗粒，有利于喂料机械化。

（三）按饲喂对象分类

肉鸭饲料分为育雏期（0～3周龄）日粮和育肥期（4～7周龄）日粮；蛋鸭饲料分为雏鸭（0～21日龄）饲料、生长鸭（21周～5%产蛋率）饲料和产蛋鸭饲料。

五、鸭饲料的配制

（一）鸭饲料配制要求

1.满足营养需要

配合日粮必须考虑鸭的采食量与饲料体积的关系，从而确定各种饲料在日粮中所占的比例。通常情况下，配合饲料的体积要与家禽消化道的容积相适，若饲料的体积过大，则能量浓度降低，会导致消化道负担过重进而影响鸭对饲料的消化，能量及营养物质得不到满足。反之，饲料的体积过小，即使能满足养分的需要，但鸭达不到饱感而不能快速生长，影响鸭的生产性能或饲料利用效率。消化道容积由于品种、年龄、体重、生产情况不同而差异很大。

2. 安全合法

把安全性放在首位，要考虑到配合饲料的安全性，没有安全性作前提，就谈不上配合饲料的营养性和科学性。饲料要符合国家法律法规及条例的规定，严禁使用发霉、污染和含有毒素的原料，严禁使用违禁药物及激素类药物。鸭属杂食动物，食谱比较广，很少有择食现象。鸭的味觉不发达，对饲料的适口性要求不高，对异物和食物辨别能力差，常把异物当成饲料吞食，所以必须注意饲料和垫料的卫生，防止发霉变质和异物混入。每次配制饲料量不宜过多，以 7 ～ 10 天内吃完为宜，保持饲料新鲜。

3. 要因地制宜选配饲料

尽量利用当地饲料资源，既要考虑营养价值，也要注意价格低廉，以降低成本。

4. 日粮应有相对的稳定性

必须改变时，最好有 1 周的过渡期。特别在产蛋高峰期更应注意。

5. 配合的日粮要与饲养标准接近

营养缺乏或过多，会造成某些营养缺乏症的发生或经济损失。所有家禽都是"依能而食"，饲料的能量水平高时，采食量就少；饲料的能量水平低时，采食量就多。所以，鸭饲料中的蛋白质与能量比例要平衡，否则会使饲料消耗增加。

6. 饲料原料力求多样化

不同饲料的营养物质组成是不同的，不同配合日粮的饲料种类要尽可能多一些，以便在营养上互相配合，取长补短。

7.各种饲料必须充分拌匀

特别是多种维生素、微量元素和药物等各种添加剂，更要注意拌匀，否则会引起不良后果。

8.日粮中粗纤维含量不能过高

日粮中粗纤维含量一般不超过 5%，最好在 3% 左右。

> **👤 小贴士：**
>
> 　　鸭饲料的配制是养好鸭的关键工作之一，配制好的饲料必须同时具备满足鸭的营养需要、安全合法、因地制宜、相对稳定、接近饲养标准、原料多样化、搅拌均匀和粗纤维含量不能过高等要求。切记不能有啥喂啥。

（二）饲料配制需要注意的问题

配制饲料需要注意以下几个方面的问题。

1.熟练应用饲料配方

要配制饲料，就要知道饲养标准，饲养标准中规定了肉鸭、蛋鸭、番鸭等在一定条件（生长阶段、生理状况、生产水平等）下对各种营养物质的需要量。配制的日粮要与饲养标准接近，以免引起营养缺乏或过多，造成某些营养缺乏症的发生或经济损失。鸭是"依能而食"的家禽，当饲料的能量水平高时，采食量减少，当饲料的能量水平低时，采食量增加。所以，鸭饲料中的蛋白质与能量比例要平衡，否则会使饲料消耗增加。配制肉鸭日粮宜选用多种饲料原料，以便在营养上互相配合，取长补短。但是，在进行配方设计时，不能生搬硬套饲养标准，要根据鸭的品种、饲养条件、对鸭产品的质量要求等因素灵活掌握，根据饲养的效果进行必要的调整。

配制饲料还要考虑原料的成分和营养价值，可参照最新的《中国饲料成分及营养价值表》，而原料成分并非固定不变，要充分考虑原料成分可因收获年度、季节、成熟期、加工、产地、品种、贮藏等不同。原则上要采集每批原料的主要营养成分数据，掌握常用饲料的成分及营养价值的准确数据，还要知道当地可利用的饲料及饲料副产物、饲料的利用率。

2. 保证原料采购的质量

要选用新鲜原料，严禁用发霉变质的饲料原料；要注意鉴别饲料原料的真假，禁用掺杂使假、品质不稳定的原料；慎用含有毒素和有害物质的原料，如棉籽饼含有棉酚，要严格控制用量，用量不要超过日粮的 5%；生豆粕含抗胰蛋白合成酶，必须进行蒸熟处理，否则不仅影响其营养，对鸭还可能致病致死。

饲料原料的成分和营养价值每批原料、每个地区所产的原料都不同，必须具备完善的检验手段。采购时每进一种原料都要经过肉眼和化验室的严格化验，所有指标均合格才能进厂使用。采购过程中要注意原料造假的问题。

选择原料要注意因地、因时制宜，充分利用当地来源有保障、价格便宜、营养价值高的饲料，尽量节省运杂费，降低饲料成本。

还要加强饲料的加工消毒处理，不能使用发霉变质、虫蛀、有毒有害、劣质及不洁的饲料。购买原料或全价料时要"四看一闻"，即看颜色、看饲料均匀度、看包装和商标、看生产日期、闻饲料气味。舍内要备足清洁的饮水，让鸭吃饱喝足，以满足生产的需要，增强抗病能力。

3. 原料质优价廉

饲料厂采购大宗原料如玉米、豆粕等都是几百、几千吨的量，而一般自配料户的采购量都是几吨、十几吨地进货，价格方面应该会比饲料厂要贵。家庭农场如果自己配制饲料，可以通过养鸭协会或养鸭合作社等组织集体采购，也可以给大型饲料厂适当的费用从饲料厂购买部分原料。

4. 饲料加工工艺科学合理

饲料加工方法和加工过程（或工艺过程）是决定饲料质量和饲料加工成本的主要因素。选定加工方法以后，工艺过程则是饲料营养价值和成本的决定因素。

现代配合饲料或饲料加工工业除了考虑尽量选用能耗低、效率高的设备以外，为保证饲料的营养质量，工艺过程也是要重点考虑的对象之一。必须随时吸收动物营养、饲养研究成果，不断改进不同饲料用于不同动物的适宜加工工艺。大至加工工艺各个环节，小至具体饲料加工程度，不同动物的不同要求都必须认真考虑。例如玉米、豆粕等许多原料要粉碎，其粒度一般以 1.5 ～ 2 毫米为宜。

加工工艺过程中，提高微量养分在全价饲料中的混合均匀度也是一个至关重要的问题。只考虑混合时间（立式机 15 ～ 20 分钟，卧式机 7 ～ 10 分钟），不一定混合得均匀。还必须考虑要混合的饲料特性，实行逐级预混原则，凡是在成品中的用量少于 1% 的原料，均首先进行预混合处理，如预混料中的硒，就必须先预混。否则混合不均匀就可能会造成动物生产性能不良，整齐度差，饲料转化率低，甚至造成动物死亡。还要懂得饲料进入混合机的顺序，例如，微量元素添加剂量少比重大、不宜最先加进混合机内。

5.不宜盲目添加多维素及药物

有的养鸭场（户）在使用浓缩料的同时，在料中任意添加各种多维素，有的为了预防禽病，在料中任意添加各种药品。其实，浓缩料中的多维素已经满足了鸭的生长需求，任意添加多维素，反而容易造成多维素的失衡。除治疗鸭病用途以外，严禁在饲料中添加药物。

6.多种浓缩料不宜同时使用

当给鸭使用浓缩料时，不要将不同品牌或不同鸭生长期的浓缩料同时拌料。否则，会造成浓缩料的各种指标达不到鸭的营养需求，浓缩料里的成分也不一样，特别是药物添加不一样，后果非常严重。

7.浓缩料混合后存放时间不宜过长

由于浓缩料含有许多维生素，时间过长特别是在阳光下容易分解变质，容易造成鸭群发生维生素缺乏症。因此，一次混合饲料的量，供鸭采食不宜超过 7 天，天热不宜超过 3 天。

六、鸭饲料的加工与供应

（一）饲料的加工方法

1.粉碎与压扁

粉碎是用机械的方法克服固体物料内聚力而使之破碎的一种操作。饲料原料的粉碎是饲料加工过程中的最主要的工序之一。

饲料粉碎的粒度要求是：肉用仔鸭前期配合饲料、生长鸭（前期）配合饲料 99% 通过 2.80 毫米编织筛，但不得有整粒谷物，1.40毫米编织筛筛上物不得大于15%；肉用仔鸭中后期配合饲料、生长鸭（中期、后期）配合饲料99%通过3.35毫米编织筛，但不得有整粒谷物，1.70毫米编织筛筛上物不得大于15%；产蛋鸭配合饲料全部通过4.00毫米编织筛，但不得有整粒谷物，2.00毫米编织筛筛上物不得大于15%。

2. 制粒

制粒是把混合均匀的配合饲料通过制粒机的高温蒸汽调质和强烈挤压压制成颗粒，然后再经过冷却、破碎和筛分，即成颗粒料成品。通常是圆柱形，根据饲喂鸭的种类及阶段不同而有各种尺寸。也就是在粉料的基础上又增加的一道工序，饲料加工费用明显提高。

3. 浸泡

有些饲料如大豆饼、棉籽饼等相当坚硬，直接饲喂很难嚼碎，所以需要浸泡，让饲料吸水膨胀，变得柔软易嚼。浸泡方法是用池子或缸等容器把饲料用水拌匀，一般料水比例为（1:1）～（1:1.5），即以手握指缝渗出水滴即可。对于含单宁、棉酚等有害物质的饲料在浸泡后，可以减轻毒素及不良味道，提高适口性。注意浸泡的时间应根据季节和饲料种类做调整，防止饲料变质。

4. 饲料配合和混合

饲料混合是整个饲料生产的关键环节之一，直接影响饲料产品的质量。饲料的混合均匀度是反应饲料加工质量的重要指标之一，也是评定混合机性能的主要参数，因此，成为饲料加工工艺中的一项重要检测指标。饲料混合不均将影响饲料产品品质，影响动物的生长性能，给饲料用户带来经济损失。

实际生产过程中影响饲料混合均匀度的因素很多，主要因素有混合机类型及其装载率、饲料混合时间、饲料物料的特性、饲料物料的添加比例和饲料的生产工艺等。需要采取针对性措施加以克服。

（二）饲料供应

饲料是发展养鸭业的基础，必须根据鸭群周转计划中各月存栏量和各类饲料消耗量妥善安排。如果是本场自配自用，则应根据使用的饲料配方算出各种原料的数量，按总需要量有计划地分批购入，存留备用。也可按本场的饲料需要量和需要时间，向附近的饲料公司订购各类本场需要的配合饲料。

第六章

鸭的饲养管理

俗话说："有收无收在投入，收多收少在管理。"可见，养鸭饲养管理的重要性。养鸭的饲养管理就是在熟悉鸭生活习性的基础上，为鸭生长创造适宜的生活环境。

一、肉用仔鸭的饲养管理

家庭农场通常可采用放牧饲养、全舍饲饲养和半舍饲饲养。放牧饲养是我国肉鸭的传统饲养方式，包括草地饲养、林地饲养、稻田散养、湿地散养、浅水放养等。优点是节省饲料，降低饲养成本。缺点是饲养周期长。舍饲饲养主要有网床平养、地面垫料平养、网上和地面结合饲养。网床饲养肉鸭的整个饲养期全部在网床上。优点是发病率低、省料、省工、省时、增重快。家庭农场可根据自身条件及市场需求选择适合的饲养方式。

（一）舍饲肉鸭的饲养管理要点

舍饲肉鸭采用地面垫料平养或网床等全进全出集约化的饲

养方式，批量生产肉用仔鸭，这是当前肉鸭生产的主要方式（视频6-1）。根据肉用仔鸭的生长发育特点，一般将整个饲养过程划分为雏鸭期、生长期和育肥期。大型肉鸭品种（如北京鸭系列）

视频6-1 舍饲养鸭实例

的育雏期、生长期和育肥期分别是0～2周龄、3～5周龄和6周龄至上市日龄。肉蛋兼用型鸭品种（如高邮鸭、建昌鸭等肉蛋兼用型麻鸭）的育雏期、生长期和育肥期分别是0～3周龄、4～8周龄和9周龄至上市日龄。

1. 雏鸭期管理要点

1～14日龄的雏鸭为雏鸭期。

（1）提前准备好育雏舍　在雏鸭运到之前一周应根据要养的雏鸭数准备好足够的房舍、垫料、网床、饲料、药品、供暖、供水和供食用具等；门窗、墙壁、通风口等均应检查，如有破损要补好。室内墙壁、地面和一切用具均应彻底冲洗消毒后安放到位。育雏舍消毒采用2%～3%的火碱泼洒地面后，再用高效消毒剂消毒，最后用福尔马林熏蒸，密闭3天后打开门窗，放掉剩余气体。若采用网床育雏（图6-1和视频6-2）或立体笼育雏，要仔细检查网底或育雏笼有无破损，铁丝接头不要露在平面上，以免刺伤鸭脚或皮肤。采用地面垫料育雏鸭的，要准备好垫料。雏鸭入舍前12～24小时，应把保温伞或育雏室温度升到30℃左右，切记不要等到雏鸭入舍后才升温。准备好相应的记录表，以便于对鸭群的健康和生长发育情况进行监控。

（2）选择健康雏鸭　雏鸭必须来源于健康的种鸭后代，雏鸭在出壳后身干即可挑选。健壮雏鸭大小基本一致，体重55～60克，要选眼大有神、性情活泼、体态匀称、绒毛整洁、富有光泽，并且毛色为蜡黄色，毛密附体躯，腹部柔软，脐带处无血迹或硬块，无大肚脐、歪头、拐脚等，头大、背宽、喙阔、叫声清晰的壮雏饲养。毛色太深（黄中带深红）或太淡（浅黄）均是孵化温度不佳的结果，不宜选择。

图 6-1 网床育雏实例

视频 6-2 网床
养鸭实例

（3）及时分群　雏鸭分群是提高成活率的重要环节。雏鸭的饲养密度要适宜，饲养密度过大，会造成鸭舍潮湿、空气污浊，引起雏鸭生长不良等后果；密度过小，则浪费场地、人力等资源，使效益降低。要按其大小、强弱等不同分为若干小群，以每群 300 ～ 500 只为宜。

雏鸭在"开水"前，根据出雏的迟早、强弱分开饲养。笼养的雏鸭，将弱雏放在笼的上层、温度较高的地方。平养的要根据保温形式来进行，强雏放在近门口的育雏室，弱雏放在鸭舍中温度最高处。这样不同类型的鸭都能得到合适的饲养条件和环境，可维持正常的生长发育。

第二次分群是在"开食"以后，一般吃料后 3 天左右，可逐只检查，将吃食少或不吃食的放在一起饲养，适当增加饲喂次数，比其他雏鸭的环境温度提高 1 ～ 2℃。同时，要查看是否有疾病等，对有病的要对症采取措施，如将病雏分开饲养或淘汰。再是根据雏鸭各阶段的体重和羽毛生长情况分群，各品种都有自己的标准和生长发育规律，各阶段可以抽称 5%～10% 的雏鸭体重，结合羽毛生长情况，未达到标准的要适当增加饲喂量，超过标准的要适当扣除部分饲料。

（4）密度适宜　地面垫料饲养和网上平养适宜密度为：1～3 日龄 30～35 只每平方米，4～7 日龄 25 只每平方米，8～14 日龄 15 只每平方米。

在此标准基础上，根据季节做适当调整。冬季密度可大些，夏季密度可小些。

（5）及时开水开食　刚孵出的小鸭，第一次饮水称开水，第一次喂料称开食，雏鸭要先开水后开食。科学地做好开水、开食工作，这关系到肉鸭以后的生长发育，也是雏鸭饲养管理的关键。开水又叫潮口、点水或放水。当雏鸭出壳后 14～24 小时，当雏鸭绒毛已干，活泼好动，常发出"嘎嘎"的叫声，并喜欢活动、互啄，这时就要开水，宜采用普拉松式或水槽浮漂自动控制式饮水装置供雏鸭饮水。第 1 次饮水，在水中加入少许维生素和葡萄糖，并加入 0.01% 高锰酸钾，对肠胃起到消毒作用，还可加入补液盐，调节体内酸碱平衡，促进消化功能。开水以后要保证每天 24 小时不间断供水。

刚出壳的雏鸭机体含水量 75% 左右，若 24 小时内不给雏鸭饮水，就会因严重失水出现精神沉郁、两翅下垂、嗜睡、眼球下陷、局部皮肤皱缩等症状。饮水还可以促排胎粪，促进新陈代谢，加速吸收体内剩余的蛋黄，以加强食欲感。因此，对幼雏来说，及早供给清洁适温的饮水比喂料更重要。

开水后就要开食。育雏期采用料盘饲喂雏鸭，料盘摆放位置要适当，数量要足够，使雏鸭采食时不致拥挤，以免相互践踏，保证体质较弱的雏鸭也有机会吃到饲料，使每只雏鸭都能吃饱吃好。

初生雏鸭的食管膨大部分还很不明显，储存饲料的容积很小，消化器官还没有经过饲料的刺激和锻炼，消化功能尚不健全。肌胃的肌肉不坚实，磨碎饲料的功能还不强。所以要"少喂勤添，随吃随给"，饲槽内可以稍有剩余，但不能太多。针对雏鸭的消化生理特点，开食时首先铺好袋子或纸，然后在袋子或纸上均匀摆上开食盘（避免浪费料），再在开食盘中加上少量的料。注意不要压到小鸭。加料时要做到少加勤加，并及时清理出开食盘中的杂物和鸭粪。对于小部分学不会饮食的雏鸭可以采用人工诱导的方法帮助其开口采食。

（6）饲喂营养均衡的饲料　雏鸭饲料要求高蛋白、高能量。雏鸭的胃肠容积小，消化能力差，要求饲料品质好、易消化。用全价配合饲料饲喂，最好购买大型饲料企业生产的雏鸭专用料，自配育雏料的，要注意补充适量的食盐、多种维生素和矿物质添加剂。雏鸭饲料还必须保证品质，严防霉烂变质。

（7）温度要适宜　温度控制是育雏的一个重要技术环节，是育雏成败的关键。雏鸭各生理系统发育不健全，调节体温能力差，既怕冷又怕热，需要人工保温。特别是第一周的保温工作更为重要，如果环境温度低于26℃，容易诱发呼吸道疾病或因扎堆挤压死亡。当然，温度过高也不行，过高温度易使雏鸭脱水致病，会影响成活率。

接雏前应提前对鸭舍进行预温，避免鸭雏到来前温度不达标情况的出现。雏鸭对育雏环境的温度要求是：1～7日龄32～29℃，8～14日龄27～20℃。也可以在育雏前期采用高温育雏，饲养实践证明，育雏的头3天采用高温育雏，温度34～35℃，这样有利于雏鸭卵黄的吸收，减少雏鸭白痢的发生。为了温度合适，育雏前期可将鸭舍的一部分用塑料布与其他部分隔开，作为取暖区，以减少取暖面积，便于升温，节约费用。同时，隔栏应使用不通风的材料制成，保护雏鸭不受到贼风的影响。以后可随日龄的增加，再逐渐延伸供暖面积及活动场地。两周内侧重于保温，两周后侧重于通风换气。温度不降或降得太慢不利于羽毛的生长，降温速度太快也不行，降温速度太快雏鸭不适应，生长减缓，死亡增加。

雏鸭舍保温应遵循以下原则：群小稍高，群大稍低；夜间稍高，白天稍低；弱雏稍高，壮雏稍低；冬季稍高，夏季稍低。切忌忽冷忽热，可采用加热、湿帘降温及喷雾等设备调控温度和湿度。为更好地掌握温度情况，鸭舍内外要挂温度计，温度计的位置应在鸭背上方20厘米处。育雏舍的温度是否适宜，可通过观察雏鸭的动态以及听雏鸭的叫声来判断。有经验的饲养者常会根据鸭群的表现确定温度是否适宜。当温度适宜时，雏鸭分布均匀，活泼好动，羽毛光滑整齐，食欲旺盛，雏鸭展翅伸腿，夜间睡眠安静，睡姿伸展舒适，在鸭舍内均匀散布；当温度低时，雏鸭表现行动迟缓，缩颈弓背，睡眠不安，向热源集中，互相挤压，眼半睁半闭，身体发抖，发出凄惨声；当温度过高时，雏鸭远离热源，饮水量大增，食欲减少，伸脖张嘴喘气，呼吸加快，烦躁不安，身体羽毛如汗浸样。育雏期间为避免夜间温度突然变化，影响鸭的成活率，一定要经常不离人地观察保持温度。此外，育雏舍要防止贼风，当鸭舍有贼风时，一侧温度降低，鸭群会同时避开一个方向，跑向另一侧。

因此，当外界温度低时，尤其是阴雨（雪）天气时，育雏舍内的温度要高一些；当外界温度高时，育雏舍的温度要低一些。雏鸭体质弱的温度要高一些，体质好的温度可适当低一些。

使用电热伞供暖的取暖室内可形成 2 个区域，一是高温区，二是室温区，以便鸭子自由选择适宜的温度区域进行活动与休息。对使用地上火龙管道供暖方式的，可根据室内温度灵活掌握生火的大小。

育雏时应特别注意煤气中毒，特别是雏鸭刚进的一周内，由于温度需求较高，门窗封闭严，通风不良煤气中毒时有发生，煤气中毒时人会感觉头晕，严重的会四肢无力。雏鸭表现嗜睡，采食量和饮水量下降，预防雏鸭煤气中毒关键是鸭舍内的炉子安装烟筒，同时注意通风。

另外，由于雏鸭合群性强，即使育雏温度适宜，雏鸭休息时也常常打堆而眠。若育雏温度偏低，打堆就更为严重，容易压死、压伤雏鸭。因此必须经常观察雏鸭的情况，发现有打堆现象，立即要将其赶开，并适当分群及提高育雏室的温度，以减少雏鸭的死亡，提高成活率。

（8）湿度管理　雏鸭舍内适宜湿度为：1～3日龄相对湿度 65%～70%，4～7日龄相对湿度 60%～65%，8～14日龄相对湿度 55%～60%。

湿度不适宜同时伴随温度不适时，雏鸭即出现精神不振、食欲减退、扎堆、呼吸困难、腹泻、绒毛松乱等症状，突出表现是啄毛，严重时雏鸭整个头、颈和背部的绒毛全部被啄光，外观好像用热水烫过后拔净了一样。这样的雏鸭大多发育不良，生活力、抗病力减弱，日后容易成为僵鸭。如遇低温高湿，危害严重，雏鸭的体热散失快，很容易着凉得病，而且饲料消耗增加。湿度如果低于50%，易引发雏鸭呼吸道疾病，且出现脚趾干瘪、精神不振等轻度脱水症状。

（9）通风换气管理　雏鸭的饲养密度大，加之雏鸭新陈代谢旺盛，排泄物多，育雏室内容易潮湿，积聚氨气和硫化氢等有害气体。应及时清除污秽的垫料和粪便等物质，在保温的同时采用自然通风和机械通风相结合的办法，做好通风换气，保持舍内空气清新，有利于雏鸭生长发育，通风前可适当提高室温 2～3℃，以不刺鼻、不刺眼、不流泪为宜。通风的时候要防止风直吹鸭体。

（10）光照管理　适度光照，不但便于雏鸭采食、饮水、活动，而且还可促进雏鸭的生长发育。采用自然光照和人工光源相结合的方法做好光照。每个育雏间可安装一个 10 瓦灯泡，最初 3 天采用全日光照，以后每周减少 2～3 小时，到 4 周龄恢复自然光照。

（11）管理要精心　温度不适、装运颠簸、不定时饲喂、密度过大等会造成雏鸭应激挤压致死，必须引起注意。育雏期间，常因温度调节不当，造成雏鸭互相堆挤，被挤在中间或压在下面的鸭，轻则全身"湿身"，稍有不慎，便受凉致病，甚至窒息死亡。有的温度虽正常，但在食后休息或光线较暗时，雏鸭也有互相堆挤的现象。

地面垫料育雏的，要保持垫料干燥。雏鸭在饮水时喜欢擦洗羽毛，容易把饮水器周围的地面弄湿，并带水使垫料潮湿。因此，要准备充足的垫料，以保证更换及时。

当饲养员进入雏鸭舍的时候，抬腿落脚要小心以免踩住雏鸭，放料盆或料桶时避免压住雏鸭。工具放置要稳当、操作要小心，以免碰倒工具砸死雏鸭。

管理人员要随时留意，尤其在雏鸭临睡前和睡着后，要多次检查，发现打堆，要及时离开。分堆与保温工作要联合起来。15日龄前，尤其是5日龄的小鸭，日夜都要精心照管。还要防止鼠害，鼠害不仅引起雏鸭死伤，还传染疾病，危害其他畜禽，必须严加防范，育雏室的密闭效果要好，任何缝隙和孔洞都要提前堵塞严实。平时注意关闭门窗。当雏鸭在运动场和水池活动过程中要有人照料鸭群。猫、狗也不能接近鸭群。

鸭子的各种行为要在雏鸭阶段开始培养和训练调教，形成习惯后，管理制度不要轻易改变。

（12）防疫莫忽视　认真贯彻"预防为主，防重于治"的原则。

采用"全进全出"的饲养方式，舍内应设疑似染病鸭的隔离圈。不从有禽流感和鸭瘟等疫情的鸭场购入雏鸭。

搞好卫生消毒。鸭舍门口设有消毒池、脚踏盆（或槽）及洗手盆。

要经常打扫场地，更换垫料，保持育雏室清洁、干燥，每天清洗饲槽和饮水器。注重鸭舍及环境的消毒，料槽和饮水器应每天用清水刷洗、消毒，并定期带鸭消毒。选择2～3种不同的消毒剂交替使用，防止细菌产生抗药性。每批鸭转出后，饲养设备及用具等进行彻底清理和消毒。

1～7 日龄用农业农村部允许的抗菌药物，重点预防雏鸭沙门菌、大肠杆菌、支原体病，使用对沙门菌、大肠杆菌和支原体敏感的药物进行预防。

参考国家重大动物疫病强制免疫计划，结合当地疫病流行情况制定免疫程序。重点做好鸭瘟、鸭病毒性肝炎、鸭传染性浆膜炎、禽流感的免疫工作。注射疫苗时，加饮电解多维或维生素 C 粉拌料。注苗前后应停用抗菌药物 1～2 天。

清除的粪便应经污道运往场外指定地点无害化处理。

（13）建立档案与记录　应建立完整的养殖档案，填写全过程生产记录，保存期 2 年。

> ## 👤 小贴士：
>
> 刚出壳的雏鸭个体小，绒毛少，体温调节能力差，对外界环境的适应性差，抵抗力弱，若饲养管理不善，容易引起疾病，造成死亡。为此，从雏鸭出壳起，必须创造适宜的生活条件和精心地进行饲养管理，以提高成活率为重点工作。成活率的高低是衡量生产管理水平和技术措施的重要指标，也直接影响着养鸭场的经济效益。

2. 生长期鸭的饲养管理要点

生长期一般指 15～35 日龄。

（1）饲养方式　肉鸭体型较大，生长期多采用舍内地面平养或网上平养，育雏期地面平养或网上平养的，可不转群，既避免了转群给肉鸭带来的应激，也节省了劳力。由立体育雏笼育雏转为平养生长鸭的，要在转群前一周做好平养的鸭舍、饮水器、料槽（桶）、照明灯具、门窗修整等工作，鸭舍及饲养用具要彻底进行卫生清洁和消毒。地面垫料平养的要准备5～10厘米厚的垫料。转群前在料槽（桶）中加满饲料，保证饮水不断。

（2）饲养密度　肉鸭在生长期的生长速度极快，每只每天的鸭体增重平均能达到100克。饲养密度对生长速度影响极大，高饲养密度显著降低肉鸭的生长速度和饲料转化率，并增加死亡率。地面垫料饲养和网上平养适宜密度为：15～21日龄10只每平方米，22～28日龄7只每平方米，29～35日龄5只每平方米。

半舍饲肉鸭的，室外运动场适宜密度为3只每平方米。应分群饲养，群体大小以1000～1500只为宜。鸭舍宜用0.5米高的篱笆墙分隔，每栏面积200～300平方米。每栏提供15～20米长的饮水槽和足够的食槽，保证肉鸭能充分采食到饲料。

在此标准基础上，根据季节做适当调整。冬季密度可大些，夏季密度可小些。

（3）做好饲料过渡　从育雏结束转入生长期的前2～3天，将雏鸭料逐渐调换成生长期料。切忌突然更换饲料，以防因饲料突然改变引起鸭子采食量降低，从而影响增重。

（4）饲喂与饮水　生长期肉鸭饲料可用颗粒饲料或粉料。颗粒料一般采用自由采食方式饲喂，为了防止饲料浪费，最好有专门喂料的食槽。应保证料槽经常有洁净的饲料。粉料加水拌湿后定期饲喂，要求饲料新鲜，防止饲料变质、发霉。为此，粉料饲喂应坚持少喂勤添。肉鸭每只日喂料量为200～250克。

生长期鸭对饮水需要量大，尤其用颗粒料时更要注意清洁饮水的不断供给。

（5）重视垫料管理　采用地面饲养要注意垫料的增添，经常翻晒及更换垫料，保持干燥疏松。防止垫料的厚度不够或板结坚硬，造成育肥期的肉用仔鸭胸囊肿，影响屠体品质。垫料也可以使用干燥的干净沙土。

（6）防潮湿　鸭子具有喜水又怕湿的生物学特性。鸭子生活的环境过于干燥或过于潮湿都对鸭子的生长不利，尤其怕潮湿的环境。若鸭舍内通风不良，遇低温高湿，雏鸭体热散失太快，很容易着凉生病，而且饲料消耗增加。舍内温度较高，水分蒸发量大，加上粪便水分蒸发出的有害气体，这样就会出现空气呈高温、高湿、高污染的状况，为致病菌及霉菌等微生物的生长繁殖创造了条件。潮湿肮脏的垫草污染鸭体，使鸭羽毛脏污并导致羽毛上的油脂脱落，甚至影响羽毛的生长或脱落，最终导致鸭群生长缓慢，还会影响鸭体品质。

鸭舍内一般相对湿度以 50% ～ 70% 为宜。我国民间在养鸭管理上的经验是：见湿见干，无痛无痒。地面垫料养肉鸭的，避免垫草出现潮湿是控制舍内湿度大的重要措施。为此，饮水器要能防止鸭子戏水而污染水质和携带水分浸湿垫草。

（7）鸭舍及鸭体卫生管理　每天清扫鸭舍，及时清除鸭粪。食槽和水槽要经常清洗消毒，做好带鸭消毒，保持鸭舍及鸭体清洁卫生。

（8）光照制度　15 ～ 21 日龄采用 24 小时光照，光照强度为 10 ～ 15 勒克斯。如果采用非全日光照，在鸭舍熄灯后，为防止因外界滋扰（如老鼠跑到等）而惊群，可供给弱光照，这样有利于肉鸭自由活动，自由采食，便于饲养管理和观察鸭群状态。

（9）鸭舍温度　15 ～ 21 日龄适宜温度为 20 ～ 15℃。

（10）定期抽测体重　不论使用何种管理体系，正常鸭群的肉鸭体重都应该是按正态分布，即鸭群的体重是均匀的。控制鸭群的均匀度，是保证肉鸭正常生长的重要措施。为保证肉鸭均匀度，应采取以下管理措施：每周至少称重三次，每次称重应在同一鸭舍内两个不同位置称 50 ～ 70 只鸭。并对照品种生长增重标准，如北京鸭商品鸭的 35 日龄平均体重要求大于或等于 2500 克。如果称重后发现体重与预期差异较大，需要及时调查原因。通过称重监测，实施强弱分群，最大限度地减少群体内体重的差异。称重要达到适宜的数量，并确保称重设备的准确度。

（11）生长期鸭群日常观察　观察肉鸭的精神状态。健康的鸭群看到人走动或听到人声音，就会齐刷刷地抬头、甚至整体站立。发病鸭群则反应迟钝，经常出现扎堆拥挤、闭目呆立、翅膀下垂、行走困难等现象。

倾听肉鸭的呼吸状态。进入鸭舍中检查鸭群的呼吸，是否有喘鸣声、呼噜、咳嗽、甩头、尖叫等现象。如果发生这些情况可能是慢性呼吸道病等，或者是鸭舍内氨气含量过高或灰尘过多。

观察肉鸭的粪便。正常的鸭粪呈青灰色、成形、表面有少量的白色尿酸盐。当鸭患病时，往往排出异样粪便，如血便、酱色便多见于球虫病、出血性肠炎；白色石灰样稀便，多见于传染性支气管炎、鸭白痢。

观察肉鸭的羽毛。在正常情况下，肉鸭羽毛整洁、光滑、贴身。如果羽毛生长不良，表明鸭舍温度过高；如果全身羽毛污秽或胸部羽毛脱落，表明鸭舍湿度过大；如果全身羽毛蓬松或肛门周围羽毛带有黄绿色或白色粪便或黏液时，多为发病的征兆。

观察肉鸭的喙爪。如果舍内湿度过大，易于发生腿病、脚垫；如果舍内温度过高，湿度过小，易于引起鸭爪干裂。

观察饲料和饮水量。鸭群在正常情况下，采食量、饮水量保持稳定的缓慢上升趋势。一旦发现采食量和饮水量异常，多为发病的早期表现。

隔离淘汰病弱鸭只。发现异常鸭只，要尽早隔离在排风口一端。确诊的病鸭要坚决予以淘汰，进行无害化处理。避免死鸭流入社会，影响养殖环境和食品安全。

（12）预防啄羽　当圈舍过于潮湿、饲养密度过大、光照过强或日粮中某些营养成分不足（如甲硫氨酸和胱氨酸），生长鸭会出现啄羽现象。而且一旦鸭群出现，便会蔓延开，影响采食和增重，严重者死亡。因此，当出现个别啄羽时，应立即采取隔离饲养被啄伤的鸭，并尽快查明引起啄羽的原因加以解决。

（13）预防发生浆膜炎　肉鸭一旦发生浆膜炎，病鸭死亡率高、传染快，病原很难消灭，对鸭群的危害较大。能否成功预防鸭群发生浆膜炎疾病是养鸭能否取得经济效益的关键。

肉鸭的浆膜炎疾病主要发生在 21 ～ 35 日龄阶段。在饲养环境较差的条件下，鸭群非常容易患浆膜炎疾病。

小贴士：

　　生长期肉鸭体内各组织和器官迅速生长发育，胃肠容积增大，采食量增加，消化能力大大增强，代谢旺盛。肉鸭的骨骼结构发育基本完全，肌肉迅速生长，特别是胸肌的生长速度加快，皮下脂肪积累增加，绒毛慢慢更换为正羽，机体各种功能加强，适应性和抗病力增强。生长期肉鸭具有极强的补偿生长能力，若前期生长发育受阻，在后期经过合理饲养后，体重指标能够得到一定程度的补偿。

3. 育肥期饲养管理要点

育肥期一般指 36 日龄至出栏这一时间段。

（1）饲养方式　育肥期肉鸭饲养方式与生长期相同，采用地面垫料平养、网上平养和半舍饲。育肥期应适当限制肉鸭的活动。育肥期肉鸭最好分群饲养，群体大小以 1000 ～ 1500 只为宜。

鸭舍宜用 0.5 米高的篱笆墙分隔，每栏面积 300 平方米左右。每栏要有足够的饮水器（也可采用 20 米长的长水槽）和食槽，保证每只肉鸭均能正常采食和饮水。

（2）密度控制　育肥期一般每平方米养肉鸭数为 4～5 只。冬季的密度可适当增加。若采用网上平养育肥，用木条、竹条做网底的间距为 1.5 厘米。若采用半舍饲，室外运动场适宜密度为每平方米养 2 只，夏季气温高时可让鸭群在舍外露宿过夜。

（3）鸭舍地面和垫料管理　鸭舍地面和垫料要求干燥，舍内垫料要经常翻晒或增加垫料，垫料要保持疏松，禁止使用发霉的垫料。地面保持干燥。

（4）饲喂管理　由生长期饲料转到育肥期饲料要实行 3 天过渡，切忌突然更换饲料，以防饲料改变降低肉鸭采食量，而影响增重。

育肥期肉鸭的饲料可用全价颗粒料或粉料。全价颗粒料一般采用自由采食方式饲喂，应保证料槽经常有洁净的饲料。粉料加水拌湿后定期饲喂，要求新鲜，防止饲料变质、发霉，应坚持少喂勤添，每日最少饲喂 4 次。

育肥期肉鸭的采食量为每日每只 250～300 克，饲料的蛋白质水平应达到 16.5% 以上。

（5）填饲育肥　除自由采食方法育肥肉鸭以外，还有填饲育肥的方法。填鸭育肥法的优点是可在短期内迅速增加体重，屠体肉质鲜嫩，适于制作烤鸭；缺点是鸭体脂肪含量高，瘦肉率低。生产中常用的填饲育肥方法有手工填饲和机器填饲（图6-2 和视频 6-3）。育肥肉鸭一般在 40～42 日龄，体重 1.7 千克以上开始填饲。过早填饲，体小身圆，长不大，且伤残多。过晚填饲，耗料多，增重缓慢。填饲期一般为 2 周左右。日粮分前后 2 期，各填 1 周左右。前期料能量水平稍低，蛋白质水平稍高，后期料正好相反。天气炎热时不能拌料，否则易变质。舍温不太高时，先加水将料调成糊状"水食"，水与干料之比为 6∶4，放置 3～4 小时，使其软化，可提高饲料消化率。

每天填饲 4 次，间隔 6 小时填饲一次。第 1 天 150 ～ 160 克，第 2 ～ 3 天 175 克，第 4 ～ 5 天 200 克，第 6 ～ 7 天 225 克，第 8 ～ 9 天 275 克，第 10 ～ 11 天 325 克，第 12 ～ 13 天 400 克，第 14 天 450 克。

图 6-2 填鸭实例

视频 6-3 填鸭

人工填饲的方法是：将调成干糊状的配合饲料用手搓成直径 3.3 厘米、长 5 厘米的圆条。操作者坐在小凳上，腿夹住鸭体下部，左手拇指和食指撑开鸭嘴，中指压住鸭舌，右手把饲料圆条沾水使之润滑，然后从口腔向食管填入。填喂后供足饮水，让鸭适当运动，半舍饲的每天进行几分钟水浴，以利消化吸收。当肉鸭长到 2 ～ 3 千克，用手摸到肉鸭皮下脂肪增厚，翼羽的羽根呈透明状态时即可上市出售。

机器填饲的方法是：填饲者左手握鸭的头部，拇指与食指撑开上下喙，中指下压舌部，右手轻握鸭的食管膨大部，轻轻将鸭嘴套在填饲管上。慢慢向前推送，让胶管插入咽下食管中，此时要使鸭体与胶管平行，以免刺伤食管，然后将饲料压进鸭的食管膨大部，注意随着饲料的压进，慢慢向外退出填鸭。如果使用手压填鸭机，右手向下按压填饲杆把，把饲料压入食管嗉囊中，填饲完毕，将填饲杆把上抬，再将鸭头向下从填饲管中退出。

注意事项：体质差、体重过小的不填。填饲前应剪去鸭爪，以免填饲时抓伤操作人员及鸭之间互相抓伤。详细观察鸭的消化情况，一般在填饲后 1 小时，填鸭的食管膨大部普遍出现垂直的凹沟即为消化正常，如果早于 1 小时出现，表明需要增料，如果晚于 1 小时出现，表明消化不良或填饲量太多。填饲时要定时定量，昼夜不断水，每隔 2～3 小时轻轻哄赶鸭群走动。高温、高湿及多雨季节，对填鸭不利，必须采取防暑降温措施，每天驱赶洗浴 2 次，白天少填，夜间多填。

（6）通风换气　鸭舍内始终保持良好的通风换气，保证空气新鲜。可采取自然通风和机械通风相结合的办法。

（7）光照管理　育肥期肉鸭一般采用 24 小时光照。采用自然光照和人工光照相结合的办法，白天自然光照，夜间弱光照，折合照明用灯泡的功率为 1～2 瓦。弱光照有利于肉鸭自由活动、自由采食。

（8）温度管理　育肥期肉鸭的适宜温度为 10～30℃。

（9）防病管理　应采取消毒、免疫、隔离等有效措施，预防鸭瘟、霉菌病和其他细菌病（大肠杆菌、浆膜炎等）的发生。笼养肉鸭的还应注意预防瘫痪、维生素缺乏症。笼养肉鸭最易因缺钙、磷，而站立不稳，甚至瘫痪死亡。在饲料中加 3% 的钙粉或 5% 的石膏粉，同时添喂一些螺蛳或小沙砾，可预防该病发生。若有肉鸭染上该病，应立即在饲料中加 0.1% 维生素 D，连喂 10 天。饲料种类单一时，可导致鸭维生素缺乏症，应适当喂些青绿饲料和蚯蚓、螺蛳、蛙类等，同时在饲料中加 0.2%～0.3% 复合多维素。

按国家相关的兽药法规的规定使用药物和药物添加剂，并严格执行停药期的规定。

（10）确定出栏的最佳时机　通常商品肉鸭6周龄活重达到2.5千克，7周龄可达到3千克以上，6周龄的饲料转化率较理想。因此，结合鸭群的采食情况及体重，42～45日龄为其理想的上市日龄。肉鸭一旦达到上市体重应尽快出栏销售，否则会降低经济效益。

在确定肉鸭出栏时间的时候，由于不同地区或不同加工目的，所要求的上市体重不一样，最佳的上市日龄的选择要根据销售对象、加工用途和毛鸭的价格走势等因素综合确定。如成都、重庆、云南等市场，活重达到2千克左右即可上市。如果用于分割肉生产，则要求较大体重，以8～9周龄上市最为理想。

（11）出栏前管理　出栏前管理同样重要，关键性的几天会带来意想不到的效益，即使合同养殖出栏日期也不是固定的，要有一个合理范围。

在肉鸭出栏前7天，停用任何药物，以避免鸭肉中有药物残留。肉鸭在屠宰前8小时左右停止喂料，只供饮水，包括抓鸭、装车和运输时间同样停料。分栏饲养的肉鸭，应随着肉鸭的出栏逐渐撤走饮水器，不可一下全部撤走所有饮水器，以延长剩余肉鸭的饮水时间，直至出栏。

停料的时间不可过长，过长则导致肉鸭因饥饿而采食鸭粪，容易使屠宰过程中造成胴体污染。肉鸭停料期间，由于肠道内容物的减少，不可避免造成体重降低。但这种体重的降低对胴体重量影响很小。如果不停料或停料时间过短，反而造成饲料的浪费。

（12）出栏　肉鸭出栏时每次赶鸭的只数不要超过200只，并严禁用脚踢、用硬物赶及用手摔，以免造成鸭体损伤。

抓鸭应在暗光下进行，防止鸭群躁动、跑动受伤，白天抓鸭要有遮光措施。抓鸭前先把料槽、料桶移出舍外，便于抓鸭操作，防止鸭体碰伤。可用围网将大群分成小群，便于抓鸭。

抓鸭时应该双手抓鸭的双腿，不能抓翅膀和鸭颈部，要做到轻抓轻放。

装鸭笼内不能拥挤，运输过程中防止挤撞。

屠宰肉鸭时下刀部位要准，避免发生肉鸭红颈、红头和红身等不良状况。

> **小贴士：**
>
> 在育肥阶段，肉鸭的生长速度降低，日增重下降；肉鸭的胸肌持续生长，皮脂和腹脂的相对生长加快，相对含量迅速提高；肉鸭的采食量增加，适应性、抗病力增强。育肥期的目的是加强肉鸭采食和消化能力，增强对营养物质的吸收，以及减少运动与热能消耗，积累脂肪。

（二）放牧肉用仔鸭的饲养管理要点

在野生动植物饲料资源丰富的地区，如华北、华南、华中和西南等地区，利用农田周围、江河、沟渠边（视频6-4）等地或者结合夏收、秋收，在水稻或小麦收割后，将肉鸭赶至田中，觅食遗粒和各种草籽，昆虫以及其他饲料，可以充分利用自然

视频6-4 利用沟渠河岔放牧养鸭

资源育肥鸭群，有效降低精饲料的使用量，降低饲养成本，提高鸭肉品质。放牧育肥方式生产肉鸭耗料少、成本低、肥度好，但季节性较强。

1. 品种选择

传统的放牧养鸭利用本地品种或杂交肉鸭和蛋肉兼用品种，这些品种的放牧性能较强，采取野营游牧方式饲养，放牧

和补饲相结合。特别适于麻鸭类型的地方品种，其体型小，行走方便、灵活，觅食力强。

我国的肉蛋兼用型品种和蛋鸭品种中的肉用小公鸭，适应性强，能进行放牧饲养，饲养期 70 天左右，肉质好，市场需求和销售范围更大。

2. 选择适合肉鸭放牧场地

肉鸭对田间鲜嫩的牧草、沟渠河岔的水草和小鱼虾、收获后农田里的遗落谷物等都有很强的消化能力。鲜嫩牧草是我国传统养鸭常用的饲料资源。禾本科、豆科和其他科的各种野生牧草都能作为放牧肉鸭的青绿饲料。紫花苜蓿、三叶草（白三叶、红三叶）、黑麦草、苏丹草、苦荬菜、野豌豆、红花草、燕麦、聚合草、水浮莲、浮萍等牧草都能用于养鸭。稻秧棵田、慈姑田、荸荠田、水芋头田以及浅水沟、塘等，这些场地水草丰盛，浮游生物、昆虫较多，如有小鱼、虾、泥鳅和蚯蚓等则为更佳，也是非常好的放牧场地。还要有清洁的水源供鸭子饮用和洗浴。

利用稻秧棵田放牧的，必须等稻秧返青活棵以后，在封行前、封行后，不能放牧。其他水田作物也一样，茎叶长得太高后，不能放牧。施过化肥、农药的水田、场地，排放生活污水和工业废水的沟渠边等均不能放牧。如已喷过农药，须在 15 天以后（或下几次雨后）确认无毒害作用后方可放牧，以免中毒。也不能在发生过鸭瘟的地方或在患传染病鸭走过的地方，以及被矿物油和企业排放的有害污染物污染的水面和稻田等地放牧，以确保肉鸭的健康和安全。

由于鸭子行动笨拙，速度缓慢，不宜运动量过大，道路要比较平坦，坡度不能太大，尤其不能有较大的沟堑。因此，放牧场地距离鸭舍不宜过远。如有树林或其他遮蔽物可供鸭群遮阳更好。

3. 放牧季节

放牧型肉鸭的生产与当地农作物的栽培收割时间紧密相关，形成了明显的季节性生产和销售。每年 2 月份开始孵抱，3 月份放养春水鸭，5 月下旬肉鸭陆续上市，6 月份开始放养秋水鸭，9 ～ 11 月份为全年肉用仔鸭上市的高峰期。

4. 育雏

放牧肉鸭从接雏鸭开始至适应放牧期间的饲养管理同舍饲肉鸭的育雏一样，开水、开食、饲喂、温度、光照等可参考舍饲肉鸭育雏部分。

5. 放水

放水要从小开始训练，夏季 3 ～ 5 日龄，春、秋季节 7 ～ 10 日龄。让雏鸭由舍内到舍外，逐步适应下水。室内可用水盆给水，可以逐步提高水的深度，然后将水由室内逐步转到室外，即逐步过渡，连续几天雏鸭就习惯下水了。若是人工控制下水，就必须先喂料后下水，且要等待雏鸭全部吃饱后才放水。待习惯在陆上运动场下水后，就要引诱雏鸭逐步下水，到水上运动场或水塘中任意吃水、游嬉。开始时可以引 3 ～ 5 只雏鸭先下水，然后逐步扩大下水鸭群，以达到全部自然地下水，千万不能硬赶下水。雏鸭下水的时间，开始每次 10 ～ 20 分钟，逐步延长，可以上午、下午各一次，随着适应水上生活，次数也可逐步增加。下水的雏鸭上岸后，要让其在无风而温暖的地方理毛，使身上的湿毛尽快干燥后，进育雏室休息，千万不能让湿毛雏鸭进育雏室休息。

6. 放牧

鸭具有较强的合群性，从育雏开始放牧训练，建立起听从放牧人员口令和放牧竿指挥的条件反射，可以把数千只鸭控制得井井有条，不致践踏庄稼。在雏鸭能够自由下水活动后，就可以进行放牧训练。放牧训练的原则是：距离由近到远，次数由少到多，时间由短到长。训练的方法是声音记忆的强化和环境条件的强化。具体操作方法是：由专一饲养员进行育雏期的正常饲养管理；喂食或饮水的同时要不断地给予口令或用"鸭鸭"的声音或吹哨来伴随，使之形成条件反射；饲养人员用栓布条的长竹竿适当接触或驱赶，做好户外运动。

放牧的方法有三种：第一种是一条龙放牧法。这种放牧法一般由2～3人管理，由最有经验的人在前面领路，另外两名助手在后方的左右侧压阵，缓慢前进，使鸭群把稻田的落谷和昆虫吃干净。这种放牧法适于将要翻耕、泥巴稀而不硬的落谷田，宜在下午进行。第二种是满天星放牧法。将鸭驱赶到放牧地区后，不是有秩序地前进，而是让它散开来，自由采食。先将具有迁徙性的活昆虫吃掉，适当"闯群"，留下大部分遗粒，以后再放。这种放牧法适于干田块或近期不会翻耕的田块，宜在上午进行。第三种是定时放牧法。青年鸭的生活有一定的规律性，在一天的放牧过程中，要出现3～4次积极采食的高潮，3～4次集中休息。根据这一规律，在放牧时，不要让鸭群整天泡在田里或水上，要根据季节和放牧条件，采取定时放牧法。春天至秋初，一般每天采食4次。秋后至初春，气候寒冷，日照少，一般每日分早、中、晚采食3次。饲养员要把天然饲料丰富的地方留作采食高潮时放牧。由于鸭群经过休息，体力充沛，又处在较饥饿状态，所以一进入牧地，立即低头采食，然后再下水浮游，洗澡，在阴凉的草地上休息，这样有利于饲料的消化吸收。

雏鸭开始放牧时间不能太长，每天放牧两次，每次20～30分钟，就让雏鸭回育雏室休息。随着日龄的增加，放牧时间可以延长，次数也可以增加。具体放牧时间视季节和天气而定，一般上下午各4小时，中午赶到岸上休息。

鸭的行走较为缓慢，放牧应慢赶慢放，吃饱吃好，少运动，以促进增重。在放牧过程中切勿猛赶乱追。如距放牧地较远，则应运动一二百米暂停休息一会儿。

在夏季，尤其是暑伏天气，天气炎热，鸭子在烈日暴晒之下容易中暑。所以在放牧时应避开中午气温过高的时段，并且选择在通风良好、阴凉的地方休憩，不可让鸭在烈日下暴晒。要防止出现放牧时因水源不足而使鸭子出现过于饥渴的现象。如放牧场有水塘可将鸭群放入水中适当运动。

路途远的可在野外建造简易鸭舍，在放牧和野外夜宿过程中，要注意防止野猫、野狗、黄鼠狼、狐狸、蛇等野兽侵袭事件的发生。

7. 酌情补饲

雏鸭以饲喂精料为主，可以少放牧或不放牧。在雏鸭适应了室外的环境温度后可以开始放牧。放牧饲养肉鸭时应视饲草资源丰富程度，每日补饲精料或适时补饲精料，以提高放牧肉鸭的生长速度，缩短饲养期。

如果放牧地饲草资源丰富，肉鸭每天能采食到大量的青绿饲料或谷物籽实，可以适当减少鸭群精饲料补饲量。如果在放牧时鸭只采食量不足，不能满足其正常生长发育的需要，则必须进行适当的补饲，以满足鸭对蛋白质和矿物质等营养成分的需要。

为肉鸭补饲的精料应是营养丰富的配合饲料。在自然放牧的肉鸭食品营养成分结构中，对维生素、微量元素的摄入量相对充足，而对能量和蛋白质的采食量相对不足，特别是采食的能量不足。因此，对放牧肉鸭补充精料时，应首先考虑补充能量饲料和蛋白质饲料，其次考虑补充适量的维生素、矿物质常量元素（钙、磷、钠、氯）和微量元素（硒、锰、锌、铜等）。

每天补饲精料1～2次，补料时间可以根据放牧时间来确定。随着肉鸭的生长，补料量应适当增加，补料时间建议在傍晚归牧以后。补饲量应结合鸭的不同生长阶段、放牧时采食量、当地饲料资源等具体情况而定。参考配方：玉米 69.4%，大豆粕 25%，石粉 2%，磷酸氢钙 2%，盐 0.6%，预混料 1%。

8. 防潮湿

鸭喜水怕潮湿，放牧养鸭的，要在鸭子进入鸭舍之前在运动场晾干羽毛，避免把水带入鸭舍弄湿垫草。

9. 预防疾病

按照免疫程序定期给鸭群接种疫苗，养殖过程中不随意使用任何兽药，严禁使用农业农村部公告禁止的药物及药物添加剂。

（三）半舍饲肉鸭的饲养管理要点

鸭群饲养固定在鸭舍、陆上运动场和水上运动场，不外出放牧。吃食、饮水可设在舍内，也可设在舍外，一般不设饮水系统，饲养管理不如全舍饲那样严格。其优点与全舍饲一样，减少疾病传染，便于科学饲养管理。这种饲养方式与养鱼的鱼塘结合一起，形成一个良性循环。它是我国当前养鸭中采用的主要方式之一。

1. 鸭舍与活动场

半舍饲肉鸭在舍内饲养部分，鸭舍可采用硬化地面（水泥地面、红砖地面或三合土地面均可）或地面垫料饲养，饲养密度与舍饲肉鸭相同。

舍外活动场地面积与鸭群数量配套，舍外活动场或鱼池边开阔地带可搭设简易遮阳棚，供肉鸭在太阳光照射强烈、环境温度过高、打雷、下大雨等时候短暂休息。

2. 育雏

半舍饲肉鸭在育雏期可采用地面垫料或网床育雏。由于半舍饲的特点，育雏期雏鸭完全在舍内饲养的时间较短，通常不超过 7 天，因此，立体笼育雏不方便，不宜采用。育雏期间的饲养管理可参照舍饲肉鸭育雏部分。

3. 放水与出舍活动

半舍饲肉鸭一般出舍活动时间在雏鸭 7 日龄时开始为宜。雏鸭开始出舍活动时，根据室外温度情况确定，当天气暖和（24℃以上）5 日龄也可放水。活动时间按照由少到多、逐渐增加的原则进行。每天适当让雏鸭到舍外水面或舍外运动场活动。第一次放水，以水深浸没鸭脚为准，不使雏鸭全身弄湿。时间为 5～10 分钟。放水后，让雏鸭到背风向阳处晒太阳 5～10 分钟，待鸭毛干后，再赶回鸭舍。以后随鸭的日龄增加，每天放水 1～2 次，放水时间逐步延长。

鸭合群性强，神经敏感，各种行为要在雏鸭阶段开始培养，例如饮水、吃食、下水游泳、上滩理毛、入舍歇息等，一旦形成习惯，不要轻易改变。即使要改变，也要循序渐进，使雏鸭逐步适应新的生活秩序。

4. 温度、湿度要求

半舍饲肉鸭的温度和湿度，可参照舍饲肉鸭温度和湿度标准，但可比舍饲肉鸭稍低 1～2℃。注意，半舍饲的肉鸭在舍外活动后，进舍前一定要等肉鸭身上的水珠抖落干净后，方可打开舍门放鸭群进入舍内，以免肉鸭携带大量的水分进入舍内，造成舍内地面或垫草潮湿。增大舍内潮湿度，对肉鸭生长不利。

5. 饲喂

育雏期以饲喂肉鸭全价颗粒料为主，根据雏鸭舍外觅食情况，适当减少投喂量。以后随着雏鸭生长发育，以及在放养期间采食其他青绿饲料、小鱼、小虾等野外觅食的多少，适当减少饲料的投喂量。但是，投喂量应以保证不影响肉鸭正常生长发育为前提，切不可为节省饲料，而完全依赖鱼池等地觅食，不进行补饲，从而影响到肉鸭生长育肥。

饲喂时间和次数可根据舍外觅食情况确定，鱼池等能采食到其他食物条件的，可在鸭群归舍后进行补饲，舍外运动场采食不到除了饲料以外其他食物的，参照舍饲肉鸭的饲喂标准，每天饲喂 3～4 次。

在鸭舍外或搭设的遮阳棚内设置饮水槽，水槽槽口不要大于 15 厘米，并用竹条、木条或钢筋编成格栅。格栅条的间距保证只能容一只鸭子的头部进入即可，使鸭子能够饮水为宜，或水槽的四周应由水泥硬化，并同时设置使用漏水盖板的排水沟，以便冲洗消毒。

6. 环境卫生

舍外活动场地或通往鱼池的道路每天在鸭群没有出来以前和鸭群入舍后要及时将脱落的鸭毛、鸭群排泄的粪便清理干净，并运送到废弃物无害化处理区进行无害化处理。

每天在鸭群出舍后及时清扫鸭舍内的粪便，清除潮湿及粪便过多的垫草，更换新鲜、干爽的垫草，并运送到废弃物无害化处理区进行无害化处理。清洗食槽和水槽，并进行清洁消毒。打开鸭舍窗户、门、通风口等进行通风换气。

7. 预防疾病

按照免疫程序定期给鸭群接种疫苗，10 日龄以内的雏鸭，抵抗力较弱。因此，雏鸭入舍的当天，以及第一、二次放水后，或者遇天气突然变化，可应用药物预防。但养殖过程中不能随意使用任何兽药，严禁使用农业农村部公告禁止的药物及药物添加剂。

8. 保证鸭群安全

注意做好防暑、防雷、防暴雨等自然灾害的预防。同时做好防老鼠、黄鼠狼、蛇等侵害的准备。

二、舍饲蛋鸭的饲养管理要点

蛋鸭的整个饲养过程始终在鸭舍内进行，称为全舍饲圈养或关养。舍饲蛋鸭具有人为地控制饲养环境，受自然界因素制约较少的特点，有利于科学养鸭，实现稳产高产，增加饲养量，提高劳动效率。缺点是饲养成本较高。

（一）蛋鸭品种选择

选择生产性能好、性情温驯、体型较小、成熟早、生长发育快、耗料少、产蛋多、饲料利用率高、适应性强、抗病力强的品种。如绍兴鸭、江南 1 号鸭、江南 2 号鸭、金定鸭、卡叽 - 康贝尔鸭等优良蛋鸭品种。

成年母鸭 2 年内留优去劣，第 3 年全部更新。

（二）饲养方式

一般鸭舍内采用厚垫草（料）饲养，或是网状地面饲养，或是栅状地面饲养，也可以采用立体笼养。

由于吃料、饮水、运动和休息全在鸭舍内进行，因此，舍内必须设置饮水和排水系统。采用地面垫料饲养的，宜选择刨花、木屑、稻壳或秸秆作垫料。垫料要厚，要经常翻松，必要时要翻晒，以保持垫料干燥。地下水位高的地区不宜采用厚垫料饲养，可选用网状地面或栅状地面饲养，这两种地面要比鸭舍地面高 60 厘米以上，鸭舍地面要用水泥铺成，并有一定的坡度（每米落差 6 ~ 10 厘米），便于清除鸭粪。网状地面最好用涂塑铁丝网，网眼为 24 毫米 ×12 毫米，栅状地面可用宽 20 ~ 25 毫米、厚 5 ~ 8 毫米的木板条或 25 毫米宽的竹片，或者是用竹子制成相距 15 毫米空隙的栅状地面，这些结构都要制成组装式，以便冲洗和消毒。

（三）鸭舍准备

舍饲蛋鸭理想的鸭舍要求具备保温隔热、坚固耐用、通风换气良好等特点。舍内应安装供水、供料、照明、供暖、降温、通风、消毒等设施设备。采用育雏笼饲养雏鸭以及笼养蛋鸭的还要安装立体笼具。冬季做好防寒保暖，夏季做好防暑降温。

（四）保持环境安静

正常情况下，鸭子产蛋时间都在凌晨 1 ~ 2 时，此时夜深人静，没有任何吵扰，最符合鸟类繁殖后代的特殊要求。除产蛋以外的其余时间，鸭舍内也要保持相对安静，谢绝陌生人进出鸭舍，避免各种鸟兽等动物窜入舍内。

（五）饲养管理制度

建立稳定的饲养管理制度，做到饲喂时间、清扫卫生时间、捡蛋时间、通风换气时间等操作时间保持相对固定。食槽、饮水器具数量要充足，摆放位置要合理，保证每只鸭子都能均匀采食和随时能饮到清洁的水。

（六）饲料更换要实行过渡

根据蛋鸭营养需要的特点，从 0 ~ 4 周龄、4 ~ 9 周龄、9 ~ 14 周龄和 14 周龄以上，都要为其配制符合该阶段饲养标准的全价配合饲料。在改变饲料时，应有 5 天左右的过渡期，否则极易引起鸭的消化不良，特别在产蛋高峰期更应注意使用。更换下一阶段饲料通常采取逐渐减少原来饲料数量，同时逐渐增加新饲料用量的方法，如第一天减少原饲料20%，同时添加新饲料20%，第二天减少原饲料的40%，同时添加新饲料的比例增加到40%，以此类推，直到完全采用新饲料为止。

（七）育雏期饲养管理要点

蛋鸭的育雏期指0～6周龄。提高成活率为主要目标。

（1）雏鸭选择　雏鸭应来自检疫合格的种鸭场的健康雏鸭。雏鸭应选按时出壳，眼突有神，喙爪光泽，绒毛蓬松，卵黄吸收良好，活泼喜动的。

（2）前期准备工作　参照舍饲肉鸭育雏期管理要点。

（3）温度管理　鸭舍内鸭背高处的温度应达到：1周龄32～27℃，2周龄27～20℃，3周龄20～15℃。应特别注意阴雨天及夜间的保温工作，注意空气流畅，干燥无贼风。但是，温度计上的温度仅供参考，雏鸭的表现才是最客观的。雏鸭在没有干扰的情况下，应该是很放松的，均匀分散在床铺上，四肢伸展。如果雏鸭站立、聚堆，说明温度不合适或雏鸭有病。

注意辨别雏鸭聚堆的原因。雏鸭聚堆有两种原因，一种是在温度低的情况下会聚堆，另一种是温度高时聚堆。但是这两种原因聚堆的方式不一样，温度低时的聚堆是趋向热源，而温度过高的情况雏鸭聚堆，雏鸭会远离热源，向有风处、凉爽处、墙壁周围聚堆。二者不难区别，应仔细观察，根据聚堆的原因及时采取相应的加热或散热通风措施。另外，雏鸭聚堆时，应及时分开，防止底部雏鸭"出汗"影响生长。

（4）湿度管理　为了防止雏鸭因长途运输脱水造成死亡，育雏3日龄内应适当提高湿度，1～14日龄相对湿度宜为65%～70%，14日龄后相对湿度60%～65%。育雏前期的湿度应该高一些为好，合适的湿度会平衡雏鸭的饮水量，使其不出现暴饮和脱水现象，对健康发育有利。合适的湿度也会很好地保持雏鸭呼吸道黏膜的完整性，减少大肠杆菌病和支原体病的发病率。

（5）饲养密度　1～7日龄每平方米饲养25～35只，8～14日龄每平方米饲养15只，3周龄以后每平方米饲养10只。夏季适当降低密度，冬季适当增加密度。

根据雏鸭饲养密度的要求，及时分群，并将鸭群按大小、强弱等不同分为若干个小群，每群300～500只为宜，作为一个小的喂食和管理单位。

（6）光照管理　进雏第一天23小时光照，第二天开始22小时光照，以后每日递减1小时至7日龄，8～21日龄17小时。光照强度为10～20勒克斯，要预备好后备电源和照明灯具，以防因停电造成雏鸭互相踩踏伤亡。

（7）饮水　雏鸭进舍后应尽早让它们喝上同室温差不多的清洁饮水，以避免脱水死亡。饮水中应加入电解多维及抗肠道病的开口药，也可以加入2%～3%的葡萄糖扶壮雏鸭。每50～80只雏鸭提供一个普拉松式饮水器，饮水器要有大中小三种型号。随着日龄的增长，按小中大的顺序及时更换饮水器。网上育雏也可以用乳头式饮水线，每20～25只雏鸭一个饮水乳头。

（8）喂料　雏鸭饮水1～2小时后，大多数都四处啄食垫料或围网等，便可开始喂食。现在开食料多为全价颗粒料，把颗粒料直接均匀撒在开食料盘内或厚塑料布上直接饲喂。一般每40只雏鸭设一个开料盘或1000只雏鸭设一个2米×4米的塑料布。7日龄内可自由采食，8～14日龄分顿饲喂，由每日6顿减少到每日4顿，15日龄开始每日三顿。

（9）通风　进雏3天后便可进行通风换气，通风应在保证温度的前提下进行，避免直接吹到雏鸭身体的"过堂风""贼风"造成雏鸭感冒。

（10）防鼠灭鼠　要做好防鼠灭鼠工作，避免因老鼠的咬噬造成雏鸭的伤亡、饲料的浪费及疾病的传播。进雏后应尽量采用挡鼠板（网）、粘鼠板、捕鼠笼等物理方法进行防鼠灭鼠，尽量避免投放鼠药特别是烈性鼠药进行灭鼠，以免雏鸭因误食鼠药造成中毒死亡。

（11）消毒　消毒是净化养殖环境，预防控制疫病的常用措施。应使用高效消毒剂，如季铵盐类、卤素类等可饮水消毒的消毒药，并定期更换。一般每隔 3 天带鸭消毒一次，每隔 6 天对场区进行一次全面消毒。消毒要不留死角，做到全面彻底。

（12）免疫接种　按当地动物卫生监督部门制定的免疫程序搞好免疫工作。重点做好鸭瘟、禽流感、禽霍乱疫（菌）苗的预防接种工作，推荐免疫程序：1 日龄注射雏鸭病毒性肝炎疫苗；8 ～ 14 日龄注射禽流感疫苗；20 日龄注射鸭瘟疫苗；60 ～ 90 日龄注射鸭瘟疫苗和禽霍乱疫苗。

（八）育成期饲养管理要点

育成鸭是指 7 ～ 16 周龄开产前的青年鸭。育成期是整个蛋鸭饲养过程中第二个重要时期，育成期蛋鸭具有体重增长快、羽毛生长迅速、性器官发育快和适应性强等生理特点。重点是要抓好整齐度，达到了体重均匀、体型均匀和性成熟一致，鸭群才会有理想的生产成绩，产蛋高峰上升快，高峰期产蛋率高，产蛋高峰期维持时间长，产蛋期死淘率低，下架体重大。

（1）分群与密度　分群可以使鸭群生长发育一致，便于管理。在育成期分群的另一原因是，育成阶段的鸭对外界环境十分敏感，尤其是在长毛管时，饲养密度较高时，互相挤动会引起鸭群骚动，使刚生长的羽毛轴受伤出血，甚至互相践踏破皮出血，导致生长发育停滞，影响今后的开产和产蛋率。因此，育成期的鸭要按体重大小、强弱和公母分群饲养。结合分群及时淘汰病、弱、伤、残鸭。舍饲平养蛋鸭分成 200 ～ 300 只为一小栏分开饲养。其饲养密度，因品种、周龄而不同。一般5～8周龄，每平方米地面养15只左右，9～12周龄，每平方米养12只左右，13周龄起每平方米养10只左右。

（2）光照管理　光照的长短与强弱也是控制性成熟的方法之一。育成鸭的光照时间宜短不宜长。蛋鸭育成期只利用自然光照，辅助以人工弱光照明。总的光照时间控制在17小时，光照强度在10～20勒克斯之间。

（3）饲料与营养　育成期与其他时期相比，营养水平宜低不宜高，饲料宜粗不宜精，目的是使育成鸭得到充分锻炼，使蛋鸭长好骨架。代谢能只能含有11.297～11.506千焦/千克，蛋白质为15%～18%。

由育雏料改为育成料，饲料更换要有过渡期，一般过渡期为5天，每天的替换比例为20%左右。喂料应遵循少喂勤添、定时定量、控制总量的原则。

（4）限制饲喂　鸭群体重必须均匀，体重均匀度应达到88%～90%，最低不能低于85%，绝对不能低于标准体重。特别在炎热的夏季，蛋鸭开产前往往达不到标准体重。如果低于标准体重就不能加光、不能换料。

限制饲喂一般从8周龄开始，到16～18周龄结束。整个限制饲喂过程是由体重（称重）、分群和饲料量（营养需要）三个环节组成，最后将体重控制在一定范围。生产上应根据鸭群的体重灵活掌握限饲，只有当体重超过标准时才进行限饲。限饲前必须称重，以后每周抽样称重一次，一般每群抽测5%～10%，按实际体重决定本周的饲喂量并维持一周，确保鸭接近标准体重，限饲后的平均体重超出标准的±2%，应酌情调整饲喂量。

限饲的方法有限量、限质和限时三种。限量就是将营养完善且平衡的日粮限量喂给。一般为每天喂给采食量的70%～80%，任鸭自由采食，或将自由采食改为按顿饲喂。如北京鸭8周龄时每天饲喂3顿，9周龄时为每天2顿。限质是使日粮的营养水平低于正常需要，不限时，任鸭自由采食。如喂给低蛋白的能量饲料，用饲料质量来控制其生长速度和性成熟，如北京鸭8周龄时，日粮中糠麸类饲料的比例为20%～25%，9～24周龄为30%～40%。限时就是采用完善和平衡日粮，根据其饲喂量，限制在一定时间内喂完。

限饲时要保证有足够的食槽。由于限饲，每次开食鸭抢食凶猛，如果采食空间小，就会出现"弱肉强食"的现象。弱鸭采食量过少，强鸭达不到限饲的目的，使鸭发育不整齐。

在限饲过程中，如果遇到接种、发病、转群、高温等，应及时转为正常饲喂。对发育不良的鸭及时采取措施，另行饲喂或淘汰。

（5）疾病预防　育成期要做好高致病性禽流感、鸭瘟的免疫工作，按时监测抗体水平，根据监测结果及时接种，保持鸭群的良好免疫水平，增强其抵抗力。

（6）精心管理　每天观察项目：鸭群活动、呼吸及粪便形态、分布情况，饮水、采食是否正常。发现病鸭后送检，查明原因，及时处理。采取笼养蛋鸭的，此时应上笼饲养。采用地面平养的，可在育成后期，即临开产前在母鸭群中适当放些公鸭，与母鸭一起饲养，这样可刺激母鸭的性欲和食欲，促使母鸭的性成熟进程，早日开产，一般每100只母鸭可以配2～3只公鸭。注意商品鸭在产蛋期、休产期、换羽期应将公鸭隔离，以免骚扰。

（九）产蛋期饲养管理要点

17周龄开始至淘汰，蛋鸭的产蛋可分为以下四个阶段：产蛋初期150～200日龄；产蛋前期201～300日龄；产蛋中期301～400日龄；产蛋后期401～500日龄。

产蛋期的管理重点是在环境的管理上，要创造最稳定的饲养条件，才能保证蛋鸭高产稳产，且蛋品优质，种用价值最高。给予蛋鸭最高水平的饲养标准和最多的饲料量。

（1）初期和前期

① 整群。进入产蛋前期，为便于饲养管理，可结合体重抽测，依据体重大小，对鸭子分别组群。若是种用鸭，不但要依据体重选留，而且要根据体型外貌、羽色等是否符合本品种要求进行选留。种公鸭还要检查阴茎发育程度及是否患有疾病，凡是体重小、杂色羽、体型外貌不符合品种要求及阴茎发育不良、患有疾病及伤残的，一律淘汰。作为育种个体记录，或是家系选育的公母鸭，都在选留后重新编号（带脚号或肩号），根据系谱分群，并做好各种记录等档案工作。

② 称重。在 17 周龄初，鸭群要空腹称一次体重，并每月至少抽测一次母鸭的体重，抽测的数量应占总群体数量的 10%以上，将测得的平均体重与该品种标准体重相比较，如超过或低于此时期的标准体重 5% 以上，应检查原因，并调整日粮的营养水平。如体重超过标准，可适当减少喂料量，防止鸭体偏肥，影响开产。如体重偏小，应适当增加喂料量。

增加或减少喂料量，掌握在 5% 为宜。对部分鸭体重超重和部分鸭体重偏低的实行集中管理，集中调整饲喂量，如对超重的应扣除超重部分鸭的 5% 饲料量，然后对体重偏低的增加5% 饲料量，以使整体达标。

③ 适合的公母性比。以饲养种鸭为主的家庭农场，应保证适合的公母鸭比例，提高种蛋受精率。轻型品种适宜的公母比例为（1∶10）～（1∶20），中型品种一般为（1∶8）～（1∶12）。我国麻鸭类型的蛋鸭品种，体型小而灵活，性欲旺盛，配种性能极佳。在早春和冬季，公母性比可用（1∶10）～（1∶20），夏、秋季公母比例可提高到（1∶20）～（1∶30）。在配种季节，应随时观察公鸭配种表现，发现伤残的公鸭应及时调出补充。

④ 饲料营养与饲喂。日粮营养水平，特别是粗蛋白要随产蛋率的递增而调整，并注意能量蛋白比的适度。促使鸭群尽快达到产蛋高峰，达到高峰期后要稳定饲料种类和营养水平，使鸭群的产蛋高峰期尽可能保持长久些。

此时期内白天喂3次料，晚上9～10时给料1次。采用自由采食制度，每只蛋鸭每日约耗料150克左右。

⑤ 预防脱肛。初产母鸭易发生脱肛，主要诱因有：母鸭饲养密度过大或母鸭过肥；母鸭开产后饲料量骤增；日粮中蛋白质含量过高，而维生素A、维生素E相对缺乏；光照不当；母鸭产蛋时突然应激和一些疾病方面的因素如输卵管炎、泄殖腔炎症等。因此，在初期一定要保持鸭舍环境的安静，控制母鸭的体重，控制日粮中蛋白质含量及饲喂量，采用合理的光照程序。脱肛母鸭一般无治疗价值，发生脱肛后应及时淘汰。

⑥ 日常管理。产蛋鸭要求环境安静，生后有规律。正常情况下，鸭子都是在深夜1～2时产蛋，此时夜深人静，没有任何吵扰。如在此时突然停止光照，则要引起骚乱，出现惊群。除产蛋以外的其余时间，鸭舍环境也要保持相对安静，谢绝陌生人进入鸭舍，避免各种鸟兽动物在舍内窜进窜出。

在管理制度上，何时喂料，何时休息，何时清粪，都要建立稳定的生活规律，如改变喂料餐数，大幅度换料或突然更换饲料品种，都会引起鸭群生理功能紊乱，造成停产减产的后果。

保持舍内垫草的干燥和清洁，及时翻晒和更换。地面平养的应及时摆放蛋窝，每日早晨及时收集蛋。作为种蛋的，尽快进行烟熏消毒和存入蛋库（室）。气温低的季节注意舍内避风保温，气温高的季节，特别是我国南方梅雨季节要注意通风降温。

此时期内光照时间逐渐增加，达到产蛋高峰期自然光照和人工光照时间应保持14～15小时。

⑦ 定期消毒。每周可用20%的生石灰乳或用2%的氢氧化钠或3%的复合酚（消毒灵）等对圈舍运动场进行消毒，饲槽及用具可用百毒杀等消毒。对饲喂的青绿饲料和饮水可采用0.02%高锰酸钾溶液进行处理。

⑧ 疾病预防。切实做好防疫工作。预防鸭瘟，可用鸭瘟

弱毒疫苗，成年鸭每次每只胸肌注射 1 毫升，成年鸭每隔 6 个月注射 1 次。也可用土霉素，按 100 只鸭用 25 万单位的土霉素 5 粒的剂量研磨混入饲料或溶于水中，2～3 周喂 1 次。

（2）产蛋中期　此时期内的鸭群因已进入高峰期产量并持续产蛋 100 多天，体力消耗较大，对环境条件的变化敏感，易引起换羽停产。这是蛋鸭最难养好的阶段。管理重点是细心照料，保持高峰产蛋率。

① 饲料营养。此期内的营养水平要在前期的基础上适当提高，日粮中粗蛋白的含量应达 20%，并注意钙量的添加。日粮中含钙量过高会影响适口性，可在粉料中添加 1%～2% 的颗粒状壳粉，并适量喂给青绿饲料或添加多种维生素。

日粮中适当添加小苏打可提高产蛋率和蛋壳强度，减少破蛋。日粮中添加 0.15% 氯化胆碱，可维持产蛋高峰的时间。

② 光照时间。光照总时间稳定保持 16～17 小时。

③ 温度控制。注意防寒、防暑和气候突然变化，防止温度忽冷忽热。舍温控制在 5～30℃ 范围内，低于 5℃ 时，要采取防寒保暖措施；超过 30℃，要加强通风，防暑降温。

④ 日常管理。日常操作程序要符合鸭的生活习性和规律，操作规程要稳定，不可任意更改，做好鸭舍通风换气，防止过分潮湿和氨气含量超标。保持合适的饲养密度，防止拥挤。避免在鸭舍内追逐捕捉病鸭，尽量避免对全群鸭的注射治疗，免疫接种应在开产前完成。要防止一切应激因素。

加强对鸭群观察，发现问题及时解决。此期饲养管理是否恰当，主要看产蛋率是否稳定在高峰期。此时期内，蛋重也比较稳定，稍有增加。如蛋重下降，则应究其原因，采取对策。体重也应维持初产时的水平，仍需定期称测。在日常管理工作中，还应细心观察下述情况。

一是观察蛋壳质量。蛋壳厚实光滑，有光泽，说明饲养管理较好；蛋形变长，蛋壳薄、透亮、有砂点，甚至产软壳蛋，说明饲料质量不好，特别是钙质不足，或维生素 D 缺乏，要及

养鸭家庭农场致富指南

时补充，否则会减产。

二是观察产蛋时间。正常产蛋时间为凌晨 2 点，若每天推迟产蛋时间，甚至白天产蛋，这也是不祥之兆，如不采取措施，将要减产或停产。

三是观察羽毛。鸭体羽毛光滑、紧密、贴身，说明饲料好；如果羽毛松乱，说明饲料差。应及时改善饲料质量，喂给全价饲料。

四是粪便。鸭的粪便如果是全白色，说明动物性饲料喂得过多，消化不良；如果粪便疏松白色少，证明动物性饲料搭配合理；粪便呈黄白色、青绿色或血便，表明鸭已患病，应及时诊治。

五是精神状态。如鸭子精神不振，行动无力，放出后怕下水，下水后羽毛沾湿，甚至沉下，说明鸭子营养不足，将出现减产或停产，要立即采取措施，增加营养，加喂动物性饲料，并补充鱼肝油（以喂鱼肝油较好，拌在粉料中喂，按每只每日给 1 毫升，连喂 3 天停 7 天；或每只喂 0.5 毫升，连喂 10 天）。产蛋率高的健康鸭精神好，下水后潜水时间长，上岸后羽毛光滑不湿，水珠四溅。

（3）产蛋后期　蛋鸭群经长期持续产蛋之后，产蛋率将会不断下降。管理的重点是保持鸭舍内小气候和操作程序的相对稳定，避免应激反应。尽量减缓鸭群的产蛋率下降幅度，使之不要过大。如果饲养管理得当，此期内鸭群的平均产蛋率仍可保持 75% ~ 80%。

① 饲料营养与饲喂。按鸭群的体重和产蛋率的变化调整日粮营养水平和给料量。如果有过肥趋势时，应将日粮中的能量水平适当下调，或适量增加青绿饲料，或控制采食量。

如果鸭群产蛋率仍维持在 80% 左右，而体重有所下降，则应增加一些动物性蛋白质的含量。如果产蛋率已下降到 60% 左右，并难于使其上升，无需加料，应及早淘汰。

蛋壳质量和蛋重下降时，补充鱼肝油和矿物质。

② 强制换羽。夏末秋初蛋鸭停产换羽，此时应采取人工强制换羽。方法是：头两天停食停水，第 3 ～ 5 天给水停食，第 6 天起喂正常料量的一半且供水，第 7 天恢复正常，以促使换羽快而整齐，使蛋鸭统一开产。

三、半舍饲蛋鸭的饲养管理要点

（一）分群与密度

圈养的规模可大可小，但每个鸭群的数量不宜太多，以 500 只左右为宜。分群时要尽可能做到日龄相同、大小一致、品种一样、性别相同。

饲养密度随鸭龄、季节和气候的不同而变化，一般可按以下标准掌握：4 ～ 10 周龄，12 ～ 20 只每平方米；11 ～ 20 周龄，8 ～ 12 只每平方米；21 周龄以后每平方米不超过 10 只。冬季气温低，密度可适当增加；夏季气温高，每平方米数量可适当减少。鸭子生长快时饲养密度略小些，鸭子生长慢时饲养密度略大些。

（二）饲料与饲喂

根据不同的气候条件和产蛋水平，配制不同营养水平的全价颗粒饲料，并要保证饲料品种多样化和相对的稳定，以满足产蛋的营养需要。

保持蛋鸭的合适体重，蛋鸭养得过肥或过瘦都不利于产蛋。要视鸭子生长发育的具体情况酌情处理（增减必需的营养物质）。如蛋用型品种绍鸭，正常的开产日龄是 130 ～ 150 天，标准的开产体重为 1400 ～ 1500 克，如体重超过 1500 克则影响其及时开产，应限饲，适当多喂些青绿饲料和粗饲料。尽量用青绿饲料代替精饲料和维生素添加剂，可占整个饲料量的

30% ～ 50%。对发育差、体重轻的鸭，要适当提高饲料质量，每只每天的平均喂料量可掌握在 150 克左右，另加少量的动物性饲料，以促进生长。

饲喂次数为每日喂 3 ～ 4 次，当母鸭产蛋率达 30% ～ 50% 时，每天喂 4 次；产蛋率在 50% 以上时，每日喂 5 次。夜间最后一次喂量稍多，以不剩料为宜。每次喂料的间隔时间尽可能相等，避免采食时饥饱不均。自己使用玉米、谷、麦等单一原料配制饲料的，要经粉碎加工后制成混合粉料，饲喂前加适量的清水拌成湿料生喂。在圈舍附近还要备有足够的沙砾供鸭群自由采食。

鸭在夜间有觅食和饮水的习性，夜里每次醒来，大多数鸭均会去采食和饮水。因此，夜间保证饲料和饮水的供应是十分重要的，尤其是水的供应。

（三）加强运动

促进骨骼和肌肉的发育，防止过肥。每天定时赶鸭在舍外运动场和水池进行活动。鸭群吃食后，春秋两季每天可下池洗浴 2 ～ 3 次，每次下水时间为 15 ～ 30 分钟；夏季每天下水活动次数不限，但要防止中暑。上岸时应晾干羽毛后再赶入圈舍休息。大雨、冬季风雨天不能外出活动时，每天应在圈舍内让鸭群得到适当的运动。

（四）预防惊群

产蛋鸭对环境变化很敏感，受惊后易发生拥挤、飞扑、狂叫等不安现象，导致产蛋减少或产软壳蛋。为提高鸭子胆量，防止惊群，养鸭场要建立一套稳定的作息制度。根据鸭子的生活习性定时作息，制定操作规程。形成作息制度后，尽量保持稳定，不要经常变更。同时在青年鸭时期利用喂料、喂水、换草等机会，饲养员多与鸭群接触。如鸭子吃食的时候，饲养员要站在旁边，观察采食情况，让鸭子在自己身边走动，才能提高鸭子胆量。如遇惊群时，饲养人员应立即吆唤鸭群，使其尽快镇静下来。

（五）合理光照

为了便于鸭子夜间饮水和防止惊扰及鼠害，让蛋鸭在夜间能更好地休息和产蛋，必须配备照明设备。每间鸭舍要备有电灯供夜间照明，要求每平方米 3 ～ 3.5 瓦的照度，保持弱光照明，过亮、过暗都会使鸭群躁动。每天早晚开灯时间与日出和日落时间相吻合，使光照和日照衔接，遇有停电时要用应急灯照明。保持每天 14 ～ 16 小时的人工照明时间，补充光照时间不能忽长忽短或照照停停，否则，将导致不良后果。在寒冷的冬季，实行人工补充光照后，只要能同时加强营养，注意保暖，鸭同样能获得可观的产蛋率。

（六）注意诱情

鸭的性欲越强，产蛋愈多。因此，产蛋鸭群中要配备足够的公鸭。小群饲养每 100 只母鸭配一只公鸭，大群饲养每 200 只母鸭配养 1 只公鸭，可提高产蛋率 5% ～ 8%。蛋用种鸭每 20 ～ 30 只母鸭配养 1 只公鸭。商品鸭在产蛋期、休产期、换羽期将公鸭隔离，以免骚扰。

在实践中，还应经常观察配种情况，如公鸭互相争夺配偶，影响交配，表明公鸭过多，应适当减少；如公鸭追逐母鸭配种而无互相争夺现象，表明公鸭数量适当；如母鸭追逐公鸭，则表明公鸭不足或性欲不旺，应及时补足。

（七）产蛋调教与管理

母鸭通常在下半夜开始产蛋，一般从半夜 1 点左右开始，到 3 ～ 4 时最多，至天亮时结束。春季和夏季产蛋时间较早，产蛋集中，冬季较迟，产蛋时间拖得较长。产蛋窝对于鸭产蛋有很大的影响，通常鸭刚开始产蛋时，喜欢选择干燥、避光的草堆，并且喜欢产的蛋聚堆。根据鸭的这一特性，可在开产时进行调教，在鸭舍的四周避光处放一些稻草，同时再放上几只蛋，这样鸭就会自然地到草堆上去产蛋，几天后就可养成择地产蛋的习惯，蛋面上也很少有粪便沾染，捡蛋也省力得多。

鸭舍的垫草要勤换，保持其干燥清洁，圈内四周可垫得厚些，供鸭产蛋用，既利于母鸭产蛋，也可避免弄脏鸭蛋。早晨捡蛋后，将舍内脏湿的垫草清出晾晒，再将四周的垫草撒在圈舍中间，傍晚鸭进圈舍前另加垫草准备产蛋窝。

（八）温度管理

夏季要增加鸭舍的通风，打开前后窗，降低鸭舍内的温度，还要保持鸭舍和运动场的干燥，不能在盆内喷水，以免造成高温高湿的不利环境。同时，在饲料中还应适当地降低日粮的能量水平，每天要早放、晚圈，增加鸭在运动场上停留在时间。白天让鸭避免长时间曝晒，中午一定要延长在阴凉处的休息时间，无雨的夜晚可让鸭群在运动场露宿，但鸭舍的门不要关闭，因鸭习惯于在舍内产蛋。在寒冷地区，冬季鸭舍内要有供热设备，用以提高舍温，并喂给鸭温水、温食，适当提高蛋鸭日粮中能量水平，增加鲜料和青绿饲料，以保证产蛋鸭的营养需要。

（九）传染病的预防

青年鸭主要预防的传染病有鸭瘟和禽霍乱。这两种病现在都有疫（菌）苗可以预防，免疫程序的具体安排是：60～70日龄注射一次禽霍乱菌苗；100日龄前后再注射一次禽霍乱菌苗。70～80日龄注射一次鸭瘟弱毒疫苗。对于只养一年的蛋鸭，注射一次即可；利用两年以上的蛋鸭，隔一年再预防注射一次。

四、稻鸭共生生产技术要点

稻鸭共生绿色农业生产技术就是按一定的密度栽插秧活棵后，将雏鸭一天24小时都放入稻田，通过提供动植物之间共生的良好环境，利用雏鸭旺盛的杂食性，吃掉稻田内的杂草和害虫；利用鸭在稻田里不间断的活动刺激水稻分蘖生长，产生中耕浑水增氧的效果；利用鸭粪作为高效有机肥料，以达到节省养鸭饲料，提高鸭肉品质，减少和不用无机化肥和农药，降低生产成本，生产出无公害、无农药残留的安全优质大米和鸭肉的目的。

（一）品种选择

稻鸭共生种养技术强调的是水稻和鸭子两者要共生共长，互惠互利，所以应优先将体型小、适应性广、抗逆性强、生活力强、田间活动时间长、活动量大、嗜食野生生物和肉质优等役用功能较强的肉蛋兼用型、蛋用型或杂交鸭作为首选品种。如江苏高邮鸭、江西红毛鸭、四川建昌鸭以及浙江、湖南、江西、福建的麻鸭等。而体型过大的鸭品种，会吃秧或压倒、压死秧苗，并且不善于运动，不适合在稻鸭共生技术中应用。

（二）放养密度

一般以0.2～0.5公顷的稻田为一个围网单元，每公顷放鸭225～375只，放鸭数量根据具体情况而有所增减。

（三）稻田准备

田区要选择水源充足、方便灌溉的地方，以保证插秧后的水层要求。为了防御天敌的袭击和防止鸭在田野里乱窜，在稻田的四周必须设置防护天敌和保护鸭子的防护网。防护网最好选择电围栏，其成本低、效果好，也可以采用一般的渔网。另外，为了防止强光照射和暴雨，在稻田的一角，应为鸭修建一个简易的鸭棚（视频6-5）。

视频 6-5 利用收获后的稻田地养鸭

（四）秧苗密度

水稻秧苗适合稀植，方便鸭子穿行。一般来说，行距27～30 厘米，株距20～23 厘米，每公顷栽插150 万穴，每公顷基本苗75 万～80 万根。

（五）放鸭时间

稻鸭共生生态模式具有严格的时间要求和操作步骤。在具体实践中，通常在插秧前准备购入鸭苗（1 日龄），并进行必要的育雏和驯水锻炼。可在鸭棚附近的稻田里围20～30 平方米的初放区，喂养2～3 天后再打开初放区的网门放入大田活动，目的是熟悉环境，为驯鸭和以后捉鸭作准备。为满足初期鸭的青绿饲料，可在稻田中投放些浮萍类水草。

大约在栽秧后10 天放鸭下田（鸭龄为7～10 日龄为佳），放鸭宜在晴天的上午9：00～10：00 进行。此后，鸭子与水稻"全天候"共生共长。直到约60 天后，即水稻抽穗时，再赶鸭出田，以防止鸭子偷食稻穗。

（六）训练与调教

一群鸭子，少则几百只，多则数千只，放在田里，没有经过指挥信号的调教，则很难控制。训练和调教要从雏期开始，用固定的口令或音乐训练，这种口令因地因人而异。从开始就建立良好的人、鸭关系，以便于进行规范化的管理。

鸭的听觉比较灵敏，对各种声音和管理人员的召唤声反应快速，很容易接受训练和调教。在正式放鸭入稻田前，可在喂鸭的时候进行信号调教，也可入稻田前在初放区进行信号调教。要用固定的信号和动作进行训练，使鸭群建立起听指挥的条件反射。

（七）饲喂管理

雏鸭放入稻田前是在育雏舍内以人工饲喂为主，当将其放入稻田后，就逐步转向在田间自由采食为主，根据具体情况辅以人工饲喂。前期补饲给雏鸭全价饲料，后期补饲成鸭配合饲料，也可用农副产品的下脚料进行补充，如秕稻、次麦等。

辅助饲料量的多少根据稻田内的杂草、水生小动物的数量以及鸭的生长情况来判断。如果鸭在稻田间采食不够，可以适当地补喂饲料。但是在人工饲喂的过程中，量一定要掌握好，如果饲喂得太多，就失去了稻鸭共生的意义，变成稻田养鸭，鸭在稻田间的作用就没有充分发挥出来。至于饲喂量如何确定，并没有严格的规定，只要根据平时观察的鸭子生长发育、在田间活动的情况等灵活调控就好。

当发现鸭子不容易安定下来，到简易鸭舍的次数增加，并且要食吃的情况比较厉害，感觉始终吃不饱，由此可以大致判断出稻田间的天然食物太少，已经不够鸭子吃，此时就可以适当地多喂些饲料，以补充食物的不足。当鸭子不怎么上来要食物吃，喜欢在稻田间自由地觅食，说明田间杂草、害虫、浮游生物种类繁多，营养丰富，可以不喂或少喂。

在日常管理中，还可以根据鸭子的体膘状况来确定人工饲喂量。正常情况下，稻鸭共生鸭的生长曲线应该与舍饲相同品种鸭的生长曲线基本相同。管理者要定期对稻鸭共生鸭进行体重称量，同时还要和舍饲同品种鸭相比较，从而判断出稻鸭共生鸭的生长发育状况，了解稻鸭共生鸭体质如何，根据掌握的情况来适当增减鸭的饲喂量。如果稻鸭共生鸭的体膘太瘦弱，相应地就缺少旺盛的活力，不能很好地完成所担负的繁重的田间各种工作，有时甚至会因此危及生命。如果将稻鸭共生鸭饲养得太肥，鸭子就会因为身体肥胖而变懒，活动量减少，不能很好地在稻田里寻找食物，消灭害虫与杂草的工作也不能更好地完成，稻鸭共生预期的效果不能达到。

每天应该有 1 ～ 2 次的食物投喂，这样可以为鸭子补充食物的不足，使其营养均衡，另外，在投喂的过程中也和鸭建立了很好的关系，有利于对鸭的管理。要固定投喂食物的地点，可以在简易的鸭舍内或靠近鸭舍的陆地上，这样，鸭子通过多次的取食，会很快地记住投喂地点，以后只要听到人呼唤的声音或是看到人来喂料，鸭子会很快地就从各个地方聚拢过来。

另外，管理人员在投喂饲料时，可以有目的地引诱鸭子到杂草较多而鸭子却去的少的地方。由于稻田地面不平整，有些地方会因为水浅，鸭子很少光顾，杂草茂盛，如果将饲料有意放在这些鸭子很少去的地方，召唤鸭子来觅食，连续几次，前来觅食的鸭子会将这些杂草清除掉。

（八）水分管理

稻鸭共生田间水的管理，既要考虑到水稻的生长需要，又要考虑到鸭的生长，尤其是鸭做工的需要。

稻鸭共生的水管理在栽秧后一直保持适当水层，绝不将浑水排出，水少时适当添进新水，随着鸭子的一天天长大，水层可以逐渐加深，稻田中应经常保持水深约 10 厘米，不能放水晒田。在鸭子从田间撤出后，待水淀清，才渐渐排水或让水自然落干，以后可采用常规的灌水方法。

（九）肥料管理

在稻鸭共生技术的实施过程中，理想的是田间不施用任何化学肥料作基肥或追肥。在地力不足时，可以施一些有机肥料。如是第 1 年推广该技术，由于鸭粪可能跟不上水稻生长需要，因而要施一定的基肥，一般每公顷施腐熟的有机肥15000 ～ 22500 千克，尿素 150 千克，过磷酸钙 375 千克，氯化钾 150 千克，化肥先混匀后施用，施后耕翻，再耙碎秒平。水稻抽穗前 18 天左右（幼穗长度 1 ～ 1.5 厘米），每公顷追施尿素 75 ～ 112.5 千克。也可结合该技术，在稻田中放入一些浮游植物，增加稻田肥力，为鸭提供青绿饲料。该技术连续实施几年后就可以不施肥料。

（十）病虫害管理

稻鸭共生技术对水稻主要的病虫害有着很好的抑制作用，但对三化螟造成的白穗危害，防治效果却不够理想。江苏采取的办法是应用频振杀虫灯诱杀螟蛾，从而减少落卵量。

（十一）日常管理

雏鸭入田后，刚开始阶段，要有个适应过程，此时，更要对雏鸭进行细致、精心地照顾与呵护，杜绝一切引发雏鸭伤亡的事情发生。要经常巡田观察，使用电围网防护天敌的，应检查电围栏工作是否能正常进行，测试电围网上的电脉冲，查看围网有没有围好，有没有鸭子从围网里钻出来或者被困在了围网上。雏鸭刚入稻田时，要观察有没有鸭子湿毛发抖的现象，以上各种情况，都要留心观察并且发现问题时要及时采取合理的措施来处理。

日常管理中不仅要经常巡田观察，还要每隔 4 ～ 5 天下田检查 1 次，在稻田间仔细观察水稻的生长情况，田里杂草、病虫害的发生状况，水面浮游生物的数量，还要注意观察鸭子在田间的活动、采食情况，查看是否有患病或死亡未被发现的鸭子，一旦发现立即处理，将生病的鸭子带回诊治，等痊愈后再放入稻田内。已经死亡的鸭子，要将其尸体拣出深埋或者焚烧等无害化处理。

五、笼养蛋鸭技术要点

（一）鸭舍要求

鸭舍应具有良好保温防暑条件，以利于冬季防冻，夏季降温。笼养蛋鸭的鸭舍宜采用砖瓦结构有窗式保温鸭舍，鸭舍高度4～5米，屋檐距离地面不得低于2米，这样有利于鸭舍的保温和通风，鸭舍的两面墙要安装可开闭的活动窗户，窗户南面大北面小，南窗面积在1.5平方米，北面窗户面积1平方米，间隔3～5米安装一个，南北窗户位置相对应。鸭舍的一端安装排风扇，有助于鸭舍内空气的流通，鸭舍地面以水泥地面为最佳。

（二）笼具要求

蛋鸭的笼具样式和摆放与蛋鸡的笼具大致一样，一般每个单笼长45～50厘米，宽40～45厘米，高40～45厘米，笼底坡度为6°～8°。伸出笼外的集蛋槽向外延伸15～20厘米，前端高出5厘米，以防鸭蛋滚落地下。笼门前开，宽25厘米，高40厘米，下缘距底网留出6厘米左右的滚蛋空隙。笼底网孔径2.2厘米，纬间距6厘米，为减少对蛋鸭损伤和有利于蛋鸭站立，可在笼底上再铺一层塑料底网。每个单笼可养2只蛋鸭，每层4门一组笼具可养蛋鸭8只。

组合形式有阶梯式、半阶梯式和重叠式。常见的有3层阶梯式或3层重叠式，每组可饲养蛋鸭48只。为防止上层笼内的鸭子粪便排到下层笼内的鸭子身上，在每层笼子的底部安装接粪板。笼具摆放根据鸭舍空间确定，可按照2排3过道或3排4过道等方式摆放。

笼上挂乳头式饮水器和饲料槽，料槽平行挂在鸭胸部高的水平位置上。利用乳头式自动饮水系统为蛋鸭提供饮水。可以采用自动上料系统和机械清粪系统等来提高饲养效率（视频 6-6）。

（三）品种选择

笼养蛋鸭要选择体型小、成熟早、耗料少、产蛋多、适应性强的品种，如卡叽 - 康贝尔鸭、樱桃谷鸭、绍鸭、金宝鸭、荆江鸭、宜春鸭和中山鸭等。为了提高经济效益，要选择健壮、无病、大小整齐的青年鸭进行笼养。这样，鸭上笼后，经半个多月的适应期即可陆续产蛋，每年春秋两季为高产期。成年母鸭第 1 年产蛋率最高，第 2 年留优去劣，淘汰更新 50%，第 3 年全部更新。

（四）上笼准备

在上笼前彻底消毒。上笼后一周一次消毒（饲养员通道）。在每个鸭舍前最好有个小型消毒池。

（五）上笼管理

70 ~ 90 日龄上笼，上笼要选取体格好、身体健康的蛋鸭，切莫在雨天上笼，免疫后等一段时间再上笼。一个笼子 2 只，3 只会引起产蛋量下降。

上笼后的前一周是关键时期，管理至关重要。蛋鸭上笼应激较大，最容易出现不会喝水的问题，鸭子死亡数量较高，主要是脱水而死。因此教鸭子喝水显得尤为重要，要手把手地教会鸭子喝水。具体方法是把鸭头放在饮水处至少半分钟，一天三次。

每天清理一次粪便。根据蛋鸭品种性成熟特点确定光照制度，一般达到 90 日龄后增加光照，每周增加半小时，直到

16.5 小时。饲养员需固定不变，以防应激。

免疫后需等一段时间再上笼。上笼后，在产蛋期每日光照时间、饲料品质应维持稳定。

（六）饲料及喂料

蛋鸭饲喂普通配合饲料。100 日龄内，每只日喂 125 克，100 日龄后，逐渐增加喂料量至 175 克，保持不变。冬天要补充鱼粉等动物性饲料。

自己配制饲料的，谷物饲料（以玉米或稻谷为主）占 50% ～ 60%、饼类饲料（以豆饼、菜籽饼为主）占 10% ～ 20%、蛋白质饲料（以鱼粉和黄豆为主）占 10% ～ 15%，还要添加贝壳粉 1%、食盐 0.3% 和多种维生素 0.2%。

喂养方法可以湿喂，饲料粉碎后加水拌匀，以手捏成团、松手即散为度。每日饲喂 4 ～ 5 次（从天亮到晚上 9 ～ 10 时），夜间最后一次喂的量稍多，以吃饱不剩为准。休产期的蛋鸭群日喂 2 次，每隔半月喂 1 次沙砾，每只每次饲喂 10 克。

（七）温度控制

根据季节变化要适时调节笼温。即春保温——日通风、夜保温；夏降温——昼夜通风，炎热天气还应在舍内洒水降温；秋防暑——增喂青料，降低体温；冬防风——修好鸭舍，防风保温。

（八）补充光照

夜晚补充光照，可有效防止鸭的性早熟，延长产蛋期。开始光照时每昼夜不少于 14 小时，以后逐渐增加至 16 小时。同时，根据自然光照的长短，按夏弱光（15 ～ 25 瓦的电灯泡照光）、秋常光（25 ～ 40 瓦电灯泡照光）、春冬增光（40 ～ 60 瓦电灯泡照光）的原则调节。值得注意的是，变动光照时要逐渐进行，使鸭有一个适应过程。

（九）强制换羽

入秋以后，为了提高产蛋率，缩短鸭的休产期，降低饲养成本，可进行人工强制换羽。具体做法是：第 1 天停水停食，第 2 天和第 3 天停食供水，第 4 天停水供食，并拔除鸭的双翅尾部的全部羽毛，第 5 天恢复正常饲养管理。强制换羽的鸭经15 ～ 20 天饲养即又开始产蛋。

（十）定期驱虫

蛋鸭上笼 20 天驱 1 次蛔虫，停产换羽期间驱蛔虫、鸭虱各 1 次，入冬以后再驱 1 次蛔虫。

（十一）鸭病防治

鸭病一年四季都有可能发生，所以要坚持"无病先防、有病早治、防治并举"的方针。预防鸭瘟主要是在搞好卫生（每隔 10 天左右清理 1 次粪便）的同时，每年春、秋两季及时注射鸭瘟疫苗（在休产前注射最好），每只注射 2.5 ～ 3 毫升；鸭霍乱可注射藏氏疫苗，预防量每只注射 3 毫升，治疗量每只 5 毫升。笼养要注意鸭软脚病的防治，一旦发现症状不要让病鸭多睡，适当驱赶其走动，并用缝衣针扎鸭脚上的小红盘（不能扎粗筋）即可治愈。平时用磺胺二甲嘧啶或磺胺噻唑按0.5% ～ 1% 的比例拌入饲料中连喂 3 ～ 5 天，停 10 天后再喂，可有效防治鸭痢病。

（十二）产蛋后期

种母鸭一般是每二年至三年更换一次，因为第一年产蛋量最高，次年下降 10% ～ 15%，第三年再下降 15% ～ 25%，三年以上鸭所产的蛋，受精率和孵化率显著降低，雏鸭发育不好，死亡率也高，所以，到第四年母鸭应予淘汰。肉用种母鸭的利用年限应比蛋用鸭短，一般至三年予以淘汰。蛋用种公鸭的配种年限一般为 2～3 年。肉用种公鸭一般为 1～2 年。将要淘汰的蛋鸭单独放养一段时间，待体况毛色恢复后再出售。

六、番鸭的饲养管理要点

番鸭喜暖怕寒，炎热夏季其生产性能不受影响，而冬季生长性能和产蛋性能受到一定程度的影响。这一生活习性使得番鸭非常适合我国南方地区饲养。番鸭喜欢在水中浮游嬉水，但不善于在水中长时间游泳，适合在陆地饲养，有"旱鸭"之称。番鸭安静驯良，行动笨拙，不爱活动，吃饱后常静止不行，呈卧伏状，有时单脚着地，把头伸到翼下，呈"金鸡独立"状。番鸭具有飞翔能力，尤其是母番鸭，能短距离飞翔。母番鸭性情温驯，合群性强；公番鸭性情粗暴，性成熟后与异群公鸭间打斗凶猛。番鸭喜欢过群体生活，适宜大群集约化饲养。可水养、陆养、圈养和牧养，育雏期后，实行草地放牧或就地露宿，大多采用放牧结合舍饲补料方式饲养。采用"全进全出"饲养制度，同一幢鸭舍在同一时间里只饲养同日龄的鸭，并在同一时间全部出场。这种饲养制度简单易行，饲养管理方便，易于控制环境条件。

番鸭生长快，黑羽番鸭 70 日龄公母平均体重 2 千克。番鸭两性的体型、体重差异大，成年公番鸭体重 3～5 千克，成年母番鸭体重 1.8～2.25 千克。公鸭 30～32 周龄达到性成熟；母鸭 28～30 周龄达到性成熟，年产蛋 80～120 枚，蛋重 70～80 克/枚，孵化期 35 天。

（一）育雏期饲养管理

雏鸭是指 5 周龄内的番鸭，这是决定番鸭饲养成败的关键阶段。

1. 雏鸭的选择

按番鸭的羽色不同，有白番鸭、黑番鸭和黑白花番鸭之分。在采购雏鸭时，根据产品用途，如供厂方加工或分割的宜选白番鸭，供活鸭零售的宜选黑番鸭或黑白花番鸭。同时，为保证雏鸭质量，应尽可能向持有种畜禽生产经营许可证的种鸭场采购。

2. 温度管理

番鸭育雏根据环境温度情况，一般采用人工给温或自温。群养育雏保温多采用红外线灯。一般每盏 250 瓦红外线灯可保温 100 ～ 120 只雏鸭。室温控制标准为：接雏后到 3 日龄温度为 27 ～ 30℃；4 ～ 21 日龄为 24 ～ 27℃；21 ～ 28 日龄为 22 ～ 24℃；28 日龄后 20℃。具体施温还要根据雏番鸭行为和分布情况进行调节。

3. 湿度管理

1 周内湿度在 70% 左右，保证饮水量和相对湿度，但要相应地保持垫料的干燥，避免病菌和寄生虫的繁殖。

4. 光照管理

采用自然光照与人工光照相结合。1 周龄保持 24 小时连续光照。2 周龄每天 18 小时光照，2 周龄后每天 12 小时光照。

5. 密度管理

1 周龄雏鸭每平方米饲养 25 只，3 周龄时每平方米饲养 15 ～ 20 只，此后一般每平方米饲养 8 只，每群 200 ～ 250 只。

6. 饲料营养

饲料要求采用全价颗粒饲料。0 ～ 3 周龄时饲料颗粒直径不大于 1.5 毫米，代谢能 12.14 ～ 12.56 兆焦 / 千克，粗蛋白 19.50% ～ 22%；4 周龄以后全价饲料颗粒直径 3.5 ～ 4 毫米，代谢能 11.70 ～ 12.56 兆焦 / 千克，粗蛋白 17% ～ 19%。1 ～ 4 周龄雏番鸭的一般饲料配方为：玉米 50%，次粉（面粉）10.8%，无机盐 3.65%，豆饼 31.6%，鱼粉 3.6%，添加剂 0.4%。

7. 开水和开食

出壳鸭苗要求先开水后开食，第 1 次饮水不超过出壳后 24 小时，先饮用 0.01% 高锰酸钾溶液或百毒杀溶液 1 ～ 2 天，然后在饮水中加适量强力霉素等药物，以增强体质和预防疾病。开食时把饲料放在大浅盘里或塑料布上让番鸭自由采食。

8. 日常管理

鸭舍光线要充足，夜间人工光照，到 4 周龄后完全自然光照。不管是地面饲养还是网上饲养，饲养雏鸭的场地都要垫上稻草或麻布，经常更换，始终保持清洁干爽。

9. 番鸭雏的特殊管理

番鸭身体某些部位的特殊生理结构，如发达的喙豆、坚硬的脚爪尖、骨骼结实而善飞的翅膀，往往有碍于管理，所以需要采取特殊的措施。

（1）断喙　番鸭在 3 ～ 7 周龄和换羽期间极易发生啄羽、食羽现象。解决的办法是在雏番鸭 2 ～ 3 周龄时断喙。用鸭专用的切喙器，也可用剪刀，切喙器或剪刀用前要烧灼，在鸭嘴豆的中部切除。为防止出血，切喙前喂少量维生素 K。对留种用的公鸭不宜断喙，可喂给含硫氨基酸的饲料，即饲料中添加 0.2% ～ 0.4% 的石膏粉；疏散鸭群密度；缩短光照时间和降低光照强度等办法来预防。

（2）断爪　番鸭趾爪坚硬锋利既易伤鸭，又易伤人，故在断喙之时也应将爪子同时切去，方法和用具与断喙相同。留种的雏鸭只断母雏，不断公雏。

（3）切除翅尖骨　为防止番鸭飞翔，在番鸭 2 或 3 日龄时可将翅骨末端骨节切除，使其身体失去平衡难以离地高飞。

（二）育成期饲养管理

5 ～ 24 周龄为育成期，此期番鸭对外界环境适应力增强，饲养管理的好坏直接影响到种鸭的产蛋性能及种蛋的受精率。育成期的番鸭生长迅速，发育旺盛，各类器官发育完成，脂肪沉积增多，易引起过肥，气候对产蛋量有很大影响。在育成期的中后期生殖系统开始发育至性成熟时，要正确处理好"促"和"抑"的关系。

1. 温度管理

舍内温度 15℃以上。

2. 光照管理

光照总要求是：时间只能变少不能增加，强度只能降低不能增强。6 ～ 10 周龄光照时间为 12 ～ 13 小时；11 ～ 20 周龄为 9.5 ～ 12 小时；21 ～ 25 周龄为 9.5 ～ 11 小时。

3. 饲喂

从雏鸭舍转入育成舍的前 3 ～ 5 天，将雏鸭料调换成中雏料，使鸭子慢慢适应新饲料，转舍前不喂饲料，使鸭子空腹转舍。

育成番鸭消化能力增强，采食量大，耐粗饲，除每天增加全价饲料用量外，还应补充青草、青菜等青绿饲料。

4. 称重

从 4 周龄开始，每周每栏随机抽取 5% ～ 10% 的番鸭称重，以确定下周投料量，避免过肥。

5. 饲养管理

管理上应将番鸭公、母分开，再按大小强弱分为几个小群饲养，随日龄增大不断调整密度。每群以 100 ～ 300 只为宜，每平方米可养 5 ～ 8 只。此阶段番鸭开始换羽，易出现啄癖，应注意断喙和遮光。番鸭虽然有"旱鸭"之称，为促进生长发育，大群饲养也只需小面积水池或水盆供其饮水即可，每天定时洗浴。但必须注意饮水的清洁卫生，且不能间断。保持圈内清洁干燥，运动场上设置沙砾小盘。

（三）育肥期饲养管理

番鸭的育肥时间，应根据个体的差异和生长发育的快慢来决定，太早会影响正常发育，太晚则降低饲料转化率。一般在 50 ～ 60 日龄开始育肥，育肥 20 ～ 30 天，当皮下与腹内脂肪沉积形成时出售。期间管理措施如下。

（1）饲料　饲料最好喂直径 3 ～ 5 毫米的颗粒料，用半干半湿的混合粉料也行。适量喂些青绿饲料。

（2）饲喂管理　饲养管理用常备料箱任鸭自由采食，也可以自制料槽，每 100 只鸭占 1.5 ～ 2 米长饲槽。后者一次性加料不能太多，占饲槽深度 1/3 即可。饲喂颗粒料，每群鸭放置 3 ～ 4 个沙盘。喂粉料，在粉料中加 1% 直径 2 ～ 5 毫米的沙砾。

（3）充足饮水　供给充足的饮水，用饮水器或自制的饮水槽均可，但水深应没过鸭眼，以便鸭把头浸入水中清洗眼的分泌物。如有洗浴水面，应尽量提供洗浴机会。

（4）光照管理　生长肥育期光照不宜过强，采用 5 勒克斯的低照度（1.5 瓦 / 米^2，灯距鸭床 2.4 米），对增重和避免啄羽均有利，白天利用自然光，夜间持续照明。

（5）公母分群饲养　由于公母鸭的生理特点有所不同，它们对生活环境、营养条件的要求和反应也不一样，所以提倡公母鸭分群饲养，以便于管理。

（6）日常管理　尽量减少鸭子运动量，降低体力消耗，节约饲料，缩短育肥期。在整个饲养期内，避免圈舍过于潮湿、饲养密度过大、光照过强或日粮中某些营养成分不足，否则会出现啄羽现象。

（7）疾病防治　鸭舍应经常保持清洁，定期严格消毒。

在番鸭饲养过程中，常发病为细小病毒病、鸭病毒性肝炎和啄羽癖。为了贯彻预防为主的原则，通常采用以下预防方法。

① 细小病毒病用雏番鸭细小病毒疫苗，于 3 ～ 5 日龄时免疫接种，每羽皮下或肌内注射 0.3 毫升。

② 鸭病毒性肝炎用其弱毒疫苗进行主动免疫，或在发病初期用卵黄抗体进行紧急被动免疫。

③ 啄羽癖在群养番鸭的羽毛快速生长期，推广应用及早添加微量元素，剂量要比常规大 1 倍，即每千克饲料中添加 1 克，拌匀。

（8）出栏上市　育肥到 10 周龄时公番鸭体重达 3.5 ～ 4 千克，母番鸭 1.5 ～ 2 千克，即可上市。

（四）种番鸭的饲养管理

1. 开产前的管理

（1）适时转群　我国番鸭配种年龄在 170 ～ 190 日龄，较法国番鸭早一个多月。种番鸭要在开产前24周龄左右转入产蛋舍，以利于番鸭有足够的时间熟悉新环境。转群应在傍晚或夜间进行，注意减少不必要的伤亡。

（2）选留组群　应选留体大健壮的公、母番鸭作后备种鸭，选留体重2～3千克母番鸭，同龄公鸭4～5.5千克，公母比例（1∶6）～（1∶8）组群。

（3）预防免疫　产蛋前按防疫程序进行一系列疫苗注射。

（4）更换产蛋日粮　后备种鸭应限制饲喂，降低饲料营养水平，适当控制体重。种母番鸭产蛋前体重可控制在2.3～2.8千克，同龄公番鸭则为4～5千克，日粮代谢能11.29～11.70兆焦/千克，粗蛋白14%～16%，每只鸭每天用料100～150克，喂青料25～50克，临开产时，可适当增加日粮粗蛋白和代谢能水平，以便逐渐过渡到产蛋期营养水平，保证产蛋期有较高的产蛋量。日粮应逐步更换，将限饲调整为每天饲喂，以后根据产蛋率的变化正确把握喂料量。

2. 产蛋期饲养管理

（1）合理分群　按品种一致、日龄一致、体重一致原则分群，种番鸭以200～300只为宜，密度为5～7只每平方米。

（2）备足产蛋箱　产蛋箱内垫好稻草以减少破蛋。大群饲养可将鸭舍围起来，直接把稻草垫在地上就成了平地"大产蛋箱"。注意预防番鸭抢窝，最有效的办法是将抱窝鸭频繁转换鸭舍，每栏舍内只停留2昼夜就转走。注意转舍必须在傍晚进行。

（3）不同产蛋期的管理　初期和前期重点是提高饲料质量，适当增加饲喂次数，尽快把产蛋率推向高峰；中期重点是保障高产稳定，日常操作固定；后期重点是根据体重和产蛋率情况确定饲料供给量，多放少关，促进运动，保持环境温度。

（4）水浴与水池管理　种鸭水浴与配种运动场内的水浴

沟每天应清扫 1 次，若为流水，则 2～3 天清扫 1 次。放水深度要比中鸭满些，鸭喜在水中交配，交配时间多集中于下午3～5 时，故此时放鸭入水最宜。

（5）四季管理　春季天气渐暖，是母番鸭盛产期，各种微生物也易滋生繁殖，因此，要对圈舍进行一次彻底消毒，减少疾病发生。同时喂以含高蛋白和高能量日粮，保障母番鸭以最快速度进入高产期。夏季主要是防暑降温，早晚多喂料，供给清洁的饮水。秋季产蛋率开始下降，可进行人工强制换羽。冬季主要是防寒保温。

（6）鸭舍清洁卫生及疾病防治　一般每周至少换垫料一次，每次铺以新垫料时切勿忘记在地面上撒石灰粉，注意鸭舍干燥通风。定期对鸭舍周围环境用烧碱、复合酚、生石灰等消毒液进行全方位彻底消毒。另外，大群饲养特别是种番鸭要注意定期接种，预防鸭细小病毒病、鸭瘟、雏鸭病毒性肝炎、禽霍乱等疾病，要根据本地疫病流行情况，制订适宜的免疫程序和防病措施。

（7）强制番鸭换羽　番鸭经过较长时间产蛋后，体质变弱则会停产换羽，如任其自然换羽，全程需 3～4 个月，为提高经济效益，必须缩短休产时间，采取人工强制换羽办法。强制换羽可根据产量具体情况下于 50～53 周龄开始进行，具体措施：公母鸭分栏饲养，停料，不限饮水。冬季停料 4～5天，夏季 6～8 天，停料结束后，改喂换羽期饲料，每千克饲料代谢能为 11.33 兆焦，含粗蛋白 12%、钙 1.4%、有效磷0.45%。60～63 周龄时喂产蛋料，给料量逐渐增加到 65 周龄时的每只 180 克（公母平均）。以后逐渐过渡到自由采食。在强制换羽执行开始 1 周后，将光照逐渐减至每天 8 小时，照度为 5～10 勒克斯，到实施 9 周时逐渐增加光照时间，直至增到 16 周时的每天 16 小时，一直恒定下去，且照度也随光照时间的增加而逐渐增到 50～70 勒克斯。公母鸭一般在6 周时按配比合群。正常情况下，换羽期鸭的死亡率仅为 3%

左右。

（8）种鸭利用年限　种公鸭利用年限为 1 年～ 1 年半，母鸭为 2 年。

七、塑膜大棚养鸭技术要点

（一）饲养方式

棚内可实行笼养，也可以实行地面垫料平养或网上平养（视频 6-7）。如采用网上饲养时，网床底部距离地面高度 40 ～ 50 厘米，可用现成竹排或角铁焊制，在网架上铺设塑料垫网以增加弹性。网床上摆放料槽或水槽，也可以安装乳头饮水器及自动饮水线。如采用地面垫料平养的，水槽、自动饮水线、料槽与网床安装方式一样。

视频 6-7 塑料大棚养鸭

（二）调节温度

塑膜暖舍内的温度必须进行人工调节。在高温季节，根据实际生产测定，养鸭后大棚内的温度常比大棚外高 7 ～ 13℃。因此必须做好防暑降温工作，可采取降低饲养密度，增加饮水器，打开通风窗，设置遮阳网等方法。冷天，除天窗外，应将所有开口处用塑膜封严，以达到保暖的目的，同时用火炉给棚内增温。在棚上覆盖草帘、棉被等进行保温。

（三）通风换气

塑膜暖舍一般封闭较严，特别是冷天鸭在舍内滞留时间较长，排污物增多，致使有害气体含量增加。采取的措施主要有：一是调整饲养密度，塑膜暖舍多采用密集饲养法，当舍内氨气味道较重时要对鸭群密度作适当调整。二是适度通风换气，可在下午 2 时左右，将暖舍上覆盖的薄膜底部部分卷起或打开门窗，以排除有害气体、尘埃和微生物，但必须防止冷空气直接吹到蛋鸭身上，还要在掀开塑料薄膜的部分围以塑料网，防止地面平养肉鸭或蛋鸭外出。三是净化暖舍环境，鸭舍要勤打扫，清除积粪，保持清洁卫生。此外，晴好天气要让鸭子多出舍活动，呼吸新鲜空气。

（四）控制湿度

鸭喜欢干燥的栖息环境。秋冬季节，塑膜大棚舍内的相对湿度比较高，此时除了要勤换垫料外，在太阳光照充足时还应打开天窗排除湿气，同时将鸭群放出舍外活动。在雨季来临之前检查棚膜是否有破洞，出现破洞要及时修补。疏通舍外排水沟，保证多雨季节棚舍不漏雨、地面无积水。

（五）疾病预防

在暖舍的入口处应设立消毒池，场地、舍内、食具要定期消毒灭菌，并按程序做好疫苗接种，严防传染病的发生。平时要加强观察，一旦发现病鸭，应及时隔离治疗。塑膜大棚鸭舍养鸭要在做好鸭病毒性肝炎、鸭瘟和禽流感等疫苗接种的同时，做好防止中暑和氨中毒等工作。夏季气温高、天气炎热，如果棚内通风不良或太阳直射鸭体，可引起中暑。预防的办法是保持棚内通风凉爽，避免太阳光直射，大棚要有良好的遮光设施。预防氨气中毒的办法是平时定期清除粪便。地面平养一般 2～3 天清除一次，加强通风换气，尤其是气温低时，在保温的同时要注意通风。

（六）棚舍维护

要注意维护大棚，确保固定牢靠，以免夏季大风吹动塑料膜或遮阳网引起应激，甚至将大棚带走。

八、鱼池养鸭高产技术

（一）池塘选择

鱼鸭配套的池塘要选择在无污染、水质良好、水源充足、交通方便的地方（视频6-8）。池塘东西走向最好，长宽之比为（2∶1）～（3∶1），池基内坡（1∶2）～（1∶2.5），塘底要求平坦，可略向排水口的方向平缓倾斜，以利干塘。对沙土埂、土质较松池埂及新开挖鱼池应修筑护坡。池塘面积以3～7亩（1亩=667平方米）为好，水深1.5～3米。池塘应设有分开进、排水和拦鱼设施。鱼塘中养鸭后，鸭粪易造成水质过肥，容易使鱼感染疾病或发生泛塘。所以，鱼池要能根据水质变化情况随时进行调节。条件适宜的河沟、湖泊、水库也可养鸭。

视频6-8 鱼池养鸭

选用成鱼池和2龄鱼种池，体长4厘米以下的鱼，体型小，游动较慢，容易被鸭子吞食，因此，1龄鱼池一般不宜放鸭。应以养殖罗非鱼为主，其次为滤食性鲢鱼、鳙鱼和杂食性鲤鱼、鲫鱼等。不宜放养草鱼、团头鲂或青鱼，因这些鱼喜爱清静水体，故应不放或少放。水深1米以下的小型浅水塘不宜鱼鸭混养，因为鸭群会搅动塘泥，造成浑水，使鱼浮出水面而被吞食。

（二）混养方式

鱼鸭混养主要有3种方式。

一是放牧式。即将鸭群散放于池塘或湖泊水面，这种方式有利于大水面鱼类养殖，也可节省一部分鸭饲料，但对鱼增产效果不大。

二是塘外养鸭。即在鱼池附近建鸭棚并设置水泥活动场、活动池，每天将活动场上的鸭粪、残余饲料冲洗到鱼池中。这种方式便于鸭群的集中管理，但不能充分发挥鱼鸭共养互利的长处。

三是直接混养。用网片在鱼塘的坝埂内侧或鱼塘一角，隔成一个半圆形的鸭棚，作为鸭群的运动场和运动池，把鸭直接放养在鱼池内。鸭棚朝向鱼池的一面，并留宽敞的棚门，便于放鸭子下水和清粪（视频 6-9）。这种方式能较好地发挥鱼鸭共生互利的生态效应，是国内常见的鱼鸭混养方式。

（三）混养比例

鱼池养鸭一般以每 667 平方米鱼塘配养 50 ～ 60 只鸭为宜，若放鸭过多，鸭粪沉积，水色过浓，会造成鱼塘缺氧，甚至造成鱼种死亡；若放鸭过少，则水色淡，产生的浮游生物少，耗料多，也会影响鱼塘的经济效益。

鱼塘里宜放养上、中、下三层鱼，分层吞食饵料，避免浪费。养鸭鱼池如以鲢、鳙鱼为主，每 667 平方米可投放鱼苗 50 ～ 75 千克，1000 ～ 1500 尾。

（四）养鸭管理

1. 放牧时间

雏鸭 7 日龄以后，即可开始下水放牧，放牧时间由少到多，逐渐延长时间，边下水放牧边调教。

2. 饲喂

每次下水前和入舍后喂给营养全面的饲料。经常观察鸭粪，如发现鸭粪中有未消化的营养物，应暂停投喂饵料，既可节省饲料，又可防止水质过肥。

3. 鸭棚建设

鸭棚应选择坐北向南，地势较高，阳光充足，比较干燥，池埂坡度平缓，有利于鸭苗落塘上岸行走觅食的地方。冬季能密封保温，夏季能通风降温，雨季排洪排水良好。每间鸭棚面积 120～150 平方米，另设两个鸭群活动场所，一是网围鱼塘一角作为鸭群觅食生长活动场所，为便于鸭群集中管理，可用旧网片、纱窗布等材料围一部分鱼池作为鸭的活动池，以每平方米水面养 2～4 只鸭为好，网片高度在水面上下各 40～50厘米，以便鱼儿自由进出。二是围鸭棚附近一段池基或池坡地面作为活动场。

（五）养鱼管理

1. 清塘

鱼种下塘前，要对所用池塘进行消毒，每 667 平方米用生石灰 70～100 千克，用水化成浆后立即均匀泼洒全池。

2. 鱼种消毒

鱼种下塘时，用 3% 的食盐水和敌百虫粉溶液浸浴鱼种 5分钟，也可用高锰酸钾溶液浸浴。

3. 投喂

要投喂适口的全价配合鱼用饲料，日投喂可按鱼类总体重的 2%～5% 计算。

4. 水质

水质要保持肥、活、嫩、爽。如果水质透明度降低，就要及时注冲清水，一般每隔 7～10 天一次。

5. 勤巡塘

做好防逃、防病、防汛、防盗等工作。

（六）鱼病和鸭病的预防

在鱼塘中，每亩可用二氧化氯、漂白粉1千克或生石灰15千克，均匀地施放。对鸭子，应定期注射疫苗。

要经常进行鸭舍消毒，防止鸭病原传入水体，使鱼发生间接感染。

九、果园养鸭技术要点

果园养鸭是改造杂草丛生、管理粗放、虫害严重、适龄不结果或低产低效果园为优质高效园地的一项有效措施。种养结合，使果树和鸭子互利共生，可降低种养成本，提高种养业的经济效益。

（一）园地选择

鸭子行动笨拙，不能上树啄食，为果园低栏放牧提供了保证。凡是土壤和水源条件较好，主干较高或老龄的苹果、梨、杏、山楂、柿树、核桃等园地均可放养。放养的鸭子可起到控草的作用，鸭粪可为果树提供优质肥源。

（二）品种选择

应选用抗逆性强，既适于圈养，又可在低山丘陵区放养，食性广、食量大、肌胃发达、消化能力强的品种。

（三）放养时间

根据果园内饲料资源情况，果园养鸭分为以放养为主时期和以圈养为主时期。最适放养时期为园内动植物繁衍生长旺盛期，一般在4月中旬（清明后至谷雨前）至10月底。此时园内牧草生长丰茂，果树副产品残留多，鸭子可采食各种青草、野菜和落地花、叶、果等植物性食料以及各种虫卵、蛹、昆虫和近地表飞虫等动物性食料。

雏鸭放养从 4 周龄开始放养，前期为育雏期，可圈养和笼养。春天幼龄雏鸭放养前，要先进行适应外界温度变化的锻炼，逐渐进入放养园。成年鸭全年都可以放养。

（四）放养密度

根据放养鸭的大小、强弱决定放养密度，遵循宜稀不宜密的原则。一般每亩果园放养成鸭 20 ～ 30 只，百亩园放养2000 ～ 3000 只。

由于果园养鸭主要在自然的粗放条件下进行，鸭群必须健康。应当适时淘汰健康状况差、生长不良的鸭。

（五）按时补饲

为补充放养时期饲料的不足，对放养鸭要适时补饲。雏鸭在早晚各补饲 1 次，以补充能量的不足。按早上半饱晚喂足的原则确定补饲量，并逐减饲喂次数和数量，促使鸭自由采食。随着雏鸭的生长，可根据放养鸭啄食杂草、野菜、昆虫的情况决定放养鸭的补饲。以放养为主时期，晚上回舍棚后进行补饲，并备足饮用水，满足饮用。

（六）防疫灭病

放养鸭疾病防疫同样坚持"预防为主，防重于治"的方针。要按照常规防疫程序，定期进行疫苗接种，做好防疫灭病工作。

（七）防止中毒

放养园的果树在必须喷施农药时，严禁喷剧毒农药。应使用低毒高效农药或低浓度低毒的杀菌剂农药。在喷药期间，实行限区围栏放牧，以避免因乱放牧而使鸭中毒。也可将鸭圈养

3～5天，然后再放入放养区。在限区放牧时，可适当增加补饲量。

十、骡鸭生产技术要点

骡鸭又称半番鸭、菜鸭或者泥鸭，骡鸭生产一般采用正交方式，是用栖鸭属的公番鸭与河鸭属的母家鸭杂交产生的后代，由于亲本间为属间杂交，亲缘关系远，因不具备繁殖能力而得名。骡鸭克服了纯番鸭公母体型悬殊、生长周期长的缺陷，表现出较强的杂交优势，具有耐粗易养、生活力强、生长快、体型大、肉质好、营养价值高、适合于填肥生产肥肝等特

视频 6-10 骡鸭生产

点。近年来，为适应不同市场需求，骡鸭在羽色选育上已形成了以花羽、白羽为主的各类型品种。骡鸭在国内外的市场已逐步显示其优势，成为受到世界普遍重视的优质肉用型鸭（视频6-10）。

（一）鸭场、鸭舍和养鸭设施

为骡鸭提供一个安全舒适的生活环境很重要，因为这能方便集中饲养和管理。

1. 鸭场规划

鸭场应尽可能远离其他的生产区域，间隔距离至少500米以上，以最大限度减少疾病传染的可能性。但也要交通方便，这样既有利于防疫，又便于解决运输等问题。同时，鸭场要建在地下水源丰富、地势高、排水畅通的地方。

2. 鸭舍的结构

鸭舍必须能为鸭子提供舒适的环境。长度可根据场地和饲

养面积而定；宽度要控制在 8 米左右，不要超出这个宽度，否则会严重影响鸭舍的通风工作。

鸭舍建筑方向要朝南或东南，方便采光和通风。

3. 养鸭设施

根据养殖规模准备足够的食槽和饮水器。

（二）杂交亲本的选择标准

用番鸭作父本，地方高产家鸭作母本。作父本的条件是只要具有体型大、生长快、肉质好等特点，就可以选用，这方面，番鸭具备了作父本的条件；而地方高产家鸭产蛋量远远高于母番鸭，无疑也是较理想的母本。采用这种方式产生的骡鸭，不仅具有生长快、体型大的特点，而且公、母鸭体型没有差异，克服了其他方式公鸭大、母鸭小的缺点。

1. 公番鸭的选择标准

公番鸭要求头大、颈粗、胸深而突出，背宽而长，嘴齐平，眼大而明亮，腿粗而有力，体格健壮，精神活泼，生长快，羽毛紧密，有光泽，性欲旺盛。

2. 母家鸭的选择标准

母家鸭要求体长，背宽，胸深而突出，羽毛丰满，行动迟缓，性情温驯，生长快。

（三）人工授精

骡鸭生产常用的配种方法有自然交配、辅助配种和人工授精等方法。但是由于公番鸭和母家鸭体型体重悬殊，交配困难，受精率又不高等，自然交配和辅助配种在生产中一般应用不多。下面，我们主要介绍一下人工授精方法。通过人工授精，受精率可以提高到 70% 以上，为骡鸭的生产起到了促进作用，提高了饲养效益。所以说，人工授精技术在骡鸭的生产中占有相当重要的地位。

1. 采精前的准备

人工授精首先要做好采精前的准备。采精前 2 周公母鸭需要隔离，以免相互爬跨和攻击。对选留公鸭的精液品质等进行检查，选择射精量多、精液浓稠、呈乳白色、精子密度大、活力强的种鸭。

2. 采精方法

舍鸭诱情法是用麻鸭母鸭向公番鸭诱情，等到公番鸭啄住母家鸭头颈部，爬跨在母鸭背上时。采精员蹲在公鸭右侧，左手持集精杯。当公鸭频频摇尾时，用集精杯与地面呈 60°，挡住母鸭泄殖腔，以防公鸭阴茎插入，顺利采得精液。

等到公鸭性冲动达到高峰时，公鸭阴茎自动伸到集精杯射出精液。在公鸭性欲旺盛，采精技术熟练时，只需 1～2 分钟就可以完成整个过程。通常每次公鸭采精量为 0.44～2.2 毫升。

3. 精液稀释

采集的新鲜精液在体外存活时间比较短，必须在半个小时内稀释完成。新鲜精液可以用生理盐水以 1:2 的比例进行稀释。稀释后的精液要求在 2 小时内用完，不然会严重影响受精率。

4. 输精方法

由于鸭的生殖道开口较深，阴道括约肌紧缩。一般情况下，采用"输卵管外翻输精法"效果最好。输卵管外翻输精法是用左脚轻轻踩压母鸭背部，用左手挤压泄殖腔下缘，迫使泄殖腔张开，以方便阴道口翻出，再用右手将吸有精液的输精器从阴道口插入，深度 3～4 厘米，同时松开左手，注入精液。母鸭的 1 次输精量为 0.05～0.10 毫升，1 羽公鸭所产精液最多可配母鸭 30 羽左右。一般情况下，3 天左右输精一次，受精率最高，傍晚输精较上午输精受精率高。

人工授精成功后，1～2 天就可以产下受精卵，也就是通常我们所说的种蛋。

（四）孵化

1. 种蛋的选择

孵化之前，要对种蛋进行选择。种蛋应该来源于遗传性能稳定、饲养管理正常、生产性能优良的健康鸭群。种蛋要来自没有传染病的非疫区。初产母鸭在半个月内所产的蛋小，受精率低，一般不宜用作种蛋。种蛋的保存时间越短越好，一般以保存一周以内的蛋为合适。

蛋壳表面上沾污了粪便、湿垫料等污物的脏蛋不能用来孵化。因为蛋壳表面的污物会堵塞蛋壳上的气孔，影响蛋的气体交换，而且被污物污染后，还容易侵入细菌，导致死胎增加、孵化率下降、雏鸭质量受影响。

种蛋的形状以椭圆形最好，蛋壳应该致密均正，厚度适中。蛋壳过薄或表面粗糙，不但在孵化过程中易破，而且易因缺钙引起雏鸭死亡；蛋壳过厚，出雏时不易破壳而闷死。因此，蛋壳过厚、过薄或有裂纹的蛋不宜用于孵化。另外，蛋重应该符合要求，过大的蛋孵化率低，出雏迟，过小的蛋孵出的雏鸭小，育雏成活率差。

2. 种蛋孵化

一般品种的鸭孵化期为 28 天，而骡鸭孵化期却为 32 天。

（1）温度　种蛋孵化的首要因素是温度，只有适宜的孵化温度才能保证胚胎正常的物质代谢和生长发育。一般情况下，骡鸭采用 36.8℃恒温孵化。

（2）湿度　孵化时，蛋内的水分蒸发保持一定的速度，胚胎才能正常地生长发育。在种蛋孵化过程中，孵化湿度应该保持在 70% 左右。水分蒸发过快或过慢都会影响胚胎发育，降低孵化率和雏鸭质量。

（3）照蛋　照蛋是检查种蛋的受精情况，一般一周一次。

（4）翻蛋　翻蛋的目的是使胚胎各部分受热均匀，加强胚胎运动，提高孵化率。一般 2 ～ 3 小时翻蛋一次。

（五）饲料的准备

骡鸭食性杂，食用的饲料范围比较广，它以燕麦草等青草为主食，玉米、豆粕等也是骡鸭喜欢吃的饲料。

（六）雏鸭饲养

1. 选雏

骡鸭雏鸭进入鸭舍前，最先需要做的就是进行挑选。挑选的标准是确保雏鸭绒毛光亮、腹部柔软有弹性、肛门清洁、腿粗、嘴大、眼大有神、叫声洪亮、活泼健壮。

1 ～ 22 天为骡鸭的雏鸭阶段。这个时期，雏骡鸭生长特别迅速，对饲养管理要求高，且对环境很敏感，又比较娇嫩，稍有不慎会引起生长迟缓，甚至死亡率增高，因此需要科学的饲养管理。

2. 温度

初生骡鸭雏鸭体温低，它的绒毛保温性能差，调节体温的能力弱。体温常随环境温度的下降而下降，所以舍内温度低于 25℃，易引起雏鸭感冒或因取暖挤压而造成窒息死亡。所以，雏骡鸭出壳后7天内室温保持在30～32℃；从第7天开始，每天可降温1℃；15天后降至18℃左右；20天左右就可以完全脱温，按常温进行饲养。育雏前期如果气温低，可以堵塞育雏舍的通风口，并用红外线灯进行加温。

3. 通风

鸭舍内加强通风，可以促进舍内空气的流动，保持舍内空气新鲜，减少疾病的传播。通风的时候，要将通风口的堵塞物去掉，形成对流，通风换气。需要注意的是，时间不能过长。

4. 光照

骡鸭雏鸭前一周要进行24小时的光照，以延长雏鸭取食时间，加速它的成长。以后两周的时间内可以逐步过渡，每天早晚各减少一个小时的人工光照，最终过渡到雏鸭可以适应自然光照。光照强度为2瓦每平方米。

5. 开水

雏鸭的第一次饮水，俗称"开水"，主要是刺激食欲，促进胎粪的排出。一般在出雏后24小时内进行，可以采用维生素氨基酸可溶性粉按照每1升水中添加0.15克的比例饮水，以促进新陈代谢，增强雏鸭的体质，提高它的抗病力。另外，饮水器的数量要充足，不能断水。如果有的雏鸭不能自己饮水，饲养人员还要人工帮助。

6. 开食

骡鸭雏鸭出壳12～24小时或雏鸭群中有1/3的雏鸭开始寻食时，进行第一次投料，一般在开水后15分钟左右就可以开食，千万不要先幵食后开水。饲养雏骡鸭用全价的小颗粒饲料效果较好，因为全价饲料营养全面，可满足雏鸭所需的各种营养物质。开食的时候，将饲料撒在料盘上，引诱雏鸭啄食。

7. 饲喂的方法和次数

第一周龄的骡鸭雏鸭应让它自由采食，保持饲料盘中常有饲料，但一次投喂不可过多，防止长时间吃不掉被污染，引起雏鸭生病或者浪费饲料。因此，要少喂勤添，第一周按每只雏鸭 22 克饲喂，每天喂 6 ~ 7 次；第二周每只雏鸭 65 克，每天喂 4 ~ 5 次；第三周每只雏鸭 100 克。建议饲料配方为：玉米 81%、豆粕 8%、麸皮 10%、微量元素等 1%。

8. 分群

骡鸭雏鸭群过大不利于管理，环境条件不易控制，容易出现惊群或挤压死亡，所以为了提高育雏率，需要进行分群管理，以降低饲养密度。一般情况下，每群 200 ~ 250 只为最好。

9. 放水

雏鸭出壳 1 周龄即可进行放水，让它游泳、洗绒，开始时每天放水 2 ~ 3 次，每次 10 ~ 20 分钟；以后逐渐延长放水时间，1 周后即可在每次喂料结束以后放入浅水中；到 15 天以后，可让雏鸭到深水自由活动。

（七）中鸭舍饲

23 ~ 50 天称为骡鸭的中鸭阶段。中鸭生长发育迅速，对各种营养物质需求高，食欲旺盛，采食量大，对外界环境的适应性比较强，容易管理。可以采用舍饲或放牧的方式进行饲养。

1. 舍饲

鸭舍可选在塘库或河湾旁边。圈舍要空气流通。一般情况下，骡鸭中鸭每天每只精饲料喂量为 0.3 ~ 0.4 千克，每天 2 次。建议饲料配方为：玉米 78%、豆粕 10%、麸皮 11%、微量元素等 1%。同时要补充青绿饲料，一般青料与配合饲料的比例为（1∶1）～（1.5∶1）。

需要注意的是，夏季要降低饲养密度，一般情况下，每平方米饲养 4 ～ 7 只最好。如果是通风条件差的鸭舍，每平方米饲养 5 只。饲养密度降低了，增加了个体的散热面积，降低了整个鸭舍的温度，促进了骡鸭快速生长。此外，舍饲中要加强中鸭的洗浴，可放入塘、库、河洗浴。

2. 放牧

这个阶段的骡鸭可放入塘库、溪渠、河湾等水域。放牧时间一般上、下午各一次，上午在 11 时前，下午在 16 时后。同时每天补喂精饲料 2 ～ 3 次，每天每只精饲料喂量为 0.3 ～ 0.5 千克，每天 3 次。饲料配方与舍饲饲料配方基本相同。

（八）成鸭育肥

50 天以后，直到出栏，是骡鸭的成鸭阶段。这个时期的工作主要是进行短期育肥。成鸭阶段主要是为了提高骡鸭肥度，使肉质更加鲜美细嫩。当中鸭养到 50 天后开始育肥最为适宜。育肥期间要使用"高能量、低蛋白"的饲料。建议饲料配方为：玉米 87%、豆粕 5%、麸皮 7%、微量元素等 1%。育肥骡鸭每天每只精饲料喂量为 0.2 ～ 0.4 千克，每天 4 次。

管理上注意使骡鸭少活动，多休息。当骡鸭体重达 3 千克以上，皮下脂肪增厚，翼羽的羽根是透明状态时，就可以上市出售了。

（九）卫生与防疫

骡鸭生活在自然中，免不了受到各种病害的影响。做好卫生防疫，使它们保持健康的体态，才能取得良好的经济效益。

1. 消毒

为了保证骡鸭生活环境的卫生，每周可用 1 : 500 倍聚维酮碘溶液对圈舍内外喷雾消毒一次。

2. 免疫

为了加强骡鸭的抗病性能，提高骡鸭的存活率，要按时做好免疫。

骡鸭主要免疫程序如下：骡鸭出生 48 小时以内，可以用鸭病毒性肝炎疫苗，按照每只 0.5 毫升的剂量皮下注射；30 日龄的时候，可以用鸭瘟疫苗，按照每只 3 ～ 5 羽份的剂量肌内注射。

3. 疾病

骡鸭抗病能力比较强，但接触传染源较多的话，容易感染疾病。在饲养过程中应该注意加以预防和治疗。

骡鸭容易患的疾病有呼吸道疾病和胃肠道疾病。对于呼吸道疾病，可用氟苯尼考进行预防。已经出现呼吸道疾病的骡鸭可以用双黄连＋青霉素或者用头孢噻肟钠＋利巴韦林进行治疗。对于胃肠道疾病，可以用硫酸卡那霉素进行预防。已经出现胃肠道疾病的骡鸭，可以用氟苯尼考和硫酸卡那霉素交替使用进行治疗。

第七章

鸭的疾病防治

一、养鸭场的生物安全管理

预防为主
防重于治

　　生物安全是近年来国外提出的有关集约化生产过程中保护和提高畜禽群体健康状况的新理论。生物安全的中心思想是隔离、消毒和防疫。关键控制点是对人和环境的控制，最后达到建立防止病原入侵的多层屏障的目的。因此，养鸭场饲养管理者必须认识到，做好生物安全是避免疾病发生的最佳方法。一个好的生物安全体系将发现并控制疾病侵入养殖场的各种最可能途径。

生物安全包括控制疫病在鸭场中的传播，减少和消除疫病发生。因此，对一个鸭场而言，生物安全包括两个方面：一是外部生物安全，防止病原菌水平传入，将场外病原微生物带入场内的可能降至最低。二是内部生物安全，防止病原菌水平传播，降低病原微生物在鸭场内从病鸭向易感鸭传播的可能。

鸭场生物安全要特别注重生物安全体系的建立和细节的落实到位。具体包括鸭场的选址、引种、加强消毒净化环境、饲料管理、实施群体预防、防止应激、疫苗接种和抗体检测、紧急接种、病死鸭无害化处理、灭蚊蝇、灭老鼠和防野鸟、建立各项生物安全制度等。

（一）鸭场的选址

鸭场位置的确定，在养鸭生产中建立生物安全防范体系至关重要。因此，在新建场的选址问题上要高度重视生物安全性，切忌随意选址和考虑不周全，或者明知不符合生物安全的要求而强行建场。

（二）实行全进全出制度

全进全出是鸭场饲养管理、控制疾病的核心。全进全出有利于疾病的控制，要切断鸭场的疾病的循环，必须实行全进全出。

一是在鸭舍内有鸭的情况下，始终难以彻底清洁、冲洗和消毒。目前还没有任何一种消毒剂可以完全杀灭粪便中排泄的病原体，因为穿透能力较低，所以在消毒前最好使用高压水枪将粪便和其他的排泄物彻底冲洗干净。鸭舍内有鸭则不能彻底冲洗，因此消毒效果不能保证。

二是当时消毒非常好，但由于病鸭或带毒鸭可以通过呼吸道、消化道、泌尿生殖道不断向环境中排放病原体，污染鸭舍、鸭栏。下一批进入鸭舍后，就可能被这些病原体感染。有些鸭场虽然在设计的时候是按照全进全出设计的，但由于生产方面存在问题，如生长缓慢或有些鸭发病，可能在原来的鸭舍继续饲养，而病鸭或生长缓慢的鸭带毒量更高，毒力更强，所以更危险。

所以，要实行严格的全进全出制度。做到鸭舍内所有鸭出栏后彻底清洗、消毒空舍14天，至少也是7天以上，这样才能保证消毒效果。

（三）引种要求

引进种鸭和种蛋时，应从具有种畜禽生产经营许可证和动物防疫条件合格证的种禽场引进。

新修订《中华人民共和国动物防疫法》全文（2021版）第四十九条"屠宰、出售或者运输动物以及出售或者运输动物产品前，货主应当按照国务院农业农村主管部门的规定向所在地动物卫生监督机构申报检疫。动物卫生监督机构接到检疫申报后，应当及时指派官方兽医对动物、动物产品实施检疫；检疫合格的，出具检疫证明、加施检疫标志。实施检疫的官方兽医应当在检疫证明、检疫标志上签字或者盖章，并对检疫结论负责。动物饲养场、屠宰企业的执业兽医或者动物防疫技术人员，应当协助官方兽医实施检疫。"第五十二条"经航空、铁路、道路、水路运输动物和动物产品的，托运人托运时应当提供检疫证明；没有检疫证明的，承运人不得承运。进出口动物和动物产品，承运人凭进口报关单证或者海关签发的检疫单证运递。从事动物运输的单位、个人以及车辆，应当向所在地县级人民政府农业农村主管部门备案，妥善保存行程路线和托运人提供的动物名称、检疫证明编号、数量等信息。具体办法由国务院农业农村主管部门制定。运载工具在装载前和卸载后应当及时清洗、消毒。"第五十三条"省、自治区、直辖市人民政府确定并公布道路运输的动物进入本行政区域的指定通道，设置引导标志。跨省、自治区、直辖市通过道路运输动物的，应当经省、自治区、直辖市人民政府设立的指定通道入省境或者过省境。"第五十四条"输入到无规定动物疫病区的动物、动物产品，货主应当按照国务院农业农村主管部门的规定向无规定动物疫病区所在地动物卫生监督机构申报检疫，经检疫合格的，方可进入。"第五十五条"跨省、自治区、直辖市引进的种用、乳用动物到达输入地后，货主应当按照国务院农业农村主管部门的规定对引进的种用、乳用动物进行隔离观察。"第五十六条"经检疫不合格的动物、动物产品，货主应当在农业农村主管部门的监督下按照国家有关规定处理，处理费用由货主承担。"第五十七条"从事动物饲养、屠宰、经营、隔离以及动物产品生产、经营、加工、贮藏等活动的单位和个人，应当按照国家有关规定做好病死动物、病害动物产品的无害化处理，或者委托动物和动物产品无害化处理场所处理。从事动物、动物产品运输的单位和个人，应当配合做好病死动物和病害动物产品的无害化处理，不得在途中擅自弃置和处理有关动物和动物产品。任何单位和个人不得买卖、加工、随意弃置病死动物和病害动物产品。动物和动物产品无害化处理管理办法由国务院农业农村、野生动物保护主管部门按照职责制定。"

《动物检疫管理办法》第二十条"跨省、自治区、直辖市引进的乳用、种用动物到达输入地后，在所在地动物卫生监督机构的监督下，应当在隔离场或饲养场（养殖小区）内的隔离舍进行隔离观察，大中型动物隔离期为45天，小型动物隔离期为30天。经隔离观察合格的方可混群饲养；不合格的，按照有关规定进行处理。隔离观察合格后需继续在省内运输的，货主应当申请更换《动物检疫合格证明》。动物卫生监督机构更换《动物检疫合格证明》不得收费"。保留种畜禽生产经营许可证复印件、《动物检疫合格证明》和车辆消毒的相关证明。不得从疫区或可疑疫区引种。若从国外引种，应按照国家相关规定执行。

（四）加强消毒，净化环境

养鸭场应备有健全的清洗消毒设施和设备，制定和执行严格的消毒制度，防止疫病传播。鸭场采用人工清扫、冲洗，交替使用化学消毒药物消毒。消毒剂要选择对人和鸭安全、没有残留毒性、对设备没有破坏、不会在鸭体内产生有害积累的消毒剂。选用的消毒剂应符合《无公害农产品　兽药使用准则》（NY/T 5030—2016）的规定。在鸭场入口、生产区入口、鸭舍入口设置防疫规定的长度和深度的消毒池。对养鸭场及相应设施进行定期清洗消毒。并为了有效消灭病原，必须定期实施以下消毒程序：每次进场消毒、鸭舍消毒、饲养管理用具消毒、车辆等运输工具消毒、场区环境消毒、带鸭消毒、饮水消毒。

（五）加强饲料卫生管理

饲料原料和添加剂的感官应符合要求。即具有该饲料应有的色泽、嗅、味及组织形态特征，质地均匀，无发霉、变质、结块、虫蛀及异味、异嗅、异物。饲料和饲料添加剂的生产、使用，应是安全、有效、不污染环境的，符合单一饲料、饲料添加剂、配合饲料、浓缩饲料和添加剂预混合产品的饲料质量标准规定。所有饲料和饲料添加剂的卫生指标应符合《饲料卫生标准》（GB 13078—2017）的规定。

饲料原料和添加剂应符合《无公害食品　畜禽饲料和饲料添加剂使用准则》（NY 5032—2006）的要求，并在稳定的条件下取得或保存，确保饲料和饲料添加剂在生产加工、贮存和运输过程中免受害虫、化学、物理、微生物或其他不期望物质的污染。

在鸭的不同生长时期和生理阶段，根据营养需求，配制不同的全价配合饲料。营养水平不低于该品种营养标准的要求，建议参考使用饲养品种的饲养手册标准，配制营养全面的全价配合饲料。禁止在饲料中添加违禁的药品及药品添加剂。使用含有抗生素的饲料治疗鸭病时，按有关准则执行休药期。不使用变质、霉败、生虫或被污染的饲料。不使用未经无害化处理的泔水、其他畜禽副产品。

（六）实施群体预防

养鸭场应根据《中华人民共和国动物防疫法》及其配套法规的要求，结合当地疫病流行的实际情况，制定免疫计划，有选择地进行疫病的预防接种工作，对国家农业农村主管部门不同时期规定须强制免疫的疫病，疫苗的免疫密度应达到100%，选用的疫苗应符合《中华人民共和国兽用生物制品质量标准》，并注意选择科学的免疫程序和免疫方法。

进行预防、治疗和诊断疾病所用的兽药应是来自具有兽药生产许可证，并获得农业农村部颁发兽药GMP证书的兽药生产企业，或农业农村部批准注册进口的兽药，其质量均应符合相关的兽药国家质量标准。使用饲料药物添加剂应符合农业农村部《饲料药物添加剂使用规范》的规定。禁止将原料药直接添加到饲料及饮用水中或直接饲喂。不得使用国家禁用药品。为了保证动物性食品的安全，农业农村部颁布了《食品动物禁用兽药及其他化合物清单》，凡是列入清单的药物，鸭农均不得使用。

不管是预防性用药还是治疗性用药，都应按兽医的要求购买正规厂家生产的合格药品。不要随意加大或减少用药量。掌握正确的用药方法。投药前要适当停料停水，保证投药后鸭群能迅速地将拌有药品的饲料采食干净或将溶有药品的饮水饮用完。加入药品的饲料、饮水的数量不要太多，以鸭群可一次性采食、饮用完为宜。药品拌入饲料或溶入水中后要立即使用。

注意掌握休药期，并认真做好用药记录。

（七）防止应激

应激是作用于动物机体的一切异常刺激，引起机体内部发生一系列非特异性反应或紧张状态的统称。对于鸭来说，任何让鸭只不舒服的动作都是应激。应激对鸭会有很大危害，造成鸭机体免疫力、抗病力下降，免疫抑制，诱发疾病，发生条件性疾病。可以说，应激是百病之源。

防止和减少应激的办法很多，在饲养管理上要做到"以鸭为本"，精心饲喂，供应营养平衡的饲料，控制鸭群的密度，做好鸭舍通风换气、控制好温度、湿度和噪声，随时供应清洁充足的饮水等。

（八）定期进行抗体检测

养鸭场应依照《中华人民共和国动物防疫法》及其配套法规，以及当地农业农村主管部门有关要求，并结合当地疫病流行的实际情况，制定疫病监测方案并实施，并应及时将监测结果报告当地农业农村主管部门。

鸭饲养场常规监测的疫病除高致病性禽流感、鸭瘟、鸭病毒性肝炎外还应根据当地实际情况，选择一些其他必要的疫病进行监测。

养鸭场应接受并配合当地动物卫生监督机构进行定期或不定期的疫病监督抽查、普查、监测等工作。

（九）疫病扑灭与净化

鸭饲养场发生疫病或怀疑发生疫病时，应依据《中华人民共和国动物防疫法》，立即向当地农业农村主管部门报告疫情。

确诊发生高致病性禽流感时，肉鸭饲养场应积极配合当地农业农村主管部门，对鸭群实施严格的隔离、扑杀措施。

发生鸭瘟、鸭病毒性肝炎、禽衣原体病、禽结核等疫病时，应对鸭群实施净化措施。并对全场进行清洗消毒，病死或淘汰鸭的尸体按《病死及病害动物无害化处理技术规范》（农医发〔2017〕25号）进行无害化处理，消毒按GB/T 16569—

1996《畜禽产品消毒规范》进行，并且同群未发病的鸭只不得作为无公害食品销售。

（十）防鼠害、鸟害和防虫

应有预防鼠害、鸟害和虫害等设施，鸭舍四周可采用碎石带，鸭舍窗户、通气口等处可设置防鸟网。

（十一）建立各项生物安全制度

建立生物安全制度就是将有关鸭场生物安全方面的要求、技术操作规程加以制度化，以便全体员工共同遵守和执行。

大门口严格标识"防疫重地，谢绝参观"，设专人把守，严禁外来车辆和人员进场。进入生产区时必须洗手消毒并经消毒通道（有消毒水池和紫外线）方可进入。

各舍饲养员禁止串场、串岗，以防交叉感染。场区环境应保持干净无污染，不要轻视野鸟对传染病的传播，严防其粪便污染饲料和运动场；坚持定期的全场消毒和带鸭消毒，发病期间要天天消毒；做好灭鼠和灭蚊蝇工作。病死鸭和解剖病料必须做无害化处理，不得任其污染环境，造成人为的疾病传播。

工具管理方面做到专舍专用工具，各舍设备和工具不得串用，工具严禁借给场外人员使用。

二、做好养鸭场消毒

消毒是养鸭场最常见的工作之一。

消毒的目的是消灭病原微生物，如果存在病原微生物就有传播疾病的可能，最常见的疾病传播方式是鸭与鸭之间的直接接触，引入疾病的最大风险总是来自感染的家禽。其他能够传播疾病的方式包括：空气传播，例如来自相邻鸭场的风媒传播；机械传播，例如通过车辆、机械和设备传播；人员传播，通过鞋和衣物；鸟、鼠、昆虫以及其他动物（家养、农场和野生）传播；经污染的饲料、水、垫料传播等（视频7-1）。

视频7-1 养殖场
常规消毒方法

因此，一贯的、高水准的清洗消毒是打破某些传染性疾病在场内再度感染的循环周期的有效方式。

（一）养鸭场消毒时机的把握

1. 进鸭前消毒

购买雏鸭或者育成鸭进入育肥舍或产蛋舍需至少提前一周时间，对育雏舍或者育肥舍及周边环境进行一次彻底消毒，杀灭所有病原微生物。

2. 定期消毒

病原微生物的繁殖能力很强，无论养禽还是养畜，都要对畜禽圈舍及周围环境进行定期消毒。规模养殖场都要有严格的消毒制度和措施，一般每月至少消毒 1 ～ 2 次（图7-1）。

(a)

(b)

图 7-1　鸭场环境消毒

3.鸭转群或者淘汰出栏后消毒

鸭转群或者淘汰出栏后，舍内外病原微生物较多，必须来一次彻底清洗和消毒。消毒鸭舍的地面、墙壁及周边，所有清理出的垃圾和粪便要集中处理，鸭粪和垫料可堆积发酵，垃圾可单独焚烧或者深埋，所有养殖工具要清洗和用药物消毒。

4.高温季节消毒

夏季气温高，病原微生物极易繁殖，是畜禽疾病的高发季节。因此，必须加大消毒强度，选用广谱高效消毒药物，增加消毒频率，一般每周消毒不得少于1次。

5.发生疫情紧急消毒

如果畜禽发生疫病，往往引起传染，应立即隔离治疗，同时迅速清理所有饲料、饮水和粪便，并实施紧急消毒，必要时还要对饲料和饮水进行消毒。当附近有畜禽发生传染病时，还要加强免疫和消毒工作。

（二）消毒方法

1.鸭舍环境消毒

鸭舍的彻底消毒对防止疾病传播起到至关重要的作用，是实现全进全出制度的重要步骤。鸭舍消毒是在一批鸭出栏、淘汰或转群后，在鸭舍空栏的情况下而进行的消毒。包括舍内门窗、墙壁、地面、笼具和工具等，要求按先顶棚后地面、先移出设备后清洗、先室内后环境等顺序，消毒要彻底，不留死角。清扫出来的杂物要集中运到指定垃圾处理处填埋或焚烧处理，不能随便堆置在鸭舍附近。冲洗出的污水要排到下水道内，不应任其自由漫流，以致对鸭舍周围环境造成新的人为污染。

鸭舍消毒的程序：清扫—冲洗—干燥—火焰消毒—第一次化学消毒—10％石灰乳粉刷墙壁和天棚—移入已洗净的笼具等设备并维修—第二次化学消毒—干燥—高锰酸钾和甲醛熏蒸消毒。

消毒前必须经过彻底的清洗，因为彻底的清洁是有效消毒的前提。同时进行清洗和消毒是没有作用的。一方面，除了高活性的碱液（如氢氧化钠）和某些特殊组方的复方消毒剂外，一般消毒剂哪怕是接触到最微量的有机物（污物、粪便）也会失去杀菌力，达不到杀灭病原微生物的效果。靠提高浓度来消毒的想法是荒谬的，即使提高 2 ～ 4 倍也不会有任何加强效果，只会加大成本。另一方面，过高浓度的消毒液会严重腐蚀鸭舍设备。

清扫：对于淘汰或转群后的鸭舍，要将舍内的垫草垃圾、粪便、羽毛等废弃物清除掉，将地面、门窗、屋顶、笼架、蛋箱、用具、灯泡等的灰尘清扫干净。

冲刷：用水冲刷舍内的墙壁、地面、笼架、用具等。有条件的用高压水枪冲洗效果更好。墙角、笼架下、粪道、风道、烟道等都要冲刷干净。

火焰消毒：用火焰枪对墙壁、地面、笼架及不怕烧的用具表面进行消毒，速度为每分钟 2 平方米。

第一次化学消毒：用消毒药喷洒或浸泡消毒。用消毒药喷洒墙壁、门窗、顶棚、笼架等。能移动的料水槽可放到大容器内用 1％氢氧化钠液或百毒杀液浸泡 1 天，刷净，再用清水冲洗干净，晾干备用；笼养的，要用消毒液反复擦洗料槽。

第二次化学消毒：选择常规的氯制剂、表面活性剂、酚类消毒剂、氧化剂等用高压喷雾器按顺序喷洒。

高锰酸钾和甲醛熏蒸消毒：熏蒸用药量根据实际情况分为三级消毒。一级消毒适用于发生过一般性疾病或未养过鸭的鸭舍；二级消毒适用于发生过较重传染病的鸭舍，如球虫病、大肠杆菌病等；三级消毒适用于发生过烈性传染病的鸭舍，如鸭瘟、鸭病毒性肝炎、鸭传染性浆膜炎等。

每立方米用药量：一级，高锰酸钾 7 克、福尔马林 14 毫升；二级，高锰酸钾 14 克、福尔马林 28 毫升；三级，高锰酸钾 21 克、福尔马林 42 毫升。

有条件的鸭场在熏蒸消毒前将灯线或灯泡更换新的，以防消毒不严或漏电。还要注意通风孔及风扇处的消毒清洗。鸭场用于周转的饲料袋最好一批鸭更新一次，或将用过的料袋放入来苏尔水中浸泡 24 小时，再用清水冲洗，晾干后再熏蒸，定点使用效果更好。

鸭舍一旦消毒完毕，任何人不能随意进入。

2. 带鸭消毒

鸭场应定期进行带鸭消毒。在带鸭消毒时，宜选择刺激性较小的消毒剂，常用的带鸭消毒药液有 0.2% 过氧乙酸、0.1% 新洁尔灭、0.1% 次氯酸钠等。

首次带鸭消毒的雏鸭应不低于 7 日龄，以后再次消毒时间可以根据鸭舍内的污染情况而定，一般在育雏期每星期进行一次，育成期 7～10 天一次，成鸭 10 天一次，发病期要坚持每天一次。

消毒前一天给鸭群饮用 0.1% 维生素 C 或水溶性多种维生素溶液，以减少应激。消毒时不是往鸭身上喷，而是从顶棚、墙壁到地面喷洒消毒。冬天用温水，夏天用凉水，要选择刺激性小、高效低毒的消毒剂，不用酸碱类。

3. 饮水消毒

在饮水中按比例加入含氯制剂进行消毒，每周一次即可，在免疫前后 3 天不得进行饮水消毒。

4. 鸭粪消毒

每月进行一次彻底消毒，清理运动场上的粪便，将鸭舍内的垫料清理出来，用干燥清洁的垫草代替。鸭粪可用堆积生物热发酵，并在粪堆表面喷消毒药液的方法消毒。

5. 人员消毒

养鸭场工作人员在进入生产区之前，必须更换消毒过的工作服及胶鞋等，并在紫外线灯下消毒 10 分钟左右后，方可进入鸭场。严禁外来人员进入养鸭场内，如有外来人员必须进入生产区，应更换一次性防疫服和工作鞋，脚踏消毒池，按指定路线走。

6. 周围环境消毒

生产区和鸭舍门口应有消毒池，消毒液应定期更换。车辆进入鸭场应通过消毒池，并用消毒液对车身进行喷洒消毒。鸭舍周围环境应每 2 周消毒 1 次。鸭场周围及场内污水池、排粪坑、下水道口应每月消毒 1 次。

> **小贴士：**
>
> 对鸭的消毒常用的方法有三种，即带鸭（喷雾）消毒、饮水消毒和环境消毒。这三种消毒方法可分别切断不同病原的传播途径，相互不能代替。带鸭消毒可杀灭空气中、禽体表、地面及屋顶、墙壁等处的病原体，对预防鸭呼吸道疾病很有意义，还具有降低舍内氨气浓度和防暑降温的作用；饮水消毒可杀灭鸭饮用水中的病原体并净化肠道，对预防鸭肠道病很有意义；环境消毒包括对禽场地面、门口过道及运输车（料车、粪车）等的消毒。很多养殖户认为，经常给鸭饮消毒液，鸭就不会得病。这是错误的认识，饮水消毒操作方法科学合理，可减少鸭肠道病的发生，但对呼吸道疾病无预防作用，必须通过带鸭消毒来实现。因此，只有用上述三种方法共同给鸭消毒，才能达到消毒目的。

三、鸭群免疫接种

免疫接种是指用人工方法将有效疫苗引入动物体内使其产生特异性免疫力，由易感状态变为不易感状态的一种疫病预防措施。有组织、有计划地免疫接种，是预防和控制动物传染病的重要措施之一。在某些传染病如鸭瘟等病的防控措施中，免疫接种更具有关键性的作用，根据免疫接种的时机不同，可将其分为预防接种和紧急接种两大类。免疫接种计划是根据不同传染病、不同动物及用途等多因素制定的。虽然疫苗接种是预防传染病的重要手段，但也要加强饲养管理，提高鸭的抗病力，做好消毒和隔离，减少疫病传播机会，防止外来疫病侵入等。

（一）预防接种

在经常发生某些传染病的地区，或有某些传染病潜在的地区，或经常受到临近地区某些传染病威胁的地区，为了防患于未然，在平时有计划地给健康鸭进行的免疫接种，称为预防接种（图 7-2）。

家庭农场应根据所在地区、畜禽养殖场传染病的流行情况、鸭的品种、鸭群健康状况、不同疫苗特性和免疫监测结果等综合考虑，为本场的鸭群制定接种计划，包括接种疫苗的类型、顺序、时间、次数、方法、时间间隔等过程和次序。

免疫程序的制定，应至少考虑以下八个方面的因素：①当地疾病的流行情况及严重程度；②母源抗体水平；③上一次免疫接种引起的残余抗体水平；④鸭的免疫应答能力；⑤疫苗的种类和性质；⑥免疫接种方法和途径；⑦各种疫苗的配合；⑧对鸭健康及生产能力的影响。这八个因素是相互联系、互相制约的，必须统筹考虑。一般来说，免疫程序的制定首先要考虑当地疾病的流行情况及严重程度。据此才能决定需要接种什么种类的疫苗，达到什么样的免疫水平。如新城疫母源抗体滴度低的要早接种，母源抗体滴度高的推迟接种效果更好。目前还没有一个可供统一使用的疫（菌）苗免疫程序。

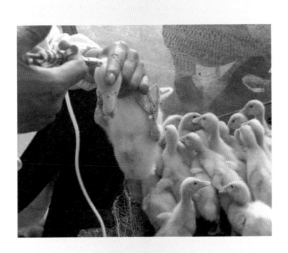

图7-2　雏鸭免疫操作

根据农业农村部关于印发《常见动物疫病免疫推荐方案（试行）》（农医发〔2014〕10号）的通知，鸭的免疫病种有鸭瘟。免疫推荐方案为对疫病流行地区的鸭进行免疫。商品肉鸭14日龄左右时，用鸭瘟灭活疫苗或活疫苗免疫一次。商品蛋鸭在14日龄左右、60日龄左右时使用鸭瘟灭活疫苗或活疫苗分别进行初免和二免，以后每隔半年免疫一次。种鸭在14日龄左右、60日龄左右时使用鸭瘟灭活疫苗或活疫苗分别进行初免和二免，开产前一个月用鸭瘟活疫苗进行三免，开产后每4～6个月免疫一次。

预防接种通常使用疫苗、菌苗、类毒素等生物制剂作为抗原激发免疫。用于人工主动免疫的生物制剂可统称为疫苗，包括用细菌、支原体、螺旋体和衣原体等制成的菌苗，用病毒制成的疫苗和用细菌外毒素制成的类毒素。根据所用生物制剂的性质和工作需要，可采取注射、点眼、滴鼻、喷雾和饮水等不同的接种方法。不同疫苗免疫保护期限相差很大，接种后经一定时间（数天至3周），可获得数月至一年以上的保护力。

需要说明的是，在饲养过程中，预先制定好的免疫程序也不是一成不变的，而是要根据抗体监测结果和鸭群健康状况及当地疫病流行情况随时进行调整。尤其是进行抗体监测可以查明鸭群的免疫状况，指导免疫程序的设计和调整。定期进行免疫抗体水平监测，根据检测结果适时调整免疫程序是最合理的办法。免疫接种后，要注意观察鸭群接种疫苗后的反应，如有不良反应或发病等情况，应及时采取适当措施，并向有关部门报告。

为克服不良免疫反应，应根据具体情况采取相应措施。一般来说活疫苗引起的不良反应较多见，特别是在使用气雾、饮水、点眼、滴鼻等方法进行免疫时，往往易激活呼吸道的某些条件性病原体而诱发呼吸道反应。因此，在这种情况下对病毒性活疫苗可通过加抗生素、保护剂等措施减少应激。也可在免疫接种前或免疫接种时给被接种鸭使用抗应激药物、抗生素等。另外，严格遵守操作程序、注意气候条件、控制好鸭舍环境条件、选择适当的免疫时机等也能有效避免或降低免疫接种诱发的不良反应。

接种活疫苗前后各5天，鸭应停止使用对疫苗活菌有杀伤力的药物，以免影响免疫效果。疫苗接种后经过一定时间（10～20天），用测定抗体的方法来监测免疫效果。尤其是改用新的免疫程序及疫苗种类时更应重视免疫效果的检查，这样可以及早知道是否达到预期免疫效果。如果免疫失败，应尽早、尽快补防，以免发生疫情。

商品肉鸭和商品蛋鸭免疫计划参考表 7-1、表 7-2。

表 7-1　商品肉鸭建议免疫程序

日龄	预防疾病	疫苗	免疫方法及要求
1～3	鸭病毒性肝炎	鸭病毒性肝炎鸡胚化弱毒苗	1 羽份 / 只，皮下注射。如果父母代种鸭已免疫，商品代肉鸭在 7～10 日龄皮下注射 1 羽份 / 只
6	鸭瘟	鸭瘟鸡胚化弱毒苗	1 羽份 / 只，皮下或肌内注射
15	鸭传染性浆膜炎和大肠杆菌病	鸭传染性浆膜炎、大肠杆菌病二联灭活苗	0.3 毫升 / 只，皮下或肌内注射

表 7-2　商品蛋鸭建议免疫程序

日龄	预防疾病	疫苗	免疫方法及要求
1～3	鸭病毒性肝炎	鸭病毒性肝炎弱毒苗	生理盐水稀释 0.3 毫升 / 只颈部皮下注射
6	鸭病毒性肝炎	鸭病毒性肝炎弱毒疫苗	肌内注射 0.5 毫升 / 只
7～10	鸭瘟	鸭瘟弱毒苗	生理盐水稀释 0.5 毫升 / 只颈部皮下注射
15	鸭传染性浆膜炎	鸭传染性浆膜炎灭活苗	肌内注射 0.5 毫升 / 只
90	大肠杆菌病	大肠杆菌灭活苗	肌内注射 1 毫升 / 只
100	鸭瘟	鸭瘟弱毒苗	生理盐水稀释 0.5 毫升 / 只颈部皮下注射
110	禽霍乱	禽霍乱蜂胶活疫苗	肌内注射 0.5 毫升 / 只
120	禽大肠杆菌病和禽霍乱	大肠杆菌灭活苗和禽霍乱油乳剂灭活苗	肌内注射各 1 毫升

（二）紧急接种

紧急接种是当鸭群发生传染病时，为迅速扑灭和控制疫病流行，对疫区和受威胁区域尚未发病的鸭群进行的应急性免疫接种。通常应用高免血清或血清与疫苗共同接种。

从理论上说，紧急接种使用免疫血清较为安全有效。在某些鸭病上常应用高免血清或高免卵黄抗体进行被动免疫，而且能够立即生效，如雏鸭病毒性肝炎，应用高免血清或高免卵黄抗体，能迅速控制该病的流行，即使对于正在患病的雏鸭群使用也具有良好的疗效。但因血清用量大、价格高、免疫期短，且在大批鸭接种时往往供不应求，因此在实践中很难普遍使用。实践证明，使用某些疫（菌）苗进行紧急接种是切实可行的，尤其适合于急性传染病。如鸭瘟、禽霍乱等传染病，已广泛应用疫苗紧急接种作为迅速控制疫情的重要措施并取得了较好的效果。

注意，只能对外观健康的鸭进行紧急接种。对患病鸭及可能已受感染而处于潜伏期的鸭，必须在严格消毒的情况下立即隔离，不能再接种疫苗。由于在外观健康的鸭中可能混有一部分潜伏期患者，这一部分患病动物在接种疫苗后不仅不能获得保护，反而会促使其更快发病，因此在紧急接种后短期内鸭群中发病鸭的数量有可能增多，但由于这些急性传染病的潜伏期较短，而疫苗接种后大多数未感染鸭很快产生抵抗力，因此发病率不久即可下降，最终使疫情很快停息。

紧急接种是在疫区及周围的受威胁区进行，受威胁区的大小视疫病的性质而定。某些流行性强的传染病如禽流感，其受威胁区在疫区周围 5 ～ 10 公里。这种紧急接种的目的是建立"免疫带"以包围疫区，就地扑灭疫情，防止其扩散蔓延。但这一措施必须与疫区的封锁、隔离、消毒等综合措施相配合才能取得较好的效果。

四、鸭群体用药方法

鸭群体用药的方法有饮水给药、拌料给药、气雾给药、注射给药、口服给药等五种方法，不同的给药途径不仅影响药物吸收的速度和数量，还影响药理作用的快慢和强弱。要根据鸭病防治的需要，采用合适的给药方法，达到防治的目的。

（一）饮水给药

饮水给药是将药物溶于水中，让家禽自由饮用。此法是目前养鸭场最常用的方法，用于禽病的预防和治疗。利用禽群发病时往往出现采食量下降，甚至不采食，而饮水量增加的现象，采用饮水给药，一举两得，既保证了病禽对水的需求，又达到了用药治病的目的，是禽用药物的最适宜、最方便的途径。这一方法适用于短期投药和紧急治疗投药。

饮水给药时，首先要了解药物在水中的溶解度。易溶于水的药物，能够迅速达到规定的浓度；难溶于水的药物，或经加温、搅拌、加助溶剂后，才能达到规定浓度，也可混水给药。其次，要注意饮水给药的浓度，并要根据饮水量计算药液用量。一般情况下，按 24 小时 2/3 需水量加药，任其自由饮用，药液饮用完毕，再添加 1/3 新鲜饮水。若使用在水中稳定性差的药物或治疗需要，可采用"口渴服药法"，即用药前让整个禽群停止饮水一段时间，具体时间视气温而定，一般寒冷季节停水 4 小时左右，气温较高季节停水 2～3 小时。然后以 24 小时需水量 1/5 加药供饮，令其在 1 小时内饮毕。此外，禁止在流水中给药，以避免药液浓度不均匀。家禽的饮水量受舍温、饲料、饲养方式等因素的影响，计算饮水量时应予考虑。

注意事项：

一是对油剂及难溶于水的药物不能用此法给药。

二如果是不知道哪些制剂中有不溶于水或难溶于水的药物成分，为保险起见，建议在投药时先把药品溶于水盆中，并充分搅拌后再倒入水箱或大的盛水容器中。

三是对微溶于水且又易引起中毒的药物片剂，要充分研磨，再用纱布包好浸泡在水中给饮。

四是在水溶液中不容易破坏的药物，可让鸭长时间自由地饮用。但有些药物在水中是不稳定的，例如氨苄青霉素很快水解的原因是其不稳定，当选用含有氨苄青霉素药物成分的制剂时，应采用口渴法给药，即在给鸭群饮用药物溶液前停止饮水，夏季约 2 小时，冬季约 3 小时。

五是使用水槽饮水的，水槽摆放要均匀。使用饮水器的要做好检查，因为水中添加药物易堵塞饮水器。应保证使每只鸭都能饮到。

（二）拌料给药

拌料给药是将药物均匀地混入饲料中，供家禽自由采食。拌料给药是常用的一种给药途径。拌料给药的药物一般是难溶于水或不溶于水的药物。此外，如一般的抗球虫药及抗组织滴虫药，只有在一定时间内连续使用才有效，因此多采用拌料给药。抗生素用于控制某些传染病时，也可混于饲料中给药。

拌料给药简便易行、节省人力、减少应激、效果可靠，主要适用于预防性用药，尤其适用于几天、几周、甚至几个月的长期性大群畜禽给药、投药。其缺点是如果药物搅拌不匀，就可能发生部分鸭采食药物不足，而另一些鸭则会采食药物过量发生药物中毒的情况。

拌料时首先要准确掌握混料浓度，准确、认真计算所用药物的剂量和称量药物。若按禽只体重给药，应严格按照禽只体重，计算总体重，折算出需要的药物添加量。药物的用量要准确称量，切不可估计，以免药量过小起不到作用，或过大引起中毒等不良反应。混于饲料中的药物浓度以百万分之（毫克 / 千克）表示，例如百万分之一百（100 毫克 / 千克），等于每吨饲料加入 100 克药物，或每千克饲料加入药物 100 毫克。然后进行搅拌，因为直接将药加入大批饲料中是很难混匀的，为避免因混合不均匀而造成个别禽只中毒的情况，常用递增稀释法进行混料。拌料时先将药物加入少量饲料中混匀，再与 10 倍量饲料混合，依次类推，直至与全部饲料混匀。

注意事项：

一是要保证有充足的料位，让所有禽只能同时采食，从而使每只禽都吃到合适的药量。

二是用药后密切注意有无不良反应。有些药物混入饲料后，可与饲料中的某些成分发生拮抗反应，这时应密切注意不良作用。如饲料中长期混合磺胺类药物，就易引起维生素 B 族和维生素 K 的缺乏，这时应适当补充这些维生素。另外还要注意中毒等反应，发现问题及时加以补救。

三是对于用药量少，毒副作用较大的药物不宜拌料投用。

（三）气雾给药

气雾给药是利用机械或化学方法，将药物雾化成微滴或微粒弥散到空间，家禽通过呼吸道吸入体内或作用于鸭体表的一种给药方法。也可用于鸭舍、鸭舍周围环境、养鸭用具、孵化器及种蛋等的消毒。

注意事项：

一是恰当选择气雾用药，充分发挥药物效能。要选择对鸭呼吸道无刺激性，且能溶解于呼吸道分泌物中的药物，否则不宜使用。

二是准确掌握气雾剂量，确保用药效果。气雾给药的剂量与其他给药途径不同，一般以每立方米空间用多少药物来表示。为准确掌握气雾用药量，首先应计算鸭舍的容积，再计算出总用药量。

三是严格控制雾粒大小，防止不良反应发生。微粒愈细，越容易进入肺泡，但与肺泡表面的黏着力小，容易随呼气排出；微粒越大，越容易大部分都落在空间或停留在上呼吸道的黏膜表面，不易进入肺的深部，则吸收较差。通常治疗深部呼吸道或全身感染，气雾微粒宜控制在 0.5 ～ 5 微米。

（四）注射给药

注射用药主要是肌内（图 7-3 和视频 7-2）和皮下注射（图

7-4 和视频 7-3），药物不经肠道就直接进入血液，适用于个体治疗，尤其是紧急治疗，但必须每日 2～3 次（油剂和长效药剂除外）。除给大群鸭注射疫苗外，一般适用于小群体发病或发病严重的个体。因为大群注射比较费时费工。注射部位一般在鸭的胸部和腿部肌肉。由于是群体饲养，频繁抓鸭易造成应激或损伤，影响其生长。

视频 7-2 肌内注射

视频 7-3 皮下注射

图 7-3 肌内注射

图 7-4 皮下注射

注意事项：

一是腿部打针不要打内侧。因为鸭腿上的主要血管神经都在内侧，在这里打针易造成血管、神经的损伤，出现针眼出血、瘸腿、瘫痪等现象。

二是皮下打针不要用粗针头。粗针头打针因深度小、针眼大，药水注入后容易流出，且容易发炎流血。因此，皮下注射特别是给雏鸭注射要用细针头（人用针头），注射油苗可以用略粗一点的针头。

三是胸部打针不能竖刺。给雏鸭打针时，因其肌肉薄，竖刺容易穿透胸腔，将药液打入胸腔，引起死亡，所以，应顺着胸骨方向，在胸骨旁边刺入之后，回抽针芯以抽不动为准（说明针头在肌肉中），这时再用力推动针管注入药液。

四是药液多时不要在一点注射。因鸭的肌肉比猪、牛等的薄，在一点打入多量药液，易引起局部肌肉损伤，也不利于药物快速吸收。应将药液分次多点注入肌肉。

五是刺激性强的药液不宜在腿部注射。鸭的主要活动靠腿，有些药物刺激性强、吸收慢，如青霉素、油苗等，这些药物打入腿部肌肉，使鸭腿长期疼痛而行走不便，影响饮食和生长发育。所以应选翅膀或胸部肌肉多的地方打针。

六是捉拿鸭只要掌握力度。打针时捉拿鸭只应既牢固又不伤禽。如力度过大，轻则容易造成针眼扩大、撕裂、出血或流出药液，影响药效；重则造成刺入心肺等重要部位而导致内出血死亡。

（五）口服给药

口服给药适用于个别病禽的用药，优点是针对性强、节约药费、收效较快，主要是片剂剂型。此法多用于用药量较少或用药量要求较精确的鸭群。

五、常见病防治

（一）鸭的病毒性疾病

1. 高致病性禽流感

高致病性禽流感是由正黏病毒科流感病毒属 A 型流感病毒引起的禽类烈性传染病。世界动物卫生组织（OIE）将其列为须通报的动物疫病，我国将其列为一类动物疫病。

【流行特点】鸡、火鸡、鸭、鹅、鹌鹑、雉鸡、鹧鸪、鸵鸟、鸽、孔雀等多种禽类均易感。

传染源主要为病禽和带毒禽（包括水禽和飞禽）。病毒可长期在被污染的粪便、水等环境中存活。

病毒的传播主要通过接触感染禽及其分泌物和排泄物，被污染的饲料、水、蛋托（箱）、垫草，种蛋，鸡胚和精液等媒介，经呼吸道、消化道感染，也可通过气源性媒介传播。

【临床症状】潜伏期从几小时到数天，最长可达 21 天。表现为突然死亡、高死亡率，饲料和饮水消耗量及产蛋量急剧下降，病鸡极度沉郁，头部和脸部水肿，鸡冠发绀、脚鳞出血和神经紊乱。鸭鹅等水禽有明显神经和腹泻症状，可出现角膜炎症，甚至失明。

【病理变化】剖检病变：全身组织器官严重出血。腺胃黏液增多，刮开可见腺胃乳头出血，腺胃和肌胃之间交界处黏膜可见带状出血；消化道黏膜，特别是十二指肠广泛出血；呼吸道黏膜可见充血、出血；心冠脂肪及心内膜出血；输卵管的中部可见乳白色分泌物或凝块；卵泡充血、出血、萎缩、破裂，有的可见"卵黄性腹膜炎"。水禽在心内膜还可见灰白色条状坏死。胰脏沿长轴常有淡黄色斑点和暗红色区域。

急性死亡病例有时未见明显病变。

病理组织学变化：主要表现为脑、皮肤及内脏器官（肝、脾、胰、肺、肾）的出血、充血和坏死。脑的病变包括坏死灶、血管周围淋巴细胞管套、神经胶质灶、血管增生和神经元性变化。胰腺和心肌组织局灶性坏死。

【诊断】病原鉴定符合相应生物安全级别的，且经国务院农业农村主管部门认定的省级以上动物疫病诊断实验室和研究机构的实验室，可开展病原鉴定工作。

【防治】

（1）预防

① 加强饲养管理，提高环境控制水平。饲养、生产、经

营场所必须符合动物防疫条件，取得动物防疫条件合格证。饲养场实行全进全出饲养方式，控制人员出入，严格执行清洁和消毒程序。水禽和鸡禁止混养，水禽饲养场与养鸡场应相互间隔 3 公里以上，且不得共用同一水源。

② 水禽场要有良好的防止禽鸟进入饲养区的设施，并有健全的灭鼠设施和措施。

③ 加强消毒，做好基础防疫工作。要建立严格的卫生（消毒）管理制度。

④ 引种检疫。国内异地引入种禽及精液、种蛋时，应当先到当地动物卫生监督机构办理检疫审批手续且检疫合格。引入的种禽必须隔离饲养 21 天以上，并由动物卫生监督机构进行检测，合格后方可混群饲养。从国外引入种禽及精液、种蛋时，按国家有关规定执行。

（2）疫情处置

① 疫情报告。任何单位和个人发现患有该病或疑似该病的禽类，都应当立即向当地动物卫生监督机构报告。

动物卫生监督机构接到疫情报告后，按农业农村部新修订《中华人民共和国动物防疫法》（2021 版）全文和《高致病性禽流感疫情应急实施方案（2020 年版）》等有关规定执行。

② 疫情处理。确认属于高致病性禽流感感染后，实行以紧急扑杀为主的综合性防治措施（图 7-5）。对疫区和受威胁区内的所有易感禽类进行紧急免疫接种，对在曾发生过疫情区域的水禽，必要时也可进行免疫。所用疫苗必须是经农业农村部批准使用的禽流感疫苗。登记免疫接种的禽群及其养禽场（户），建立免疫档案。对疫点内禽舍、场地以及所有运载工具、饮水用具等必须进行严格彻底的消毒。

2. 鸭病毒性肝炎

鸭病毒性肝炎是由鸭肝炎病毒引起雏鸭的一种传播迅速和

图7-5 发生禽流感后全部扑杀

高度致死的传染病，主要特征为肝脏肿大、有出血斑点和神经症状。在新疫区，该病的死亡率很高，可达90％以上。中成鸭一般不发病，病雏鸭的特征症状是意识紊乱，频频抽搐，肝脏呈斑点状出血，胆囊肿大，胆汁颜色变淡。我国流行的鸭肝炎病毒血清型主要为Ⅰ型，并已广泛分布于全国各省市。该病是危害养鸭业的主要传染病之一。

【流行特点】该病一年四季都有发生，但以春季发病较多。该病主要发生于4～20日龄的雏鸭，成年鸭有抵抗力，鸭和鹅不能自然发病。病鸭和带毒鸭是主要传染源，主要通过消化道和呼吸道感染。饲养管理不良，缺乏维生素和矿物质，鸭舍潮湿、拥挤，均可促使该病发生。

【临床症状】该病潜伏期1～4天，突然发病，病程短促。病初精神萎靡，不食，行动呆滞，缩颈，翅下垂，眼半闭呈昏迷状态，有的出现腹泻。不久，病鸭出现神经症状，不安，运动失调，身体倒向一侧，两脚发生痉挛，数小时后死亡。死前头向后弯，呈角弓反张姿势（图7-6）。

该病的死亡率因年龄而有差异，1周龄以内的雏鸭可高达

95%，1～3周龄的雏鸭不到50%，4～5周龄的幼鸭基本上不死亡。

【病理变化】剖检可见特征性病变在肝脏。肝肿大，呈黄红色或花斑状，表面有出血点和出血斑（图7-7），胆囊肿大，充满胆汁。脾脏有时肿大，外观也有类似肝脏的花斑。多数肾脏充血、肿胀。心肌如煮熟状。有些病例有心包炎、气囊中有微黄色渗出液和纤维素絮片。

图 7-6　死亡鸭呈角弓反张姿势　　图 7-7　肝脏淤血、肿大、表面有大量的出血斑

【诊断】该病多见于20日龄内的雏鸭群，发病急，传播快，病程短，出现典型的神经症状，肝脏严重出血等特征，均有助于作出初步判断。

值得注意的是，近年来临床上在较大日龄鸭群或已作免疫接种的鸭群发生该病时，病例常缺乏典型的病理变化，仅见肝脏肿大、淤血，表面有末梢毛细血管扩张破裂而无严重的斑点状出血，易造成误诊漏诊，必须经病原分离与鉴定确诊。临床上诊断鸭病毒性肝炎还应注意与鸭疫里默氏杆菌病、雏鸭副伤寒、禽霍乱、曲霉菌病等作鉴别。

【防治】加强饲养管理，严格防疫消毒制度，使鸭群处在一个舍饲卫生的环境中，是预防该病的关键。

① 消除传染源。不从疫区购进雏鸭和孵化房以及经常性消毒是控制该病的前提条件。

② 对雏鸭采取严格的隔离饲养，尤其是 5 周龄以内的雏鸭，严禁饮用野生水禽栖息地露天水池的水。孵化、育雏、育成、育肥均应严格划分，饲管用具要定期清洗、消毒。

③ 供给雏鸭适量的维生素和矿物质。

④ 预防接种。采用鸡胚化弱毒疫苗或鸭瘟 - 鸭病毒性肝炎二联弱毒疫苗进行免疫接种。

⑤ 流行初期或孵房被污染后出壳的雏鸭，鸭发病初期进行紧急预防接种可起到控制作用，立即注射高免血清（或卵黄）或康复鸭的血清，每只 0.5 ～ 1 毫升，可以预防感染或减少病死。

⑥ 发病治疗。雏鸭群一旦发病，应立即注射高免血清或高免卵黄液，每只用 0.5 ～ 1 毫升。日龄稍大的鸭群，在无高免血清或高免卵黄液的情况下用鸭肝炎疫苗紧急接种，可迅速降低死亡率和控制疾病流行。

中药治疗。每 100 只鸭用茵陈 100 克，香薷、大黄、龙胆草、栀子、黄芩、黄柏、板蓝根各 40 克，煎水取汁加白糖 500 克，给鸭饮水或拌料，每天 1 剂，连用 3 天。同时每50 千克饲料中加禽用多维素 50 克、酵母片 100 片，捣碎拌匀喂给。

3. 鸭瘟

鸭瘟又称鸭病毒性肠炎，是鸭、鹅、天鹅的一种急性、热性、败血性传染病，其特征是血管损伤导致组织出血，体腔溢血，消化道黏膜坏死性病变，淋巴器官受损以及实质器官的退行性变化。该病流行广泛，传播迅速，发病率高，病死率高，通常在90％以上，因此对水禽业发展危害极大。

【流行特点】鸭瘟的传染源主要是病鸭和带毒鸭，其次是其他带毒的水禽、飞鸟之类。消化道是主要传染途径，交配以及通过呼吸道也可以传染，某些吸血昆虫也可能是传播媒介。

在自然条件下，该病主要发生于鸭，对不同年龄、性别和品种的鸭都有易感性。以番鸭、麻鸭易感性较高，北京鸭次之，自然感染潜伏期通常为2～4天，30日龄以内雏鸭较少发病。在人工感染时小鸭较大鸭易感，自然感染则多见于大鸭，尤其是产蛋的母鸭，这可能是由于大鸭常放养，有较多机会接触病原而被感染。2周龄内雏鸭可人工感染致病。野鸭和雁也会感染发病。

该病一年四季均可发生，但以春、秋季流行较为严重。当鸭瘟传入易感鸭群后，一般3～7天开始出现零星病鸭，再经3～5天陆续出现大批病鸭，疾病进入流行发展期和流行盛期。鸭群整个流行过程一般为2～6周。如果鸭群中有免疫鸭或耐过鸭时，流行过程可延至2～3个月或更长。

【临床症状】自然感染的潜伏期一般为3～4天，人工感染的为2～4天。病初体温升高达43℃以上，高热稽留，多数病鸭体温稽留在43～43.8℃之间达72～96小时。病鸭表现精神委顿，头颈缩起，羽毛松乱，翅膀下垂，两脚麻痹无力，伏坐地上不愿移动，强行驱赶时常以双翅扑地行走，走几步即倒地。病鸭不愿下水，驱赶入水后也很快挣扎回岸。病鸭食欲明显下降，甚至停食，渴欲增加。

病鸭的特征性症状是流泪和眼睑水肿。病初流出浆液性分泌物，使眼睑周围羽毛沾湿，而后变成黏稠或脓样，常造成眼睑粘连、水肿，甚至外翻，眼结膜充血或小点出血，甚至形成小溃疡。病鸭鼻中流出稀薄或黏稠的分泌物，呼吸困难，并发生鼻塞音，叫声嘶哑，部分鸭见有咳嗽。病鸭发生下痢，排出绿色或灰白色稀便，肛门周围的羽毛被沾污或结块。肛门肿胀，严重者外翻，翻开肛门可见泄殖腔充血、水肿、有出血点（见图 7-8），严重病鸭的黏膜表面覆盖一层假膜，不易剥离。部分病鸭在疾病明显时期，皮下组织发生不同程度的炎性水肿，可见头和颈部发生不同程度的肿胀（图 7-9），触之有波动感，切开时流出淡黄色的透明液体，俗称"大头瘟"。

图 7-8 明显的出血点

图 7-9 头部肿大

【病理变化】剖检可见多组织器官出血、消化道黏膜表面出现溃疡和伪膜、实质性器官坏死。镜检可见血管损坏，血管周围的组织发生退行性变性、坏死等。

【诊断】根据流行病学特点、临床症状和病理变化可作出初步诊断，确诊需经实验室的病毒分离鉴定和中和试验等。

【防治】该病目前尚无特效药物可用于治疗，故应以防为主。因此，为了做好鸭瘟的防治工作应做到以下几点。

① 做好消毒工作。严格执行对鸭舍、运动场、管理用具、

运鸭车辆和鸭笼等的消毒。可用 0.3% 的过氧乙酸或 0.2% 的火碱水或用 5% 的漂白粉液消毒。

② 从非疫区引种。因为调运病鸭可造成疫情扩散，所以严禁从疫区引进种鸭和鸭苗。从外地购进的种鸭，应隔离饲养 15 天以上，并经严格检疫后，才能合群饲养。病鸭和康复后的鸭所产的鸭蛋不得留作种蛋。

③ 免疫接种。除做好生物安全性措施外，采用鸭瘟活疫苗进行免疫接种能有效地预防该病的发生。对蛋鸭，可在 20 日龄进行首免，2 月龄以后加强免疫 1 次，产蛋前再进行第 3 次免疫。对肉鸭，可在 1～7 日龄时用鸭瘟疫苗皮下注射免疫 1 次，其免疫力可延续至上市。对种鸭，每年春、秋两季各进行 1 次免疫接种，每只肌注 1 毫升鸭瘟弱毒疫苗或 0.5 毫升鸭瘟高免血清鸭毒抗。要坚持一支针头只注射一只鸭，以免交互传染。凡是已经出现明显症状的病鸭，不再注射疫苗，应立即淘汰。

④ 发病处理。一旦发生鸭瘟，必须对鸭群进行全面检疫，并采取严格封锁措施，进行隔离消毒和紧急预防接种。此时禁止病鸭外调或出售，停止放牧，病死鸭深埋或焚烧。粪便、羽毛、污水须消毒，垫草宜烧掉，不再重复使用，同时注意不要到鸭瘟疫区水域放牧。

鸭群发病时，对健康鸭群或疑似感染鸭，应立即采取鸭瘟疫苗 3～4 倍量进行紧急接种。对病鸭，每只肌注鸭瘟高免血清鸭毒抗 0.5 毫升或聚肌胞 0.5～1 毫升，每 3 天注射 1 次，连用 2～3 次，进行早期治疗；也可用盐酸吗啉胍可溶性粉或恩诺沙星可溶性粉拌水混饮，每天 1～2 次，连用 3～5 天，但不应用于产蛋鸭，肉用鸭售前应停药 8 天。病鸭一律宰杀并深埋处理。同时对病鸭可能接触的一切物品进行彻底消毒。

4. 番鸭细小病毒病

番鸭细小病毒病是由番鸭细小病毒引起雏番鸭的一种以腹

泻和喘气为主要临床症状的急性、败血性传染病，主要病变特征是肠道严重发炎，肠黏膜坏死、脱落，肠管肿胀、出血。该病具有高度传染性，病死率高，主要侵害3周龄内雏番鸭，故又称番鸭"三周病"。

【流行特点】番鸭细小病毒只感染雏番鸭。病鸭和带毒鸭是主要传染源。被番鸭细小病毒污染的排泄物（粪便）、饲料、饮水、用具、人员、环境等是主要传播媒介。种蛋外壳、孵化环境和孵化器污染番鸭细小病毒常使出壳的雏番鸭严重发病。

该病主要经消化道而传播，没有明显的季节性，但冬春季气温低时，发病率和病死率较高。

发病率和病死率与日龄密切相关，日龄愈小发病率和死亡率愈高，一般从4～5日龄开始发病，10日龄左右达到高峰，以后逐日减少，20日龄以后表现为零星发病。3周龄以内的雏番鸭发病率为20%～60%，病死率为20%～40%。近年来雏番鸭发病日龄有增大的趋势，30日龄以上的番鸭偶有发病，但其病死率较低，往往形成僵鸭。

【临床症状】该病的潜伏期4～16天，病程2～7天，症状以消化系统和神经系统功能紊乱为主。根据病程长短，可分为最急性型、急性型和亚急性型三个类型。

① 最急性型：多见于6日龄以内的雏番鸭，病势凶猛，病程往往只有数小时。多数病例不表现先驱症状即衰竭，倒地死亡，该型占整个病例的4%～6%。

② 急性型：主要见于7～21日龄雏番鸭，主要表现为精神委顿，羽毛蓬松，两翅下垂，尾端向下弯曲，两脚无力，懒于走动，厌食，离群；有不同程度腹泻，排出灰白或淡绿色稀便，并黏附于肛门周围；呼吸困难，喙端发绀，后期常蹲伏，张口呼吸。病程一般为2～4天，濒死前两肢麻痹，倒地，衰竭死亡。该型占整个病例的90%以上。

③ 亚急性型：多见于发病日龄较大的雏鸭，主要表现为精神委顿，喜蹲伏，两脚无力，行走缓慢，排黄绿色或灰白色

稀便，并黏附于肛门周围。病程 5～7 天，病死率低，大部分病愈鸭颈部、尾部脱毛，嘴变短，生长发育受阻，成为僵鸭。

【病理变化】大部分病死鸭肛门周围有稀便黏附，泄殖腔扩张、外翻。心脏变圆，心壁松弛，尤以左心室病理变化明显。肝脏稍肿大，胆囊充盈。肾和脾稍肿大。胰腺肿大且表面散布针尖大灰白色病灶。肠道呈卡他性炎症或黏膜有不同程度的充血和点状出血，尤以十二指肠和直肠后段黏膜为甚，少数病例盲肠黏膜也有点状出血。

【诊断】根据流行病学、临床症状和病理变化可以作出初步诊断。但该病常与小鹅瘟、鸭病毒性肝炎或鸭传染性浆膜炎混合感染，容易造成误诊和漏诊，确诊必须依靠病原学和血清学方法。

【防治】严格的生物安全措施对该病的防治具有重要意义，对种蛋、孵房和育雏室的严格消毒尤为重要，结合预防接种，可减少或防止该病的发生和流行。

① 加强育雏期的管理，鸭舍干燥，通风良好，温度适宜，密度适中，勤换垫料。出壳后 4 周内雏番鸭要隔离饲养。刚引进的雏鸭及时供水，适量添加复合维生素和葡萄糖，以增强其体质。

② 做好对种蛋、孵化器、育雏室环境及用具等的严格消毒。

③ 做好免疫接种，用番鸭细小病毒活疫苗对 48 小时以内的健康番鸭进行免疫接种，或用鹅细小病毒和番鸭细小病毒二联灭活疫苗在种番鸭产蛋前半个月免疫接种可预防该病的发生。

④ 发病治疗。目前该病尚无有效的抗病毒化学药物。对已被污染的雏番鸭群采用弱毒疫苗＋转移因子进行免疫作紧急预防，保护率达 80％左右。对已被感染发病的雏番鸭采用干扰素＋转移因子、高免血清（卵黄抗体）＋转移因子注射效果明显。

5. 鸭坦布苏病毒病

鸭坦布苏病毒病是由坦布苏病毒引起的鸭的一种传染病，感染该病的种鸭通常会引起严重的产蛋率下降，出现共济失调，卵巢出血、发炎的现象。因此该病又被称为鸭出血性卵巢炎、鸭产蛋下降综合征、鸭病毒性脑炎和鸭鹅脑炎卵巢综合征等。

鸭坦布苏病毒病是一种新发传染病，该病影响包括绍兴鸭、金定鸭和麻鸭在内的多种产蛋鸭以及北京鸭、樱桃谷鸭等肉鸭种群，鸡和鹅也能感染发病，并出现腹泻，采食、产蛋量下降及神经症状。该病的发生给我国养禽业造成了严重的经济损失，引起广泛关注。

【流行特点】 该病是一种急性、热性传染病，主要危害鸭，鹅和鸡也可发病。此外，发病麻雀中也分离到该病毒。感染发病鸭群主要以产蛋鸭为主。

有关该病的传播途径目前尚不完全清楚，可以认为能够水平传播。该病在夏季的发病率显著高于其他季节，说明高温季节存在的某种因素对该病的发生有促进作用。蚊媒在该病的传播上起重要作用，但不是唯一传播途径。

【临床症状】 产蛋鸭发生该病主要表现为采食突然下降、体温升高，随之出现产蛋量急速下降，通常在 5 ～ 6 天之内产蛋率下降至 10% 以下，甚至停产。部分患病鸭排绿色稀便，趴卧或不愿行走，驱赶时出现共济失调（图 7-10）。同时，也表现出明显的神经症状，特别是刚开产的年轻种鸭。种鸭发病期间所产蛋受精率一般会降低十多个百分点，发病后期常常表现为一个换羽过程。

雏鸭、青年鸭发病表现为采食量下降，排绿色稀便（图 7-11），后期出现瘫痪、翻个等神经症状，发病鸭因饮食困难造成衰竭而死亡。

该病病程约为 1 个月，可自行逐渐恢复。首先，采食量在 15 ～ 20 天时开始恢复，绿色粪便逐渐减少，产蛋率也缓慢上升，状况较好的鸭群，尤其是刚开产和产蛋高峰期鸭群，多数可恢复到发病前水平，但老鸭一般恢复慢且难以恢复到原来水平。

图 7-10　共济失调

图 7-11　排绿色稀便

【病理变化】最显著的肉眼可见病变主要见于卵巢，初期可见部分卵泡充血和出血，中后期则可见卵泡严重出血和破裂、变性和萎缩，输卵管内有黏液。部分病鸭可见有卵黄性腹膜炎；心肌苍白，有的可见心内膜出血；脾脏肿大，呈大理石样斑驳状；肠道出血，有溃疡。有些病鸭还可见肝脏肿大，颜色发黄；胰腺有出血坏死；腺胃肿胀，肌胃壁出血。有神经症状的病死鸭可见脑膜出血，脑组织水肿，呈树枝状出血。

【诊断】根据流行病学特点、特征性症状和病变作出初步诊断，确诊需要进行实验室检查。

【防治】该病夏秋季多发，鸭场要注重生态环境建设，做好污水处理，减少蚊虫滋生，在疫病流行的季节和地区要加强生物安全防护措施，如运输工具和生产设备的清洁卫生与消毒，防止规模化养殖鸭群与野生禽类的接触。废弃垫料、病死鸭要进行无害化处理。

在鸭群管理上，要改善鸭舍的饲养环境，降低饲养密度，保证鸭舍的温度、湿度和合理通风，为其健康创造有利的条件。减少各种应激因素，如霉变饲料、频繁疫苗接种和气温的剧烈变化。

预防上使用坦布苏病毒灭活疫苗为健康鸭接种。肉鸭5～9日龄，每只颈部皮下注射0.3毫升，麻鸭或种鸭5～9日龄首免，0.3毫升/只，两周后加强免疫一次，0.5毫升/只，开产前2～4周第三次免疫，1毫升/只。

发病鸭群可以采取适当的支持性治疗，在饮水中添加复合维生素和葡萄糖，以增强抵抗力。结合鸭群的具体情况，通过饮水适当给予一定量的抗生素，防治细菌继发感染。重组禽类干扰素在发病早期应用有一定的防治效果。

（二）鸭的细菌性疾病

1. 鸭传染性浆膜炎

鸭传染性浆膜炎又名鸭疫里默氏杆菌病（鸭疫巴氏杆菌病）、新鸭病或鸭败血病，是由鸭感染鸭疫里默氏杆菌而发生的一种急性、败血性、接触性传染病，其特征是引起雏鸭纤维素性心包炎、肝周炎、气囊炎和关节炎，从而导致死亡、体重减轻和淘汰，给养鸭业造成巨大的经济损失。该病是当前影响水禽养殖的一种重要疫病，广泛地分布于世界各地。

【流行特点】该病主要感染鸭，火鸡、鸡、鹅及某些野禽也可感染。在自然情况下，2～8周龄雏鸭易感，其中以2～3周龄鸭最易感。1周龄内和8周龄以上不易感染发病。在污染鸭群中，感染率很高，可达90%以上，死亡率在75%～80%之间。育雏舍鸭群密度过大，空气不流通，地面潮湿，卫生条件不好，饲料中蛋白质水平过低，维生素和微量元素缺乏以及其他应激因素等均可促使该病的发生和流行。

该病主要经呼吸道或皮肤伤口感染，被细菌污染的空气是重要的传播途径，经蛋传递可能是远距离传播的主要原因。该病无明显季节性，一年四季均可发生，春、冬季节较为多发。

该病常表现明显的"疫点"特征，发病严重的鸭场，疫情往往能够向周围鸭场扩散。

【临床症状】潜伏期为 1～3 天，有时可达 1 周。最急性病例常无任何症状突然死亡。急性病例的临床表现有精神沉郁、缩颈、嗜睡、嘴拱地、腿软、不愿走动、行动迟缓、共济失调、食欲减退或不思饮食。眼有浆液性或黏液性分泌物，常使两眼周围羽毛粘连脱落。鼻孔中也有分泌物，粪便稀薄，呈绿色或黄绿色，部分雏鸭腹胀。死前有痉挛、摇头、背脖和伸腿呈角弓反张，抽搐而死。病程一般为 1～2 天。而 4～7 周龄的雏鸭，病程可达 1 周以上，呈急性或慢性经过，主要表现精神沉郁，食欲减少，肢软卧地，不愿走动，常呈犬坐姿势，进而出现共济失调，痉挛性点头或摇头摆尾，前仰后翻，呈仰卧姿态，有的可见头颈歪斜，转圈，后退行走（视频7-4），病鸭消瘦呼吸困难，最后衰竭死亡。

视频 7-4 鸭子出现腿部疾病无法站立行走

【病理变化】特征性病理变化是浆膜面上有纤维素性炎性渗出物，以心包膜、肝被膜和气囊壁的炎症为主。心包膜被覆着淡黄色或干酪样纤维素性渗出物，心包囊内充满黄色絮状物和淡黄色渗出液。肝脏表面覆盖一层灰白色或灰黄色纤维素性膜（图 7-12）。气囊混浊增厚，气囊壁上附有纤维素性渗出物。脾脏肿大或肿大不明显，表面附有纤维素性薄膜，有的病例脾脏明显肿大，呈红灰色斑驳状。脑膜及脑实质血管扩张、淤血。

慢性病例常见胫跗关节及跗关节肿胀，切开见关节液增多。少数输卵管内有干酪样渗出物。

【诊断】根据流行病学特点、临床病理特征可以对该病作出初步诊断，确诊时还必须进行实验室诊断。

图7-12 肝脏表面有一层灰白色的纤维素性膜

【防治】养殖条件和饲养管理水平与该病的发生及严重程度密切相关。育雏舍饲养密度过大，空气不流通，环境潮湿，卫生条件不好，饲养粗放，饲料中缺乏维生素与微量元素，以及蛋白质水平过低等，都易造成该病的发生与传播。因此，应以加强饲养管理为主。

（1）加强饲养管理 注意鸭舍的通风，环境干燥，要有足够大的运动场和流动水体，运动场必须松软平整，防止造成体外伤。保持鸭群活动水域的清洁卫生，常用生石灰粉或漂白粉泼洒水体杀菌消毒，经常用百毒杀或其他消毒水清洗料槽或泼洒运动场消毒，对于受到严重污染的水体要经常换水。

（2）采用全进全出的饲养制度 商品鸭饲养做到每一批次同时进场饲养同时出场销售，如果做不到全场的同进同出，在保证良好生物安全的情况下，也要做到同一批次或同一栋舍的商品鸭同进同出。

（3）药物预防　在流行地区使用药物预防也是控制该病发生的一项重要措施。鸭疫里默氏杆菌，属革兰氏阴性小杆菌，氯霉素、土霉素、多黏菌素 B 及磺胺类药物等对该病有良好的防治效果。在雏鸭易感日龄，饮水中添加 0.2% ～ 0.25% 的磺胺二甲基嘧啶或饲料中加入 0.025% ～ 0.05% 的磺胺喹噁啉进行预防性用药，可预防该病或降低该病的死亡率；或分别将氯霉素、土霉素按 0.04% 混入饲料连喂 3 ～ 5 天，能有效地控制发病率和死亡率。

（4）预防接种　雏鸭尤其是肉雏鸭的首次免疫尽可能在 7 日龄以内，2 ～ 3 周后再进行第二次免疫。首免多采用水剂灭活苗，二免用水剂灭活苗或油乳剂灭活苗免疫。由于该病常与大肠杆菌混合感染，因此，在使用时可选择鸭疫里默氏杆菌病与大肠杆菌病二联苗预防。同时还应考虑在母禽产蛋前及产蛋中期做免疫接种，保证雏禽出生后有母源抗体，以防雏禽早期感染致病。

（5）发病治疗　鸭传染性浆膜炎对青霉素、头孢类、大环内酯类及喹诺酮类等多种抗菌药物敏感，治疗时可采用林可霉素与青霉素联合皮下注射，用药前最好能做一下药物敏感试验。发病期间禁止鸭群下水。

2. 鸭大肠杆菌病

鸭大肠杆菌病是由大肠杆菌（大肠埃希菌）的某些致病性血清型引起的一种急性败血性传染病，因而又名鸭大肠杆菌败血病。该病的临床特征是发病急、死亡快，主要侵害 2 ～ 6 周龄的小鸭，是目前水禽尤其是幼龄水禽的一种较为常见的疾病。

【流行特点】大肠杆菌在自然界分布广泛，各龄的鸭均易感染，以 2 ～ 6 周龄雏鸭群多发，发病多在秋末、春初。病鸭和带菌鸭为主要传染源。鸭场卫生条件差，地面潮湿，舍内通风不良，氨气味大，饲养密度过大易诱发该病。初生雏鸭的感染是由于蛋被传染。该病的发病率并不高，但各种年龄的鸭均可感染。

【临床症状】感染大肠杆菌病后雏鸭一般表现为精神不振，闭眼嗜睡，个别鸭扇动翅膀，尖叫不安，有的鸭张口呼吸，排稀便或水样便，呈灰白色、黄色，多数腿干燥、脱水。临床上以脐炎、咽结膜炎、气囊炎、心包炎、败血症、肉芽肿及输卵管炎为特征。常见以下类型。

① 败血症型：该病常引起幼雏或成年鸭急性死亡。最急性的常无任何临床症状表现而突然死亡。急性的突然发病，精神、食欲不振，饮欲增强，腹泻，喜卧，不愿活动，少数还出现呼吸道症状。常发生于 1～2 周龄的水禽。

② 卵黄囊炎及脐炎型：该病型主要通过垂直传染，鸭胚卵黄囊是主要感染灶。鸭胚死亡发生在孵化过程，特别是孵化后期，病变卵黄呈干酪样或黄棕色水样物质，卵黄膜增厚。病雏突然死亡或表现软弱、发抖、昏睡、腹胀、畏寒聚集、下痢（白色或黄绿色）等，个别有神经症状。病雏除有卵黄囊病变外，多数发生脐炎、心包炎及肠炎。感染鸭可能不死，常表现卵黄吸收不良及生长发育受阻。

③ 眼炎型：该病型的患病雏禽眼结膜发炎、流泪，眼角常有脓性分泌物，严重者出现封眼、角膜混浊。

④ 关节炎型：患病雏水禽一侧或两侧跗关节或趾关节炎性肿胀，跛行，运动受限，吃食减少。

⑤ 浆膜炎型：该型患病鸭，临床上可见精神委顿，食欲不振或废绝，出现气喘、咳嗽、甩头等呼吸道症状，眼结膜和鼻腔常有分泌物，缩颈垂翅，羽毛松乱，常发生下痢，肛门周围羽毛沾污稀便，脚蹼失水干燥。

⑥ 生殖器官型：患病成年公水禽阴茎红肿发炎，常脱垂，病程长的阴茎上面有大小不等的干酪样坏死结节或痂块；患病母水禽产蛋减少或停产，常有软壳蛋或薄壳蛋，食欲减少或废

绝，腹部膨大、下垂，腹泻，粪便中常混有蛋黄、蛋白或变性的凝固的絮状碎片，最后消瘦衰竭死亡。

【病理变化】该病剖检变化主要以败血症为特征。患鸭肝脏肿大，呈青铜色或胆汁状的铜绿色。脾脏肿大，呈紫黑色斑纹状。卵巢出血，肺有淤血或水肿。全身浆膜呈急性渗出性炎症，心包膜、肝被膜和气囊壁表面附有黄白色纤维素性渗出物（图 7-13）。腹膜有渗出性炎症，腹水为淡黄色。有些病例卵黄破裂，腹腔内混有卵黄物质。肠道黏膜呈卡他性或坏死性炎症。有些雏鸭卵黄吸收不全，有脐炎等病理变化。

图 7-13 纤维素性心包炎

【诊断】用实验室病原检验方法，排除其他病原感染（病毒、细菌、支原体等），经鉴定为致病性血清型大肠杆菌，方可认为是原发性大肠杆菌病；在其他原发性疾病中分离出大肠杆菌时，应视为继发性大肠杆菌病。

【防治】通过生产实践发现，鸭大肠杆菌病的发生无明显季节性，一年四季均可发生。蛋鸭在雏鸭阶段发生率较低，从育成鸭开始逐渐增高；肉鸭则以 30 ～ 45 日龄段发生较多。饲养管理不良、饲料搭配不当或突然改变、气候剧变等因素能诱发该病发生，集约化养殖若饲养密度过大，污染严重，加之消毒不严，常引起较高的发病率，对雏鸭死亡率几乎可达 100%。

由于大肠杆菌普遍存在于自然界和动物肠道中，属条件性致病菌，当存在某些诱因时即可出现大肠杆菌所参与的并发或继发感染，造成各种日龄鸭及各品种鸭均易感染。因此，应从以下几个方面做好防治工作。

（1）加强环境卫生与消毒　大肠杆菌是动物机体的常见菌，主要通过粪便排泄，及时清理粪便，做好消毒工作，可以减少环境中大肠杆菌的浓度，从而减少感染机会。消毒药要交替使用，因为有些细菌可以对消毒药产生耐药性，且遇到比较顽固的细菌，有些消毒药的药效达不到杀菌的作用，或由于挥发比较快，杀菌效果就不那么好。

饮水的消毒一般采用氯制剂。但国外有报道称因为水的酸碱度问题，消毒不一定彻底，而在饮水中加入柠檬酸或醛固酮等，提高水的酸度，可以提高氯制剂的杀菌效果。很重要的一点，要注意水线的消毒，一批鸭子出栏后要对水线进行清洗。

（2）加强饲养管理　大肠杆菌在夏天的发生率要远高于冬天。原因在于夏季炎热潮湿，室内如果养殖密度大，通风不良，温湿度高，氨味重的话会导致机体体质变差、抵抗力下降、呼吸道黏膜受损，容易感染大肠杆菌。此时如果粪便清理不及时，就为大肠杆菌的滋生提供了有利的条件。并且由于湿度大，空气中气溶胶的含菌量增多，增加了机体感染的机会。所以夏天要注意及时清理粪便，加强通风换气及控制好温湿度。

要做好种蛋的消毒工作，及时淘汰弱残雏。雏鸭在 1 ～ 4 天进行药物预防，可有效减少种蛋传播大肠杆菌发病的概率。不要突然换料，减少对消化道的损伤，从而减少大肠杆菌入侵的机会。增强机体抵抗力，减少应激，必要时投喂抗应激药。

（3）疫苗免疫　我国大肠杆菌血清型众多，而且不同地区的优势血清群差异很大，就是在同一地区不同养殖场血清型相差也较大，甚至在同一养殖场同一禽群也存在多个血清型。在做疫苗免疫之前，最好弄清楚当地（本场）流行的大肠杆菌血清型。目前大肠杆菌的疫苗主要有灭活疫苗、致弱活疫苗、基因缺失突变疫苗等。

（4）药物预防与治疗　大肠杆菌是最容易诊断却最难治疗的一种细菌病。因为大肠杆菌不仅种类繁多，而且很容易产生耐药性，实际生产中感染途径及感染原因不一，所以经常出现按照药敏结果投药不管用，或者同一种药今天管用，明天就不管用了的情况。最有效的方法是根据分离细菌的药敏试验结果来选用有效的药物进行治疗。在生产中使用药物进行预防和治疗时，要定期更换药物或几种药物交替应用。

3. 鸭葡萄球菌病

鸭葡萄球菌病主要是由金黄色葡萄球菌引起的一种急性或慢性传染病。在临床上有多种表现病型，如腱鞘炎、创伤感染、败血症、脐炎、心内膜炎等。雏鸭感染后，多呈急性败血症，有很高的发病率和死亡率。青年鸭与产蛋鸭感染葡萄球菌后，多引起关节炎，表现为关节肿胀、跛行。该病是导致鸭死淘率较高的重要原因之一，也是危害养鸭业的重要疾病之一。

【流行特点】金黄色葡萄球菌在自然界中分布广泛，经常存在于禽类体表皮肤羽绒上。该病一年四季均可发生，以雨季、潮湿时节发病较多。病菌从鸭皮肤的外伤和损伤的黏膜侵入鸭体，也可以通过直接接触和空气传播，雏鸭脐带感染也是常见的途径。导致鸭损伤的主要因素有网刺及异物损伤、脐带感染。鸭群过大、拥挤，鸭舍通风不良、空气污浊、卫生较差，饲料单一、缺乏维生素和矿物质，以及存在某些疾病等因素，均可促进该病的发生和增大死亡率。

【临床症状】该病可区分为脐炎型、皮肤型、关节炎型和内脏型四种。

　　① 脐炎型：经常发生于 7 日龄以内的雏鸭。临床特征是体质瘦弱，缩颈合眼，饮食减少，卵黄吸收不良，腹围膨大，脐部发炎膨胀，常因败血症死亡。病死雏鸭脐部常有坏死性病变，卵黄稀薄如水。

　　② 皮肤型：经常发生于 3 ～ 10 周龄雏鸭，多因皮肤外伤感染，引起局部皮肤发生坏死性炎症或腹部皮下炎性肿胀，皮肤呈蓝紫色，触诊皮下有液体波动感。病程稍长，皮下化脓坏死，引起全身性感染，食欲废绝，最后因全身衰竭而死。病死鸭皮下有出血性胶样浸润，液体呈黄棕色或棕褐色，也有坏死性病变。

　　③ 关节炎型：经常发生于中鸭和成年鸭，趾关节和跗关节肿胀（图 7-14），跛行。在病鸭关节囊内或滑液囊内，有浆液性或纤维素性渗出物，病程稍长者关节囊内有炎性分泌物或干酪样坏死性物质。

图 7-14　双侧跗趾关节肿大

④ 内脏型：经常发生于成年鸭，表现为食欲减退，精神不振，有的腹部下垂，俗称"水裆"。病死鸭，肝脏肿胀，质地较硬，淡黄绿色，有黄白色点状坏死灶；脾脏有的稍肿；心外膜有小出血点；泄殖腔黏膜有时有坏死性溃疡灶；腹膜发炎，腹腔内有腹水和纤维素性渗出物。

【病理变化】不同病型其病变各异。死于脐炎型的雏禽，多以脐炎变化为主，脐部肿大，呈紫黑色，有暗红色或黄红色液体，久之则为脓样干涸坏死；卵黄稀薄，吸收不良。

关节炎型可见病变关节囊内有干酪样物质和脓液蓄积。皮肤型的可见腹部皮下水肿、有炎性渗出物，肝、脾肿大、淤血，肠道黏膜呈卡他性炎症。

败血型的可见心冠脂肪出血；肝、脾肿大、充血；肠黏膜出血；胸腹部脱毛，皮肤呈紫黑色，剪开见有大量胶冻样粉红色水肿液；同时肌肉有出血斑点或条纹。

【诊断】根据发病的特点、各型临诊症状及剖检变化，可作出初步诊断，如需确诊，必须做实验室细菌学检查。

【防治】葡萄球菌是各种禽类皮肤体表的常在菌，尤其是金黄色葡萄球菌。从鸭舍和各种用具上常可分离到该菌。因此，防治上要以加强饲养管理，做好消毒卫生工作为主。

（1）加强日常管理　鸭葡萄球菌病是一种环境性疾病，因此，做好鸭舍及鸭群周围环境的清洁与消毒工作，对减少环境中含菌量，降低感染机会，防止该病的发生有重要意义。保持地面或网架的清洁，不能积有粪便。坚持经常性地对全场鸭舍进行彻底消毒。如用 0.3% 的过氧乙酸或百毒杀消毒液定期对鸭舍和周围环境消毒，能有效地预防葡萄球菌病的发生。尽量避免和消除使鸭发病创伤的诸多因素，对饲养场地上的尖锐物进行及时清理，防止对鸭脚部的磨伤、擦伤、刺伤等。如雏鸭网育的铁丝网结构要合理，防止铁丝等刺伤皮肤，铁丝网上可加一层塑料育雏网。种鸭运动场要平整，排水要好，防止雨水浸泡鸭体；降低饲养密度；喂必要的营养物质，特别是供给足够的维生素制剂和矿物质，可以增强鸭的体质，提高抵抗力。

（2）免疫接种　在常发地区或药物治疗效果较差的地区，可考虑使用疫苗接种。由于葡萄球菌的血清型较多，免疫接种宜采用当地分离的强致病力菌株制成的葡萄球菌多价灭活苗，可有效地预防该病的发生。

（3）发病治疗　药物治疗是防治该病的主要措施，鸭群一旦感染该病，要立即准确作出诊断，由于葡萄球菌的耐药性较严重，治疗前最好首先采集病料分离出病原菌，经药敏试验以后，选择最敏感药物进行治疗。并注意交替用药，按疗程投药，才能收到较好的治疗效果。如无条件做药敏试验，应选择以前未用过的抗菌药。目前常用的药物有：丁胺卡那霉素或庆大霉素（肌内注射）、红霉素（饮水）、新生霉素等，各连用3～5天，要注意轮换用药。在用药治疗的同时，对病鸭群及环境进行消毒。种鸭关节炎型病例，可结合局部消毒处理。使用中草药方剂治疗也有一定效果。

4. 鸭巴氏杆菌病

鸭巴氏杆菌病又称为鸭霍乱、鸭出血性败血病（鸭出败），是由多杀性巴氏杆菌引起的各个品种鸭的一种接触性、急性、败血性传染病。其临床特征是发病急、死亡快、排绿色稀便。该病是危害养鸭业的一种严重传染病。

【流行特点】该病无明显季节性，一年四季均可发病，特别是在气候骤变时更易发生。病鸭、带菌鸭以及其他病禽是该病的传染源，病原可经消化道、呼吸道、皮肤伤口感染。

【临床症状】该病潜伏期一般为1～3天，根据病程长短和严重程度可分为最急性型、急性型和慢性型三种类型。

① 最急性型：发病急，死亡快，发生前常无明显症状而突然死亡。常见在早上或产蛋后突然死亡。少数可见短时体温升高，精神极度委顿而死亡。

② 急性型：初见委顿，蹲伏，停食，有渴感，呼吸急促，口角鼻孔流黏液，粪便稀呈灰黄色或黄褐色并常混有血液。病程 1 ～ 3 天。

③ 慢性型：病鸭消瘦，贫血，持续腹泻，冠和肉髯肿胀发硬，腿和翅关节发炎肿大，甚至化脓。病菌侵害呼吸道时，喉头可被纤维素性物质阻塞，引起呼吸困难，甚至死亡；鼻窦肿大，内含纤维素性物质，并流出有臭味的黏液，病程长达数周至数月。

鸭发生的霍乱常以病程短促的急性型为主。病鸭精神委顿，不愿下水游泳，即使下水，行动缓慢，常落于鸭群的后面或独蹲一隅，闭目瞌睡。羽毛松乱，两翅下垂，缩头弯颈，食欲减少或不食，渴欲增加，嗉囊内积食不化。口和鼻有黏液流出，呼吸困难，常张口呼吸，并常常摇头，企图排出积在喉头的黏液，故有"摇头瘟"之称。病鸭排出腥臭的白色或铜绿色稀便，有的粪便混有血液。有的病鸭发生气囊炎。病程稍长者可见局部关节肿胀，病鸭发生跛行或完全不能行走，还有见到掌部肿如核桃大（图7-15），切开见有脓性和干酪样坏死。

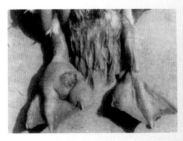

图 7-15　掌部肿如核桃大

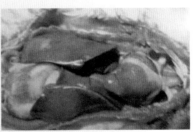

图 7-16　肝脏有散在的针尖大小白色坏死点

【病理变化】 特征是浆膜和黏膜上有小点出血，肝脏有大量坏死病灶（图7-16），发生剧烈下痢，慢性型主要表现为关节炎和关节肿大。

【诊断】 根据鸭巴氏杆菌病的发病特点，结合临床特点为腹泻、粪便呈绿色或灰白色；剖检特征为浆膜或黏膜有小出血点，肝脏上布满黄色点状的坏死灶等，不难作出初步诊断。确诊时可无菌采取肝、脾等组织病料，通过涂片染色镜检，细菌的分离培养和动物接种等试验进行确切诊断。

【防治】

① 预防该病的关键在于做好饲养管理。该病病原菌具有一定的条件致病性，对物理和化学因素的抵抗力比较弱。要切实加强饲养管理，严格执行消毒制度，保持鸭舍干燥、清洁、卫生，提高家禽抗病力。做到雏鸭、中鸭、成年鸭分群饲养。

② 杜绝从患病禽群中引进水禽，不从疫区引进鸭。鸭在非疫区引进后要先隔离饲养15～20天，确认无病后才能转入场内。周围地区发生疫情时，应停止放牧，并立即接种禽霍乱疫苗。

③ 免疫接种。在禽霍乱多发地区和季节，可使用疫苗预防。2月龄以上的鸭肌注2毫升禽霍乱氢氧化铝灭活苗，8～10天后再用一次，免疫期3个月以上；或用禽霍乱弱毒疫苗免疫注射，免疫期可达4个月。

④ 发病治疗。一旦发病，应立即封锁鸭群，对全群鸭及可疑病鸭及时隔离并治疗，用药量要足。发病后及时用抗生素和磺胺类药物治疗。

抗生素：青霉素每只鸭肌内注射5万～10万单位，每日2次，连用2～3天；或者链霉素每只成年鸭肌注10万单位，每日2次，连用2～3天；也可用土霉素每只鸭喂土霉素粉0.15～0.2克，加水稀释灌服，或用土霉素片（25万单位）每天1片，连用3～5天，或饲料中添加0.05％土霉素的制剂，连喂数天。

磺胺类药物：在饲料中添加 0.5%～1% 的磺胺二甲基嘧啶；或按 0.1% 的比例添加在饮水中，连喂 3～4 天；或用复方新诺明及长效磺胺，每只成年鸭用 0.2～0.3 克，每日一次。

中药治疗：苦木 0.3 克，穿心莲 0.6 克，墨旱莲 1.2 克，上药煎水调入饲料中喂。或用明矾 30 克，雄黄 45 克，甘草 18 克，共研磨拌料喂。也可用山楂、钩藤、宝花、淡竹叶、茵陈、荆芥、耳草各 500 克，煎水喂服。

5. 鸭沙门菌病

鸭沙门菌病又称鸭副伤寒，是雏鸭的一种急性或慢性传染病。病原为沙门菌属的多种细菌，其中鼠伤寒沙门菌是引起鸭副伤寒的主要菌种。因为患病的雏鸭死前有时见身体翻转，腹部向上，所以又叫作"仰卧病"。

【流行特点】在自然条件下，雏鸭易感，3 周龄之内的雏鸭更易感，3 月龄以上的鸭很少发生。病鸭和带菌鸭是主要的传染源，其他动物如鼠类也是一种重要的传染源。被细菌污染的场地、饲料、饮水、饲养工具以及往来人员等，都可能是传播该病的途径。据有关资料报道，在鸭饲料中，特别是在鱼粉、肉粉和骨粉中曾检验出沙门菌，育雏阶段，雏鸭吃入这种饲料，很容易发病。

被细菌污染的种鸭蛋，在贮存或孵化过程中，温度和湿度适宜，蛋壳表面上的细菌，乘机钻入蛋内，可使孵化率降低，使孵出的雏鸭带菌，弱雏增加，很易造成大量雏鸭发病死亡。这是一种经卵传播的途径。

孵化器很容易被病雏和带菌的鸭绒毛污染，进而污染孵化室的空气和人员物品等，易感雏鸭可以经空气感染，也可以与人员物品接触而感染，从而造成该病的发生和流行。

【临床症状】雏鸭患病后，主要呈急性败血症经过。若孵出后不久即感染或是鸭胚感染该病，常在数天内不出现任何症状而大批死亡；或出现弱雏，弱雏的抵抗力很低，极易因其他原因而死亡；或生长受阻，降低饲料报酬。病鸭精神沉郁，嗜睡呆立，不愿走动，腿软，常独一处；食欲减退或消失，口渴增加，下痢，粪便呈白色，开始时呈稀粥状，以后发展为水样。病程稍长，病鸭身体瘦弱，头部颤抖，眼结膜炎、流泪，眼周围的羽毛湿润，鼻内流出分物。病鸭常出现神经症状，如共济失调、头颤抖和扭脖，缩颈怕冷，呼吸困难，喘息，头向后仰，痉挛，数分钟后死亡，故又称"猝倒病"。病程一般1～5天，病愈的成年鸭常成为慢性带菌者，无明显的临床症状，耐过病鸭生长不良。

在自然条件下，该病主要发生于幼龄水禽，以1～3周龄雏水禽较为多见，尤其是3周龄之内的雏鸭更易感。病鸭和带菌鸭是主要的传染源。被细菌污染的场地、饲料、饮水、饲养工具及往来人员等，都可能传播该病。该病除可经卵垂直传播外，饲养管理人员也可传播。

【病理变化】刚出蛋壳不久而死亡的雏鸭，大都是卵黄吸收不全，脐部发炎，肠黏膜呈现卡他性或出血性炎症，肝脏稍肿淤血。死亡的较大日龄雏鸭，肝脏肿大、充血，表面有黄灰色小点状的坏死灶。胆囊肿大，囊内积有大量黏稠的胆汁。脾脏也有明显肿大，呈斑驳花纹状。小肠后段和直肠肿胀，肠黏膜呈卡他性或出血性炎症。最特征性的病变是盲肠肿大1～2倍（图7-17），呈斑驳花纹状，肠内有干酪样团块物质。其他病变还有心包炎、心包积液。肾脏发白含有尿酸盐。气囊混浊，常附有黄白色纤维素性物质。有时出现肺炎、肺水肿、腹膜炎和卵巢炎等症状。

【诊断】根据流行病学、临床症状和病理变化，综合分析，可作出初步诊断。如若确诊，必须进行细菌学检验。注意该病应与雏鸭病毒性肝炎和传染性浆膜炎相鉴别。

【防治】

（1）防止蛋壳被污染　沙门菌可经卵垂直传播，因此，应保证鸭蛋的卫生。鸭舍应在靠近墙边处设产蛋槽，一般每

3～5只鸭设1个产蛋箱，箱内勤换垫草，以保证蛋的清洁，防止粪便污染；对那些产在院落、运动场、河岸或河内的蛋严禁用于孵化。洗蛋可以消灭蛋壳表面的细菌，应有专门的洗蛋设备，洗时先用消毒水洗涤后，再用45℃的温水淋浴冲洗。蛋库应定期消毒。蛋托、孵化室、孵化器的消毒是防止蛋壳被污染的重要措施。

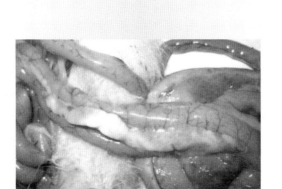

图7-17　盲肠肿大

（2）防止雏鸭感染　雏鸭与成年鸭应分开饲养。接雏鸭用的木箱或雏盘应于使用前、后进行消毒，防止感染。出雏后应尽早地供给饮水和饲料，并可在饲料中加入适当的药物。可用土霉素按每千克饲料加入0.2～0.4克或氟苯尼考按每千克饲料加入0.4克，连续喂服5天。

（3）发病治疗　土霉素、甲砜霉素、氟苯尼考、复方敌菌净、环丙沙星、恩诺沙星等对该病均有良好的治疗效果。如应用环丙沙星可溶性粉时，可按每100升水中加入5克，让鸭自由饮用，连用3～5天；应用恩诺沙星口服液时，按每100升水中加入 2.5 ～ 7.5 克，让鸭自由饮用，也可按每千克饲料加入 0.1 克，让鸭自由采食，连用 3 ～ 5 天；在鸭群病情较重时应用氟苯尼考注射剂，全群进行肌内注射，每千克体重一次注射 20 克，每 2 天 1 次，连用 2 ～ 3 次。

6. 鸭曲霉菌病

鸭曲霉菌病，又称鸭曲霉菌性肺炎，主要是由烟曲霉等真菌引起的鸭呼吸道传染病。其特征是在呼吸器官或组织中发生炎症，尤其是在肺和气囊上出现灰黄色的结节，胸腹部气囊也可能有霉菌斑。该病主要发生于雏鸭，临床上以 20 日龄内的雏鸭多见发病，但以 4 ～ 15 日龄雏鸭易感性最强。该病多呈急性经过，发病率高，可造成大批死亡，成年鸭多为散发。

【流行特点】鸭曲霉菌病的病原一般认为是致病力最强的烟曲霉菌。曲霉菌广泛存在于自然界，常污染垫草和饲料，其孢子可随空气传播。鸭吃进了受黄曲霉污染的饲料经消化道感染，健康鸭通过吸入含有霉菌孢子的空气而经呼吸道感染。在种蛋孵化过程中，霉菌还可穿透蛋壳而使初生鸭感染。较容易生长黄曲霉的饲料是花生、玉米、豆粕等。在加工完的配合饲料中，如保管不当也易生长黄曲霉。饲养管理不善，鸭舍通风不良和高密度饲养，以及卫生条件不良是该病暴发的主要诱因。

【临床症状】该病潜伏期一般为 3 ～ 10 天，急性病鸭在 2 ～ 3 天死亡，死亡率可达 80% 以上。急性病雏精神沉郁，羽毛蓬松，缩头闭眼，两翅下垂，食欲减少或拒食，饮水增加，常有下痢，粪便呈灰褐色。病雏呼吸次数增加，张口呼吸，咳嗽，后腹起伏明显，有时出现间歇性强力咳嗽和喘鸣声，当气囊有损害时发出特殊的沙哑声。后期出现麻痹症状，有时发生痉挛或阵发性抽搐，急剧消瘦而死亡。慢性病例症状不明显，主要表现为阵发性喘气，食欲不振，行走困难，下痢，逐渐消瘦而死亡。

【病理变化】剖检变化，肺、气囊和胸腔浆膜上有针头大或绿豆粒大小的结节。结节呈灰白色或淡黄色（图7-18），圆盘状，中间稍凹陷，切开时内容物呈干酪样，有的互相融合成大的团块。严重时，在病雏的肺、气囊或腹腔浆膜上有肉眼可见的成团的霉菌斑或近似于圆形的结节。

图7-18　肺中大量灰白色结节

【诊断】根据流行病学、症状、病理解剖以及微生物等检查方可确诊。

【防治】

（1）加强饲养管理　科学的饲养管理是预防该病的最好办法。鸭舍可用福尔马林熏蒸消毒，或0.5％新洁尔灭和0.5％～1.0％甲醛消毒。注意孵化器的消毒，孵化前或对已入孵的鸭蛋应在12小时内用福尔马林熏蒸消毒，以杀灭蛋壳表面的霉菌或霉菌孢子以及其他细菌和病毒。加强饲料贮存和保管工作，保持饲料新鲜，不使用过期、发霉的饲料；保持合理的饲养密度，保持圈舍通风、干燥；搞好环境卫生，及时清理鸭粪，更换垫料，不垫发霉的垫料；鸭舍、饲槽、饮水器等器具要定期消毒；禁喂发霉饲料，喂料时要少喂勤添，避免料槽中饲料积压。

（2）发病治疗 该病目前尚无特效的治疗药物，发生后用制霉菌素，配合硫酸铜溶液饮水有一定的疗效，同时要注意使用一些抗菌药物防止继发感染。

如果鸭群已发病，病鸭要及时隔离，并在饲料中加入0.1%的硫酸铜溶液，以防再发病。立即更换垫料，并把垫料下的土铲去一层。圈舍冲洗后，使用0.3%的过氧乙酸，彻底消毒鸭舍和运动场。及时将未感染鸭转移到干净和通风良好的鸭舍，远离污染环境。

治疗用制霉菌素，雏鸭每天用2～3毫克拌料，连用3天，同时用0.05%硫酸铜溶液（或0.5%～1.0%的碘化钾溶液）饮水，每天中午按治疗量喂一次恩诺沙星（控制继发感染），连用5天，同时注意通风换气。

（三）鸭的寄生虫病

1. 鸭球虫病

鸭球虫病是由球虫寄生在鸭小肠（极少数寄生于肾脏）而引起的原虫病。各种日龄的鸭都可感染发病，主要侵害鸭的肠道，以出血性肠炎为特征，发病率和死亡率均很高。尤其对雏鸭危害严重，常造成大批死亡。耐过鸭往往生长发育受阻，对养鸭业危害很大。

【病原】球虫病的病原有艾美耳属、泰泽属、温扬属和等孢属多种球虫。鸭球虫卵囊在外界环境中发育为孢子化卵囊所需的适宜温度为20～30℃，最适宜温度为26～28℃，在9℃和40℃时卵囊停止发育。该病2～3周龄雏鸭易感性最高，在网上育雏的雏鸭下地后3～4天，即23～24日龄时开始发病，地面育雏18～24日龄开始发病。发病率为30%～90%，不及时治疗死亡率20%～71%，甚至可达80%以上。6周龄以上鸭感染通常不表现明显的临床症状。成年鸭感染多呈良性经过，但成为带虫者，为球虫病的重要传染源。该病的发生通常是由病鸭或带虫鸭的粪便污染的土壤、地面、用具以及饲料和饮水引起传播的。该病的发生与季节有密切关系，当气温与湿度有利于卵囊发育为孢子化卵囊时，易暴发球虫病。

【临床症状】鸭群突然发病，2～3周龄雏鸭感染后的急性型症状，表现为精神委顿，缩颈垂翅，喜卧，闭眼呆立，食欲减退或不食，渴欲增加。病初腹泻，体重下降，不能站立，卧地时鸣叫，排红色或紫红色血便，常于发病后2～3天死亡。耐过鸭逐渐恢复食欲，生长发育受阻，增重缓慢。慢性型一般无明显症状，偶见腹泻，常成为球虫携带者和传染源。剖检肠管暗红色肿胀，黏膜面有大量出血点，肠管充满血液或血凝块。患病鸭急性出血性肠炎，黏膜肿胀增厚、出血和糜烂。

【防治】

① 改善鸭的生活环境，特别是鸭舍卫生，鸭舍要经常打扫消毒，保持清洁、干燥。及时清除粪便，并对粪便堆肥发酵以消灭卵囊和其他病原微生物；保持饲养与饮水设施的清洁卫生。

② 实行严格的隔离制度。饲养员禁止乱串圈，本场人员外出回来后要经消毒和更换场内工作服和鞋后方可进入生产区。谢绝外场人员进入场区及鸭舍参观，以免从外面带进球虫卵囊。

③ 鸭舍清圈后应进行彻底消毒，如应用火焰喷灯烧地面及墙壁，彻底杀灭卵囊，如不能做到彻底消毒，则应于鸭转入污染圈后立即饲喂加防球虫药的饲料3～4天，可起到预防作用。

④ 药物防治。预防上必须早期投药，以主动预防该病的发生。如蛋鸭可在产蛋前用马杜霉素、氨丙啉、氯苯胍等药物

交替使用进行预防，产蛋期可用抗球灵（地克珠利）饮水，每公斤水用药 1 毫克，用青霉素每只用 1 万国际单位，交替使用，可收到良好的预防效果。平时预防球虫病用药，一般按比例拌入饲料中饲喂，注意药物一定要搅拌均匀，尤其是使用比例较小的某些药物，投喂前必须用逐级扩大法拌料，以免发生中毒。

⑤ 发病治疗。用复方磺胺甲噁唑（复方新诺明）按 0.2% 浓度混料饲喂，连用 6 天；或复方磺胺六甲氧嘧啶按 0.2% 浓度混料饲喂，连喂 4 天。

2. 鸭绦虫病

【病原】该病是由绦虫寄生于鸭小肠引起的，有多种绦虫，常见的是剑带绦虫和膜壳绦虫。该病分布广泛，呈地方性流行，有明显的季节性，多发生于 4 ～ 10 月份的春末夏秋。各日龄的鸭均可感染该病，但幼年鸭更易感。该病对鸭危害很大，常造成幼鸭大批死亡，是鸭的一种重要的寄生虫病。

该病有一个中间宿主——剑水蚤。孕卵节片或虫卵落入水中，虫卵被剑水蚤吞食，在体内发育为成熟的似囊尾蚴，鸭吞食了含成熟似囊尾蚴的剑水蚤而感染，在小肠内发育为成虫。除鸭、鹅感染该病外，野生水禽也能感染，成为该病流行的自然疫源。该病主要侵害 2 ～ 4 月龄的幼鸭。

【临床症状】青年鸭和幼鸭感染后，出现消化功能障碍，腹泻、排稀白色粪便，有时混有白色绦虫节片。发病后期，食欲废绝，羽毛松乱无光泽，离群、不愿走动。严重感染者出现神经症状，运动失调，后坐、仰卧或突然倒向一侧。病程 1 ～ 5 天，常死于恶病质。

【防治】

① 不同日龄鸭应分开饲养。

② 定期驱虫，每年至少 2 次。一般为春、秋季各一次。所用药品为吡喹酮 10 ～ 15 毫克 / 千克体重，口服。或者阿

苯达唑 20 ～ 30 毫克 / 千克体重，口服。也可用硫双二氯酚 100 ～ 150 毫克 / 千克体重，口服。

③ 发病治疗。鸭群一旦发生该病应立即使用驱虫药，可按照以上药物一次性投服治疗。

（四）鸭的营养代谢病和中毒病

1. 鸭维生素 A 缺乏症

维生素 A 是动物骨骼形成，视色素合成，上皮组织、神经组织结构完整性的保持和健全所必需的营养物质，与动物的生长发育、视觉、消化、呼吸、繁殖力和抗病力都有极大的关系。维生素 A 缺乏主要表现为器官黏膜损害，上皮角化不全，视觉障碍，生长发育不良，产蛋率、孵化率降低。该病各日龄鸭均可发生，但以一周龄左右雏鸭多见，主要发生在冬季和早春季节。

【病因】发生维生素 A 缺乏症的病因主要有：饲料中缺乏维生素 A 或胡萝卜素。动物性饲料一般富含维生素 A；植物性饲料如青绿饲料、胡萝卜、南瓜、黄玉米等富含胡萝卜素，而糠麸、粕类含量较少。但长期饲喂含维生素 A 及胡萝卜素少的饲料时，就会发生该病。消化道及肝脏疾病影响了维生素 A 的吸收，如肝胆疾病、肠道炎症等。饲料加工不当，贮存时间过长使维生素 A 和胡萝卜素损失较多。如玉米贮存超过 6 个月，60% 维生素 A 被破坏。颗粒饲料加工过程可使胡萝卜素损失达 32% 以上等。

【临床症状】幼鸭缺乏维生素 A 时，表现生长停滞，消瘦衰弱，步态不稳，喙和脚蹼颜色变淡。特征性症状是眼睛肿胀，眼内充满水样或乳样渗出物，并从眼内流出，眼睑粘连，重者眼内有大块干酪样物，眼球下陷、失明（图 7-19）。病后期可有神经症状、运动失调。成年鸭缺乏维生素 A 表现为产蛋率、受精率、孵化率降低，眼、鼻分泌物增多，黏膜脱落坏死等症状。

图 7-19 眼球下陷、失明

【防治】

① 注意保证饲料中维生素 A 或胡萝卜素的含量，多喂胡萝卜、苜蓿草、动物肝粉等饲料；或在饲料中加入维生素 A 不低于 4000 国际单位／千克饲料。

② 注意饲料不应贮存过久，防止发霉、酸败。

③ 治疗上可按 8000 ～ 16000 国际单位混料喂服，连用 2 周；对成年重症鸭可口服浓缩鱼肝油丸，每日 1 粒／只，连用数日。但需注意对已经出现失明等严重患鸭是无法治愈的。

2. 鸭维生素 B_1、维生素 B_2 缺乏症

维生素 B_1 又称为硫胺素，维生素 B_2 又称为核黄素，在体内分别参与神经递质合成，蛋白质、核酸、脂肪酸、不饱和脂肪酸等多种代谢过程。该病是由于维生素 B_1、维生素 B_2 缺乏

引起的代谢性疾病，其特征是特殊的"观星状"姿势和脚趾的内蜷曲。

【病因】发生维生素 B_1 和维生素 B_2 缺乏的病因主要有：维生素 B_1 和维生素 B_2 几乎不能在雏鸭体内合成，主要靠从饲料中摄取，如果饲料中维生素 B_1 和维生素 B_2 不足，则可引起缺乏症。

【临床症状】维生素 B_1 缺乏的症状为成年鸭主要表现厌食、消瘦、步态不稳等症状；雏鸭则主要表现为神经症状，严重者头向后仰，角弓反张呈典型的"观星状"姿势。部分鸭腿肌麻痹，无法站立。

维生素 B_2 缺乏的症状为雏鸭生长缓慢，消瘦，腹泻，被毛粗乱，不愿走动。严重者两脚趾均向内蜷曲，不能行走，以飞节着地，腿部肌肉萎缩，呈典型的"内卷趾"状。维生素 B_2 缺乏可见腿部肌肉松弛、萎缩的病变。

【防治】

① 预防主要保证饲料中维生素 B_1、维生素 B_2 的含量。

② 患鸭的治疗可口服维生素 B_1 或维生素 B_2，或用针剂注射。

3. 鸭维生素 D 缺乏与钙磷代谢障碍

维生素 D 与钙磷共同参与骨组织的代谢，其中任何一个缺乏或钙磷比例失调都会造成骨组织的发育不良或疏松。该病在不同年龄鸭均可发生，但以 1 ~ 4 周龄幼鸭多发。

【病因】维生素 D 是一种脂溶性维生素，具有促进机体对钙、磷的吸收和重吸收的作用。既可在阳光照射下由皮肤合成，又可得之于动物性饲料。在舍饲时，尤其雏鸭得不到阳光照射，饲料中维生素 D 含量不足时，从而引起该病。

钙、磷是机体的常量元素，依赖于饲料的供给，当饲料中钙或磷不足或二者比例失调时，引起该病。饲料中其他矿物质干扰了钙、磷的吸收，如锰、锌、铁过高可抑制钙的吸收；肝脏疾病、肠道炎症影响了钙磷的吸收，从而引起或促发该病。

【临床症状】雏鸭生长迟缓，喙变软，行走摇晃，不愿走动，常蹲卧，逐渐瘫痪，需拍动双翅移动身体。产蛋鸭表现产蛋减少，壳薄易碎，产软壳或无壳蛋，鸭腿软无力，步态异常，重者瘫痪。

病变可见胸骨变软，呈 S 状弯曲；长骨变形，骨质变软或易折；飞节肿大；肋骨与肋软骨结合部出现球状增生，排列成环珠样；鸭喙变软，易扭曲；成年鸭的跗骨易折断；种蛋孵化率降低，死胎增多，死胚四肢弯曲、腿短、皮下水肿、肾肿大。

【防治】

① 预防上注意饲料中维生素 D 和钙、磷的含量及比例，可能情况下提供阳光照射。

② 治疗上对患病鸭群可添加鱼肝油 10～20 毫升／千克饲料，同时调整好钙磷比例及用量，合理的钙磷比为 2∶1，产蛋期为（5∶1）～（6∶1）。对重症鸭可口服鱼肝油胶丸或肌注维丁胶钙。

4. 鸭维生素 E- 硒缺乏症

鸭维生素 E- 硒缺乏症是由于维生素 E 或微量元素硒的缺乏或不足所导致的代谢性疾病。硒在体内有多种生理功能，其主要功能与维生素 E 有互补作用。因此，硒缺乏病与维生素 E 缺乏病有着部分相同的病症。硒缺乏主要表现为渗出性素质与白肌病，但无脑软化症。而且已经有研究证明，硒在白肌病中处于协同作用的位置，起主要作用的是维生素 E 和含硫氨基酸。在渗出性素质当中，由于硒与维生素 E 的互补作用，单一缺乏其中的一种往往不显现病症，多为两者同时缺乏时才发病。

【病因】发生维生素 E- 硒缺乏的原因主要有使用土壤缺硒地区的饲料造成硒的缺乏。我国有三大缺硒地带，其中东北、华北直至云南、贵州一带是最大的一条。使用这些地区饲料应注意补硒。使用劣质的微量元素添加剂，以及维生素 E 的缺乏使硒的需要量增加。拮抗元素如铜、锌、钴、硫等过多也会影响硒的吸收，锰的缺乏也降低硒的吸收，从而造成硒缺乏症。

【临床症状】发生维生素 E- 硒缺乏后，渗出性素质，主见于 2 ～ 4 周龄雏鸭，表现为精神不振，腹泻，消瘦，喙尖和脚蹼发紫，有时肉雏腹部皮下水肿，呈淡绿色或淡紫色。病变可见头颈部、胸前、腹下等部皮下有淡黄色或淡绿色胶冻样渗出物，胸、腿肌肉常有出血斑点，有时有心包积液，心肌变性或条纹状坏死。

白肌病，主要见于青年鸭或成年鸭，青年鸭生长发育不良，消瘦，腹泻，食欲不振；母鸭产蛋率、孵化率降低，胚胎发生早期死亡；种公鸭生殖器官发生退行性病变，睾丸萎缩，少精或无精。病变可见全身骨骼肌肌肉苍白、贫血，胸肌和腿肌中出现条纹状白色坏死、心肌变性、色淡，呈条纹状坏死，有时肌胃也有坏死。

【防治】

① 保证饲料中含有足够的硒和维生素 E。通常按 0.5 毫克硒加上 50 国际单位维生素 E 每千克饲料添加，进行预防。注意保持氨基酸的平衡，不要使用含不饱和脂肪酸过高的饲料，尤其是酸败的油脂，保证青绿饲料的供应。

② 治疗时，可按 2.5 毫克硒加上 250 国际单位维生素 E 每千克饲料添加。

5. 鸭有机磷农药中毒

有机磷农药是目前农业上应用较广的杀虫剂，种类较多，有甲胺磷、对硫磷、乐果、敌百虫等，鸭多因误食而引起中毒。

【病因】发生有机磷中毒多见于放牧的鸭群，鸭常因采食了喷洒有机磷农药的农作物、青草等引起中毒；亦因有机磷农药保管不当污染了饮水和环境所致；或用有机磷农药驱杀鸭体表寄生虫而引起；个别为人为投毒。

【临床症状】鸭中毒后常急性发作，口吐涎沫，拍翅、抽搐死亡。病程稍长可见流涎、流泪、瞳孔缩小，运动失调，两肢麻痹，下痢，呼吸困难，肌肉震颤，抽搐等症状，常在发病后数分钟内死亡。

【诊断】该病无特征性病变，肌胃内容物有大蒜臭味具有诊断意义。

【防治】

① 禁止到喷洒过农药的地域放牧；保管好农药及浸泡过的种子等，防止鸭误食。

② 由于该病病程较急，发病后应立即抢救，可肌注阿托品 0.5 毫升／只，同时应用解磷定或氯磷定 1.2 毫升／只。需注意解毒药品的应用应根据病情情况持续使用，如上述药物可每隔 1～2 小时重复使用一次，直至痊愈；有条件的，应剖开嗉囊，取出嗉囊内容物。

6. 鸭有机氟农药中毒

有机氟是一种高效农药，有多种，常用的有氟乙酰胺（敌蚜胺，1081）、氟乙酸钠（1080）等，用于杀虫和灭鼠。有机氟毒性很强，禽类在动物中对其易感性最低，但 10～30 毫克／千克体重即可致死。有机氟主要通过动物的消化道致毒，也可通过呼吸道和破损的皮肤致毒。有机氟在动物体外无毒性，只有在动物体内转变成氟柠檬酸后才能中断糖代谢使动物中毒。中毒后以大脑和心血管系统受害最重。

【病因】鸭常因采食被有机氟污染的青草、蔬菜和饮水或误食混有有机氟的灭鼠毒饵引起中毒。

【临床症状】发生有机氟农药中毒后，可见患鸭倒地抽搐、呼吸困难、流涎，呈现中枢神经系统和循环系统异常的症状。

【诊断】该病无特征性病变，剖检可见心内外膜有出血点、斑，肝脏、肾脏肿大、充血，脑血管充血、呈树枝状，脑实质轻度水肿。

【防治】

① 禁止鸭群到喷洒有机氟农药的地域或采食农作物；避免鸭吃到投放的灭鼠毒饵。

② 中毒后应立即用特效解毒药——解氟灵（乙酰胺）解救，剂量为 0.1～0.3 克／千克体重，以 0.5％盐酸普鲁卡因稀释，分 2～4 次肌注，至症状消失为止，如再出现症状，再次注射。或用二醇乙酸酯（醋精）100 毫升溶于 500 毫升水中口服。

（五）鸭的普通病

1. 鸭中暑

鸭中暑是鸭在外界高温或高湿的综合作用下，机体散热机制发生障碍、热平衡受到破坏而引发的一种急性疾病。如果救治不及时，可引起大批量死亡。

鸭中暑表现为烦躁不安，战栗，体温升高，随后出现昏迷、麻痹、痉挛而死亡；或呼吸艰难、急促，翅膀张开下垂，口渴，走路不稳或不能站立（图 7-20），最后因虚脱而死亡。剖检可见大脑实质及脑膜充血、出血，血液凝固不良，肠道水肿，肺及卵巢充血。蛋鸭的产蛋量下降，剖检可见有待产的蛋。

【防治】预防的主要措施是防暑降温，同时增加日粮的营养浓度、增加饲料的适口性。

① 合理设计鸭场、鸭舍，减少热量进入，并对屋顶、墙壁进行刷白处理；在鸭舍周围种草植树，不仅可以遮挡阳光，而且可以通过植物的光合作用吸收热量，降低环境温度。

② 降温防暑。敞开鸭舍门窗，加强空气流通，有条件的可安装排风扇或吊扇；在中午高温时段，通过地面洒水、屋顶喷水，亦可降低舍内温度；也可实行带鸭喷雾消毒，既降温，又杀菌。

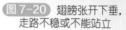
图 7-20 翅膀张开下垂，
走路不稳或不能站立 图 7-21 鸭皮下充满气体

③ 加强饲养管理。早放鸭，晚关鸭，增加中午休息时间和下水次数；在盛夏晴天，可让鸭露天乘凉过夜；适当提高日粮的营养浓度，多喂青绿饲料，增加饲料的适口性；供给充足清凉饮水，尤其是深井水，避免暴风雨侵袭；注意驱虫、防病。

④ 药物防暑。速效暑宁，每瓶溶于 1000 克水中，或拌料500 克，连用 3～5 天，在应激和温度超过 29℃时可连续使用；热暑平，每袋溶于 300 公斤饮水中，或拌料 150 公斤，同时增喂维生素 C 和电解多维等。

⑤ 发病治疗。在中暑鸭脚部充血的血管上，针刺放血，一般放血后 10 分钟左右即可恢复正常。也可以用冷水缓淋鸭头部，并用 2%"十滴水"灌服，每只每次 4～5 毫升，一般20～30 分钟后即可恢复正常。

2. 鸭皮下气肿

鸭皮下气肿是幼鸭、鹅等家禽的一种常见疾病。该病的发生，可见于粗暴捕捉，致使颈部气囊或锁骨下气囊及腹部气囊破裂，也可因其他尖锐异物刺破气囊或因肱骨、鸟喙骨和胸骨等有气腔的骨骼发生骨折，而使气体积聚于皮下，产生病理状态的皮下气肿；此外，呼吸道的先天性缺陷亦可使气体溢于皮下。

该病多发生于1～2周龄以内的幼鸭，临床上常见于颈部皮下发生气肿，因此又称之气嗉子或气脖子。

患鸭颈部气囊破裂，可见颈部羽毛逆立，轻者气肿局限于颈的基部，严重的病例可延伸到颈的上部，以至到头部并且在口腔的舌系带下部出现鼓气泡。若腹部气囊破裂或颈部的气体蔓延到胸部皮下，则会导致胸腹围增大，触诊时皮肤紧张，叩诊呈鼓音。如不及时治疗，气肿继续增大，病鸭表现精神沉郁，呆立，呼吸困难，饮、食欲废绝，衰竭死亡。

临床剖检的病鸭内脏器官常无明显特征性病变。仅见鸭的皮下充满气体（图7-21）。因为该病表现为"颈部皮下气肿"，多数养殖者不明就里，容易误认为"胀嗉"，但实际与"胀嗉病"有所差异，虽用药大致相同，但最关键、有效的救治方法尚有区别。

【防治】

① 避免鸭群拥挤摔伤，捕捉或提拿时切忌粗暴、摔碰，以免损伤气囊。

② 发生皮下气肿后，可用注射针头刺破膨胀的皮肤，使气体放出，但不久又会膨胀，故必须多次放气才能奏效。最好用烧红的铁条，在膨胀部烙个破口，将空气放出。因烧烙的伤口暂时不易愈合，所以溢出气体可随时排出，缓解症状，逐渐能痊愈。

3.鸭脱腱症

鸭脱腱症是育雏期易发的一种疾病，主要是因饲料营养不良或饲养管理方法不当所致，舍内温度偏低、湿度偏大等也可引起。10日龄以上的雏鸭易发病。

发病初期，雏鸭会出现行走不便、立足颤动、跗关节向内弯曲、时有爬行等姿势，但食欲尚好。随着病情的加重，病鸭完全不能站立，移动时用跗关节触地，甚至两翼支撑着地面，由此造成肢体磨烂发炎，关节肿大、变形，呈现"O"字或"X"字形。病鸭吃食困难，逐渐消瘦乃至死亡，到21日龄时，发病率上升到50%，死亡率可在10%以上。

【防治】

① 合理搭配饲料，保证营养需要。供给雏鸭所需营养成分是防治该病的重要一环。育雏期每公斤饲料中能量要达到2900千卡，粗蛋白含量为22.00%，粗纤维含量为3.5%，并含钙1.28%、磷0.71%、赖氨酸1.05%、甲硫氨酸加胱氨酸0.73%。每公斤饲料中还要含复合维生素0.2克，并需补充适量的锰和锌。

② 控制温度湿度，降低饲养密度。鸭舍内温度保持在25℃左右，湿度保持在65%～70%，每平方米养雏鸭7～10只。

③ 发病治疗。一旦雏鸭发病，应立即分群治疗，同时以小圈分散饲养，让每只病鸭都能饮水、吃食。同时，应针对病鸭所缺营养成分，补充矿物质、维生素和微量元素等。在雏鸭患病时，在每公斤饲料中增加锰50毫克，并且每只鸭饲喂维生素D、维生素B_1、维生素B_2各5毫克，连喂7天后减量。此外，还应在饲料中适当补充青绿饲料和鱼产品饲料。

4. 鸭软腿病

鸭软腿病又称鸭瘫风，各年龄段鸭均可发生，一般以冬季或春季的初产蛋鸭多发，肉用种鸭在限饲过程中，发生也比较普遍。患病鸭轻者产蛋量较少，发育迟缓，重者死亡。

发病鸭两腿关节肿大、变形，走动无力、困难，不能站立，走得过急或过快时易摔倒，严重时常以跗关节或靠两翼支撑着地，终至瘫痪。产蛋鸭患病时，因饮水和采食困难，产蛋量急剧下降。

场地潮湿、鸭舍通风较差，尤其是舍饲时，阳光照射少，运动不足，饲养密度过大以及拥挤等原因，均可导致该病的发生。

日粮营养不全，特别是钙磷缺乏及比例失调，或维生素 D 缺乏，是发病的主要原因。此外，锌缺乏，也会引起趾关节肿大，骨骼发生一系列变化，而导致软腿病的发生。

细菌性疾病，尤其是葡萄球菌引起的关节炎、关节周围炎、滑膜炎以及关节周围结缔组织增生、关节畸形，是软腿病发生的又一原因。留种时公母比例失调，公鸭过多，相互啄斗，极易造成腿瘫，母鸭也会因不堪重负而发生腿瘫，尤其是体质较弱的、体型较小的母鸭。

日常管理中操作粗暴，抓鸭、接种疫苗、称重、大群应激时易造成鸭相互践踏以及外伤或趾关节受伤。

【防治】

① 保持鸭舍干燥、通风，并做好环境卫生消毒工作，定期饮水消毒，勤换垫料，适度放牧和运动，多晒阳光。

② 要保证日粮营养物质的全面供给，在夏季高温期间及种鸭产蛋后期，要适当提高饲料中维生素和矿物质的含量。

③ 加强饲养管理，以减少刮伤、碰伤等受外伤机会，操作切忌粗暴，避免大群发生应激反应。产蛋期间，公母鸭比例要适当。

④ 发现病鸭，要及时隔离治疗。每天每只肌注每毫升含维生素 D 500 国际单位的胶性钙 1～2 毫升，一次注射，连续治疗 2～3 天即可痊愈。也可按每天每只维生素 B_1 10 毫克、贝壳粉 0.5 毫克，混于饲料中饲喂。对重症患鸭，无治疗价值的，应予以淘汰。

5.鸭啄癖

鸭啄癖又称啄食癖或异食癖，是由于物质缺乏、代谢功能紊乱、味觉异常引起的或纯属恶癖的一种疾病。其临床特征为鸭只间互相追逐啄食，或几只鸭集中啄食一只鸭，或自己啄食自己的羽毛和所下的蛋等。肉鸭通常多发生在24日龄以上中鸭阶段生长新羽毛或换小毛时，啄击部位多为背后部及羽翅尖部羽毛，往往造成被啄处羽毛稀疏残缺、毛囊出血，甚至皮肤撕裂。羽毛被连根啄出后常常被吃掉，掉毛皮肤见有损伤，病鸭食欲减退，严重影响鸭的正常生长发育，甚至死亡。

【病因】鸭群中发生该病的原因非常复杂，确切的原因迄今还没有统一的认识，目前认为可能的病因如下。

（1）环境因素 有的养鸭户圈舍狭小，饲养密度过大（每平方米养 15 只以上），运动不足，有的圈舍没有换气孔，圈舍通风不良，大部分圈舍过热、过湿，氨气味刺鼻以致超过鸭群耐受程度，光照过强或光线明暗分布不均。

（2）营养因素 饲料营养不全，普遍单一，主要是玉米面，造成蛋白质含量不足或含硫氨基酸缺乏，无机盐、维生素不足或因长期不补盐，另外钴元素缺乏而造成的脱毛症也易诱发啄羽。

（3）管理因素 运动不足、不同日龄同群混养、产蛋箱不足、破蛋未及时收集等；饲喂时间不固定，时饱时饥等；鸭粪清除不及时，甚至有的养鸭户从没清过圈，所以鸭粪发酵产生粪毒素、氨气等有害物质，刺激鸭体表，使其皮肤发痒；圈养鸭羽毛脏乱、污秽，这些是造成自啄、互啄的主要原因。

（4）蚊虫叮咬 夏日吸血性蚊虫大量繁殖，并叮咬肉鸭，致使体表奇痒而引起啄癖。

（5）疾病因素 各种疾病，如皮肤外伤出血，体外寄生虫侵袭引起皮肤发痒，慢性消化不良，母鸭输卵管和泄殖腔脱垂等也能引起该病。

【主要症状】症状的类型很多，常见的有啄羽癖、啄肛癖、食蛋癖、啄趾爪、啄异物等。

（1）啄羽癖　换羽期多发，表现为互相啄食耳毛，或啄食自己的羽毛，鸭群骚乱不安。被啄鸭羽毛蓬松脱落，皮肤出血破损，背后部羽毛稀疏残缺，食欲不振。雏鸭生长发育受到影响，母鸭产蛋量减少或产蛋停止。严重时消瘦、贫血、衰竭而死。

（2）啄肛癖　育雏期雏鸭最易发生，成年母鸭在交配后或产蛋肛门外翻时，也易发生。一般多只鸭追啄一只鸭或几只鸭的肛门，造成肛门受伤出血。严重的会导致输卵管或泄殖腔脱垂而死亡。

（3）食蛋癖　鸭群争相啄食一只鸭刚产的蛋或母鸭啄食自己产的蛋。多发于产蛋旺季，往往由于产下的软壳、薄壳蛋被踩破，或产下无壳蛋，或偶尔打破蛋被啄食开始，以后养成癖好，在鸭群继续发生。

（4）啄趾爪　多见于雏鸭，常因饥饿、槽位不足或过高引起。雏鸭脚部被体外寄生虫侵袭时，可引起鸭群互啄脚趾，引起出血和跛行。

（5）啄异物　如啄墙壁、食槽等。鸭消化需要沙砾，如果缺乏，常引起啄异物癖。

【防治】啄癖是个古老而富于挑战的难题，目前还没有特别有效的药物可以根治，只能加强饲养管理，供给全价饲料，搞好环境卫生。

① 发生啄癖时，要及时查明原因，迅速处理。立即将被啄的鸭隔离饲养，受伤局部进行消毒处理，对已啄鸭只可涂紫药水治疗，可在伤口涂抹废机油、煤油、鱼石脂、松节油、樟脑油等具有强烈异味的物质，防止鸭再被啄和鸭群互啄。

② 断喙。断喙是预防啄癖的有效办法。断喙用电热断喙器最好，其优点是刀片通电加热的温度高，喙部组织煤烙后不易再长，且能止血。如无断喙器，也可用铁钳或剪刀代替，但只能切除上喙喙尖。还可把有啄食癖的鸭的喙在石板上磨至出

血，使它由于喙部疼痛而不敢追啄其他鸭。

③ 合理配制日粮。配制优质、全价的日粮，满足鸭只各生长阶段的营养需要，特别应注意维生素 A、维生素 D、维生素 E 和 B 族维生素、胱氨酸、甲硫氨酸及微量元素等的供给。在饲料中加入 1.5%～2%石膏粉可治疗原因不明的啄羽癖。

④ 加强管理，减少应激。不同品种、日龄、体质的鸭不要混养，公、母鸭要分群饲养；每日定时加料、加水、清粪，配足饮水器、饲槽，防止饥饿引起啄癖；严格控制温度、湿度、通风、换气，避免环境不适引起的拥挤堆叠、烦躁不安。另外，要减少应激，保持鸭舍安静。天气闷热时除加强舍内通风外，还要在饮水中添加多种维生素，以避免中暑、热应激和引起啄癖。垫草厚度要适中，产蛋旺季要勤捡蛋，防止漏蛋、破蛋被抢食。

⑤ 采用短期食盐疗法，在饲料中添加 1.5%～2%的食盐，连喂 3～4 天，对食盐缺乏引发的啄癖效果明显，但要供给足够的饮水以防食盐中毒。

⑥ 控制光照强度。鸭舍应避免阳光直射和温度过高。门口要用粗布遮光，以免光线过强；夜晚照明灯以能看到饲料饮水即可，不宜太亮，可减少啄癖的发生。

⑦ 用 0.02% 复方磺胺甲噁唑（复方新诺明）、0.1% 磺胺间甲氧嘧啶等拌料预防和治疗鸭球虫病，同时注意定期消毒。

⑧ 鸭患寄生虫时，用吡喹酮、左旋咪唑、芬苯达唑、阿维菌素等对鸭群进行拌料以预防或驱杀体内外寄生虫。

6. 黄曲霉毒素中毒

黄曲霉毒素中毒是由黄曲霉毒素引起鸭的一种中毒性疾病。临床上以肝脏器官受损、消化功能障碍、全身浆膜出血以及出现神经症状为主要特征，发病呈急性、亚急性或慢性经过，黄曲霉毒素可导致不同种类和日龄的家禽发病，鸭尤其易感，常引起幼鸭中毒死亡，对鸭业生产危害较大。

【病因】黄曲霉毒素主要是由黄曲霉、寄生曲霉等霉菌代谢产生。给鸭饲喂受黄曲霉污染的作物及副产品，很容易引起鸭中毒发病。黄曲霉毒素对人和多种动物都有较强的毒性，其中黄曲霉毒素 B_1 的毒力最强，能诱发鸭、鹅等家禽的肝癌。

【症状】病鸭最初采食锐减、精神委顿、羽毛松乱、呼吸加快、气喘、生长缓慢、脱羽、腹泻、步态不稳，常见跛行、腿部和脚蹼可出现紫色出血斑点。1～3日龄雏鸭多呈急性中毒，死前常见有共济失调、抽搐、角弓反张等神经症状，死亡率可达100％。成年鸭通常呈亚急性或慢性经过，慢性中毒，症状不明显，主要表现食欲减少，瘦弱，贫血，恶病质，病程较长的可见腹围增大。病鸭开产期推迟，产蛋量下降，蛋变小。有时颈部肌肉痉挛，角弓反张。

【病理变化】特征病变主要在肝脏。肝急性肿大（图7-22），有出血点和出血斑，胆囊充盈。心内外膜有出血点，有的心包膜有纤维素性炎。腺胃、肠有出血点，肌胃黏膜、肠黏膜脱落。肺和胸腹部气囊壁有谷米大小淡黄色结节病灶，取肺及气囊上结节压碎加一滴生理盐水压片镜检，可见到分枝状菌丝体及串珠样排列的圆形孢子。

【诊断】可根据临床症状和病变进行初步诊断。可疑饲料要进行实验室检验及微生物学检查来确诊。

【防治】

① 加强饲料保管，防止饲料发霉。特别是梅雨季节，更要注意防霉。

② 鸭棚内外用0.5％过氧乙酸消毒。粪便用漂白粉消毒、用具用0.2％次氯酸钠消毒。彻底消除禽场中的霉菌孢子及毒素。

③ 发病治疗。该病目前尚无有效治疗药物，一旦发现疑似黄曲霉毒素中毒病鸭，则应立即停止饲喂含有黄曲霉毒素的饲料和饲草，并给以富含维生素的青绿饲料，供给多种维生素，将葡萄糖混于饮水中，有益于中毒的恢复。内服制霉菌

素，每 100 羽鸭用 50 万国际单位，均匀拌入饲料中饲喂，每日两次，连续 3 天。

图7-22 肝脏肿大

第八章

鸭产品加工

一、鸭蛋加工

鸭蛋的生产和加工是养鸭业的主要组成部分。鸭蛋加工是我国传统蛋制品加工的主流，在长期的实践中，我国开发了多种传统、实用的蛋制品加工方法，其工艺简单易行，产品风味独特、花样繁多，某些产品在当地甚至具有上百年的历史。随着食品工业的快速发展，还可以利用鸭蛋生产出供月饼、粽子、炒菜等用的咸蛋黄。目前，可供直接食用的鸭蛋制品种类有松花蛋、咸蛋、醋蛋和糟蛋等。这些蛋制品具有各种丰富的口味，受到很多消费者的喜欢，具有很大的开发潜力。

（一）松花蛋

松花蛋也称皮蛋、变蛋、灰包蛋、包蛋等，是一种中国传统风味蛋制品（图8-1）。其风味独特、营养丰富，氨基酸比例平衡、易被人体吸收，能促进食欲。松花蛋不仅可以直接食用，还可以利用松花蛋生产松花皮蛋酱、皮蛋瘦肉粥和松花皮蛋肠等。

　　我国各地生产的松花蛋料液配制标准不一，主要原料是鲜鸭蛋，敲检和照蛋时应剔除裂纹蛋、钢壳蛋、水响蛋、黏壳蛋、咯窝蛋、畸形蛋和异味蛋等；加工用水应符合饮用水的要求；辅料有纯碱（碳酸钠）、生石灰、烧碱（氢氧化钠）、食盐、茶叶、草木灰、稻谷壳、黄泥等，有的还加入五香粉等辅料。注意按照新国标要求，皮蛋一律采用无铅工艺生产。

图8-1　松花蛋

　　皮蛋加工的基本原理是蛋在碱性溶液中，蛋白质容易变性而凝固，使之变成富有弹性的凝胶体，蛋黄因蛋白质变性和脂肪皂化而形成凝固体。其基本工艺流程如下：

配制料液→灌料

↓

原料蛋→人工挑选→装入陶缸→浸泡→出缸→晾干→包泥→成品

　　腌制条件是影响皮蛋质量的关键，腌制剂配方、温度、碱度等对皮蛋感官和理化指标有显著影响。如果腌制条件控制不当，可能会出现烂头蛋、糟头蛋、碱伤等现象。腌制温度和碱度不宜过高，否则制得的皮蛋易产生蛋清黏壳，弹性和咀嚼性差，皮蛋蛋黄的色层不明显，并且游离氨基酸、钙锌离子等的含量较高。传统方法中生石灰比例较高，导致料液浓稠，破蛋率高、蛋壳内斑点大且多，影响皮蛋的感官质量指标。

赵改名等人指出，加工皮蛋料液中的生石灰、纯碱和水的配比以 1.43∶1.00∶14.29 为宜。该配方降低了生石灰用量，避免了传统方法带来的不良影响。

（二）咸鸭蛋

咸鸭蛋是一种风味特殊、食用方便的再制蛋（图 8-2）。

咸鸭蛋的腌制过程，就是食盐通过蛋壳及蛋壳膜向蛋内进行渗透和扩散。食盐溶解在水中，发生扩散作用，对周围的溶质具有渗透作用。腌渍咸鸭蛋时，蛋内水分也不断渗出。腌制成熟时，蛋液内所含食盐浓度与料泥或食盐水溶液中的盐浓度基本相近。

浸泡法腌制咸鸭蛋的基本工艺流程如下：

原料蛋的选择
辅料的选择→配料 } →装缸密封→腌渍→成熟与贮存

草木灰法腌制咸鸭蛋基本工艺流程如下：

原料蛋的选择
辅料的选择→配料→打浆→提浆、裹灰 } →装缸密封→腌渍→成熟与贮存

腌渍温度、时间、食盐水浓度以及腌渍方法等因素，对咸鸭蛋的品质有很大影响，食品添加剂与香辛料可提高咸鸭蛋内氯化钠含量。由于食盐是通过蛋清逐步向蛋黄扩散，而且蛋黄

中的较多脂肪也会阻滞食盐或其他香料的内渗，因此咸鸭蛋蛋清的含盐量会明显高于蛋黄。

图 8-2　咸鸭蛋　　　　　　　图 8-3　卤蛋

（三）卤蛋

卤蛋是经过各种卤料煮制、烘干、真空包装等工艺加工成的熟制蛋，是一种大众化的鸭蛋食品（图8-3）。常用的卤料有八角、小茴香、花椒、干草、桂皮、草果、肉蔻、陈皮、生抽或老抽、盐等。卤蛋的种类较多，如用五香卤料加工的五香卤蛋、用桂花卤料加工的桂花卤蛋、用鸡肉汁加工的鸡肉卤蛋、用猪肉汁加工的猪肉卤蛋等。其工艺简单易行，基本工艺流程如下：

辅料选择→料液配制→灌料

↓

原料蛋选择→煮制→冷却→去壳→装入容器→卤制→腌渍→真空包装→杀菌→冷却→成品

李志成等人将其加工工艺优化为：预煮10分钟（85℃），

真空卤制 1.5 小时（0.090 ～ 0.095 兆帕），再低温腌渍 36 小时。通过该工艺得到的卤蛋颜色、香气、滋味、质地均比常压卤制的好。微波杀菌 1 分钟（中档火力）后，保质期达到 2 个月。

陈果忠将卤蛋加工工艺优化为：选择养殖场的鲜蛋，贮存在 0 ～ 4 ℃，保存 7 ～ 10 天，煮制时加入 2.0% 的盐水可以降低鲜蛋煮后剥壳的破损率。在 50℃ 下烘烤 15 分钟，得到的卤蛋成品率最高。

二、鸭肉加工

鸭屠宰以后既可以分割为白条、半片鸭、鸭翅和鸭头及其他副产品进行冰鲜或冷冻，也可以加工成各种食品，如烤鸭、板鸭、盐水鸭、麻辣鸭脖、麻辣鸭胗、麻辣鸭舌、麻辣鸭脯等。

（一）鸭的屠宰

按鸭的屠宰加工过程划分，可分为宰前管理和屠宰加工两个阶段。

1. 宰前管理

鸭子屠宰前的管理工作十分重要，因为它直接影响毛鸭屠宰后的产品质量。屠宰前的管理工作主要包括宰前休息、宰前禁食和宰前淋浴 3 个方面。毛鸭在屠宰前要充分休息，以减少鸭的应激反应，从而有利于放血，一般需要休息 12 ～ 24 小时，天气炎热时，可延长至 36 小时。屠宰前一般需要断食 8 小时，但断食期间要注意供给清洁、充足的饮水。这不仅有利于放血完全、提高鸭肉的质量，更重要的是让鸭多喝水冲掉胃里的食料，进而提高鸭胗的质量。把鸭装车宜采用专用的鸭笼。装的时候最好把鸭头朝下。同时，要注意笼内鸭的数量不能过多，以免造成毛鸭伤翅等情况。鸭子怕热，且不能缺水。在炎热的夏天，为了提高鸭的成活率，还要给鸭淋浴。

毛鸭在进场前要进行两项证件检查，分别是《动物检疫合格证明》《动物及动物产品运载工具消毒证明》。证件检查合格后，接着就要对毛鸭进行感官检查。观察鸭的体表有无外伤，如果有外伤，则不能接收。然后，查看鸭的眼睛是否明亮，眼角有没有过多的黏膜分泌物，如果过多，表明该鸭健康状况不好，属于不合格鸭，应该拒收。最后检查鸭的头、四肢及全身有无病变。经检验合格的毛鸭准予屠宰，并开具《准宰 / 待宰通知单》。

2. 屠宰加工

从工艺流程上来分，鸭的屠宰工艺包括：吊挂、致昏、放血、烫毛、打毛、三次浸蜡、拔鸭舌、拔小毛、验毛、掏膛、切爪、内外清洗、预冷等步骤。通常采用屠宰生产线批量屠宰（图8-4）。

图8-4 鸭的屠宰加工生产线

鸭屠宰后应进行分割，主要包括胴体分割和副产品加工两大部分。对鸭胴体分割主要是按照分割后的加工顺序对肉鸭酮体进行分割去骨，通常分为鸭头、鸭脖、鸭翅、鸭爪等；副产品加工主要是对掏出的心、肝、胗、肠等内脏及爪、舌等副产品按照加工要求，分别进行加工。

胴体分割完以后，要进行称重、包装、分级、冷藏。包装袋要经检验，合格、无菌的才可使用。包装后的产品要及时入零下35℃库进行速冻，冰鲜的产品则放入零下8℃库存放。

（二）北京烤鸭

北京烤鸭（图8-5）制作流程分为制坯、烫坯、挂糖色、晾坯、烤制等步骤。

图8-5　北京烤鸭

1. 制坯

制坯包括去鸭掌、剥离食管、剥离气管、充气、拉断直肠、腋下切口、掏膛、支撑、去鸭翅、洗膛和挂钩。

2. 烫坯

烫坯是用沸水浇在整个鸭坯上，使鸭体毛孔紧缩，表皮蛋白质凝固，皮下气体最大限度膨胀，皮肤致密绷起，以达到加快鸭坯晾干，外形美观，烤制时均匀着色，烤熟后鸭皮酥脆、清香的目的。

3. 挂糖色

挂糖色是将饴糖（蜂蜜、白糖均可）与水按照 1∶7 的比例稀释，浇在鸭坯上。目的是解除鸭表皮的腥味，使鸭子烤熟后呈枣红色，增加鸭皮的酥脆度。

4. 晾坯

晾坯是将鸭坯挂在阴凉、干燥、通风处，通过鸭体皮层和皮下水分蒸发，使表皮和皮下的结缔组织紧密地结合，增加鸭皮的厚度，保持鸭坯形态美观，在烤制过程中保证鸭胸脯不跑气、不塌陷，增加烤鸭成品皮层的酥脆性和清香性。

5. 烤制

烤制包括堵塞、灌肠、挂糖色、鸭坯入炉等。

（三）盐水鸭

盐水鸭（图 8-6）是南京有名的特产，久负盛名，至今已有一百多年的历史。南京盐水鸭是中国历史上唯一一种低温畜禽产品，和传统的腌腊制品完全不一样。盐水鸭是低温熟煮，经过一个小时左右的煮制，使得盐水鸭的嫩度达到一定程度。低温熟煮盐水鸭肌肉储水性好，保持了鸭肉的多汁性。而高温煮制的腌腊制品会破坏其风味，让人闻起来香，吃起来口味却一般。

南京盐水鸭一年四季都可以制作，特点是腌制复卤期短，宜现做现卖，现买现吃，不宜久藏。

1. 制作材料

（1）主料　鸭（1500克）。

（2）调料　料酒（30克）、盐（130克）、大葱（10克）、姜（5克）、八角（3克）、花椒（2克）、盐（1克）、麻油（4勺）。

图8-6　盐水鸭

2. 制作方法

第一步：将嫩光鸭斩去小翅和鸭脚掌，再在右翅窝下开约3厘米长的小口，从刀口处取出内脏、拉出气管和食管，用清水冲洗干净，滤干备用。

第二步：将锅放在火上，放入盐、花椒炒热后备用。

第三步：用 1/2 热的椒盐从翅下刀口处塞入鸭腹，晃匀，用剩下椒盐的 1/2 擦遍鸭身，再用余下的热椒盐从颈部刀口和鸭嘴塞入鸭颈，然后将鸭放入缸中腌制（夏天 2 小时，春秋季 4 小时，冬季 6 小时）。然后取出挂在通风处吹干，用 12 厘米长的空心芦管插入鸭子肛门内，在翅窝下刀口处放入姜 1 片，葱结 1 个，大料 1 只。

第四步：烧滚 6 杯清水，放入剩下的生姜、葱结、大料和料酒，将鸭腿朝上，鸭头朝下放入锅中，盖上锅盖，放在小火上焖 20 分钟。

第五步：将鸭拎起，使鸭腹内的汤汁从刀口处漏出，滤干倒入锅内。

第六步：将鸭放入汤中，使鸭腹内灌入热汤，再放在小火上焖 20 分钟取出，抽出芦管，放入容器内冷却后即制作完成。

（四）板鸭

板鸭（图 8-7）是我国南方地区的名菜，亦是江苏、福建、江西、湖南、安徽等省的特产。板鸭是以老鸭子为原料的腌腊食品，分腊板鸭和春板鸭两种。其肉质细嫩紧密，香味浓郁，具有"干、板、酥、烂、香"等特点。因其外形较干，状如平板，故名板鸭。

农业农村部对中国四大板鸭做出了官方认定：全国有四大品牌板鸭，分别是江苏南京板鸭、江西南安板鸭、福建建瓯板鸭和四川建昌板鸭。下面介绍一下南京板鸭的制作方法。

1. 选鸭

制板鸭的原料鸭愈肥愈好，并以未生蛋和未换毛者为佳。

2. 屠宰

宰前断食 18 ～ 20 小时，并进行宰前检验。屠宰时，一般都从下腭脖颈处下刀，刀口离鸭嘴5厘米、深约半厘米割断食管和气管。最好能用60～75伏的电流先进行电麻，这样不但有利于屠宰卫生，同时放血充分。如1.5公斤的鸭只，经电麻的放血27秒，得血32.8克，并在2分钟内死亡，而不用电麻的放血48秒，仅得血27.5克，3分钟后才死亡。

刺杀的刀口以1厘米为宜，如过小则放血不净，过大则因伤口浸血使宰后颈部变红。

图8-7 板鸭

刺杀后放入60～64℃的热水中，水温不宜过高，以免表皮脂肪溶解（鸭脂熔点在26～30℃）。烫毛时应逐只进行。烫毛要掌握适度，不能放在烫锅中任其浸泡，以羽软绒倒为度，否则脱毛不易或使其皮肤破损。烫毛时先抓住禽肩骨，于热水中烫其尾部反复浸沾后，再倒提两腿反复上下浸烫全身和腹部，最后握住鸭嘴烫其颈部，这样即可拔大毛。拔大毛时，按如下次序进行，右翅→肩头→左翅→背部→腹部→尾部→颈部。

拔大毛后将鸭舌齐根割下，即用力将舌根下膜穿通，再勾住舌根，即可全部拉出。去舌后放于冷水中浸泡，以清洗血块等污物，并使体温下降。浸泡分三次进行，第一次10分钟，第二次20分钟，第三次60分钟。浸泡后表皮应洁白无疵。然后将胴体浸入冷水中，用镊子仔细摘净小毛，或用松香拔毛法拔除小毛。

将毛除净后，齐肩膀处切去两翅，再沿膝关节割下两脚。在右翅下开一道5～8厘米的月牙形口（因鸭的食管偏右，故口须开在右翅下）。并随即将下咽膜刺穿，以便于悬挂。然后折断开口处的两根肋骨，用食指伸入胸腔，拉出心脏，将食管、喉管抽出，再将胃周围的两膜捅开，将胃拉出，并顺着胃的下部将肠子拉出。另用手指插入肛门搅断直肠并拉出，最后从背腔中将一应鸭杂取出。

取出的内脏，经兽医检验合格后，再将腹腔中的所有残留肋膜、血筋、腹膜等全部摘净（应注意勿伤及内表皮），清除肛门口残留肠头等。再用水清洗，洗净后放在冷水中浸泡3～4小时，然后钩住嘴下切口，将水沥干约1小时。最后将鸭仰放，用手紧压胸部，把胸部的前三叉骨压扁，使胴体呈现正规的长方形，即保持外形美观又便于腌制。

3. 腌制

第一步：擦盐。将精盐于锅中炒干，并加入0.125%的茴香，炒至水分蒸发后，取出磨细。

腌制前后将鸭称重，用其重的6.25%的干盐。将盐的3/4从颈部切口中装入，在工作台上反复翻揉，务必使盐均匀地粘满腹腔各部。其1/4的盐擦于体外，应以胸肌、小腿肌和口腔为主。擦盐后依次码放在缸中，经盐渍12小时后取出，提起后翅，撑开肛门，使腔中盐水全部流出，这称为扣卤。然后再叠放于缸中，经8小时左右进行第二次扣卤。

第二步：复腌。第二次扣卤后，用预先经处理的老卤，从肋部切口灌满后再依次浸入卤缸中。所浸数量不宜太多，以免腌制不均。码好后，用竹签制的棚形盖盖上，并压上石头，使鸭全部浸于卤中。复腌的时间按季节而定，在农历小雪至大雪期间，大鸭（活鸭 2 公斤以上）22 小时，中鸭（1.5 ～ 2 公斤）18 小时，小鸭（1.5 公斤以下）16 小时；大雪至立春期间，大鸭为 18 小时，中鸭为 16 小时，小鸭为 14 小时。也可复腌20 ～ 24 小时。

4. 盐卤的配制

新卤的配制。将除去内脏后浸泡鸭用的血水，加入精盐38%，煮沸，使盐全部溶解成饱和盐水。除去上浮的泡沫污物，待澄清后取清液倒入缸中，另加生姜片 0.02%，整粒茴香0.01%，整根葱 0.03%，冷却后即成新卤。

老卤的复制。由于老卤中含有一定量的萃取物质和蛋白质的中间分解物（如氨基酸等），故由老卤制成的板鸭，风味比新卤好。卤水经复腌后即有血水流出，成浅红色，易引起腐败发臭，故每经复腌 3 ～ 4 次后，则需烧卤一次。烧卤一方面是灭菌，另一方面是将其中的可溶性蛋白质加热凝固后除去。烧卤前先用比重计测量其浓度，以维持饱和为原则。

5. 质量鉴别

好的板鸭外形呈扁圆形状，腿部发硬，周身干燥，皮面光滑无皱纹，呈白色或乳白色，腹腔内壁干燥，附有外霜，胸骨与胸部凸起，颈椎露出。肌肉收缩，切面紧密光润，呈玫瑰红色，具有板鸭固有的气味。水煮时，沸后肉汤芳香，液面有大片脂肪，肉嫩味鲜，有口劲。质量差的板鸭体表呈淡红或淡黄色，有少量油脂渗出，腹腔湿润，可见霉点。肌肉切面呈暗红色，切面稀松，没有光泽，皮下及腹内脂肪带哈喇味，腹腔有腥味或霉味。水煮后，肉汤鲜味较差，并有轻度哈喇味。如果板鸭通身呈暗红或紫色，则多是病鸭、死鸭所加工的，吃起来色、香、味极差，不宜食用。

（五）麻辣鸭脖

1. 主料

鸭脖子（500克）。每根重量40～50克，每千克为20～25根，长度为24厘米，要求无淤血、无表皮破损。

2. 调料

食盐（1茶匙）、酱油（1汤匙）、冰糖（1小把）、葱（1段）、姜（1小块）、蒜（2瓣）、八角（1个）、花椒（1茶匙）、桂皮（1段）、干辣椒（3个）、料酒（1汤匙）、辣椒酱（1汤匙）、草果（2个）、香叶（2片）。

3. 制作方法

第一步：鸭脖洗净，去掉表面的筋膜。

第二步：提前焯一下水，去除血水和杂质，捞出冲洗干净，沥干水分。

第三步：葱切段，姜切片，各种香料冲洗干净，晾一下水分。

第四步：起油锅，爆香所有的香料。

第五步：加生抽、老抽和料酒，添加适量水和老卤，加冰糖，煮开。

第六步：添加鸭脖煮开，添加适量盐调味，转中火炖煮30分钟。

第七步：关火，充分浸泡。

第八步：吃之前，捞出沥干，铺在烤盘内，200度，上下火烤20分钟左右即可（图8-8）。

图 8-8 麻辣鸭脖

第九章

养鸭家庭农场的经营管理

一、因地制宜，发挥资源优势养好鸭

　　因地制宜是指根据各地的具体情况，制定适宜的办法。家庭农场养好鸭离不开适宜的养鸭环境和条件。如鸭场要处于适养区内，最好不在限养区内，绝不能建在禁养区内；有适合其发展规模的场地，场地既能满足当前养殖的需要，也为以后扩大规模留有空间；有设计合理、建造科学、保温隔热的鸭舍；有廉价而丰富的饲料资源；有稳定可靠的销售渠道；有饲养管理和防病治病技术的保障等。这些适宜环境和条件有的是家庭农场能把握的，如鸭场的选址和建设、饲养管理等方面；有的却不能完全把握，需要借助外界的条件，如防病治病、饲料供应和销售等方面。

　　因此，家庭农场养鸭要实现长久发展的目标，离不开良好的、稳定的发展环境，必须坚持因地制宜的原则。"近水楼台先得月，向阳花木易为春""靠山吃山、靠水吃水"，要充分利用家庭农场当地的自然资源并发挥条件优势，把家庭农场做大做强（图9-1、图9-2）。

这方面有很多成功的例子可供我们借鉴。

如据安徽农网介绍，淮北市杜集区朔里镇因地制宜发展肉鸭养殖，肉鸭养殖每年帮助这里的农民增收近千万元。朔里镇辖区内有3个煤矿，开采造成了大面积土地塌陷，形成大量的水面、荒坡。几年前，部分村民还被无地耕种、增收缓慢的苦恼所困扰，该镇党委因势利导，通过示范带动、龙头拉动、资金扶持等多种措施，积极支持农民发展肉鸭养殖，逐步形成了皖北最大的肉鸭养殖基地，带动了肉鸭孵化、养殖、运输、防疫、饲料经营各类专门从业人员就业。肉鸭养殖户小武说，肉鸭养殖省力省时，镇政府牵头和养殖龙头企业山东六和集团签订了收购合同，他这个月养了600多只鸭子，可以保赚1000多元，还误不了做其他事情。

图9-1 利用水库养鸭

图9-2 利用稻田养鸭

目前该镇已形成1万平方米以上的养殖小区有5个，零散专业养鸭户300余户，每天销售肉鸭1万余只，产品远销南京、上海等地。

再如安徽桐城的小张是充分利用林禽模式实现良好养殖效益的实例。由于桐城当地有吃番鸭的习惯，小张在林下养殖土鸡的同时还养殖了番鸭。因番鸭适合在陆地上饲养，有"旱鸭"之称。小张就在林下旱养番鸭，四五个月，两斤的小公番鸭就可以长到13斤左右，母番鸭也可以长到8斤左右。番鸭的价格也比较高，每只公番鸭的利润可以达到40元，小张养殖的1000只公番鸭赚了4万多元。就这样，小张一年养殖土鸡和番鸭就赚了20多万元。

依托林地散养的鸡鸭，蛋和肉的品质都要比普通鸡鸭好，林禽共生，两相得利。林禽模式既充分利用了林下空间，鸡鸭粪也成为好肥料，同时又消灭了林间杂草和各种害虫，促进了林木生长，树的生长速度比以前快得多。养鸡鸭的树林下平整、干净，树叶油绿发亮。而没有养鸡鸭的树林，则林下杂草丛生，树上枝叶稀疏。

山东省平原县曲六店村位于马颊河畔，地势低洼，盐碱较重，大片土地闲置。该村因地制宜，发展蛋鸭养殖，走出了一条"种活"盐碱地、增收又致富的畜牧业发展之路。几年前，浙江舟山人租下该村6.67公顷（100亩）地，建起10个鸭棚，养起了蛋鸭，当年每个棚收入达到4万元。南方人养鸭挣了钱、发了财，曲六店村的村民看在眼里，心里打起了"小算盘"，纷纷去鸭棚打工，甚至免费帮工学技术。第二年，村党支部书记带头建起了该村第一个鸭棚，经精心饲养，取得了喜人效益。

书记养蛋鸭发了财，打破了北方人养不好鸭的传说。村民们纷纷效仿，建鸭棚，引鸭苗，走上了养鸭致富的路子。村委会因势利导，成立了养鸭协会，向养鸭户提供统一购进鸭苗、统一供应饲料、统一防疫消毒、统一技术指导、统一鸭蛋销售的"五统一"服务，生产的鸭蛋远销北京、天津、黑龙江、河北等地，供不应求。仅养鸭一项，全村人均增收近万元。

2003年，河南省正阳县雷寨乡朱庄村的小李听说正阳县畜牧局派家畜专家到乡学校举办家畜养殖培训班，就兴冲冲地跑去听课。当听到专家讲到"要充分发挥当地地理资源优势，因地制宜发展生态养鸭"时，小李怦然心动。他想，自己家乡不靠山，离城偏远，唯一的优势就是位于吕河流域，具有广阔的流滩、堰塘、荒沟，这是养鸭的有利条件。于是，他与妻子商量拿着东拼西凑借来的3万元，引进2600只雏鸭，办起了"景峰家庭养鸭场"。

天道酬勤。通过小李夫妇的辛勤努力，当年他家饲养的2600只雏鸭成活了2500只，养到年底，饲养蛋鸭收入25000元，他收获了蛋鸭饲养上的第一桶金。

天有不测风云。2005年暴发全国性禽流感，小李养的蛋鸭也未免于难。两年经营6万元的利润全部赔光，这让小李的养殖事业和创业激情跌入谷底。但是他不甘失败，从哪儿跌倒就从哪儿爬起来。他在乡计生协的帮助下，向乡农村信用社申请小额低息贷款5万元，购买了4000只鸭苗，毅然决定重整旗鼓。

二次创业后，小李报名参加了正阳县举办的畜牧家禽养殖专业培训班。他边饲养边钻研，通过观察探索，几乎全部掌握了蛋鸭习性和牧鸭养殖技巧。另外，他转变家禽养殖旧传统方式，注重品种鸭的更新换代，做好蛋鸭产蛋记录，根据记录，凡是发现饲养的蛋鸭在一年以后，蛋鸭产蛋率下降或不产蛋时，就要更新换代。而这些鸭子是在吕河下游水中自然放养的，肉质都是瘦肉、蛋白低脂肪低，出售价格也高，很受欢迎。一个电话，南方的客商就会前来，把这些鸭子收购一空，每年养鸭场仅销淘汰老鸭就收入10多万元。如今，除了还清贷款，小李养鸭年收入20多万元，成为全县新型职业农民中的"养鸭状元"。

以上的实例从利用当地各种有利于发展养鸭的资源入手，均取得了良好的经济效益。同时，在因地制宜养好鸭方面各地还有很多好的做法，都是我们学习和借鉴的好样板。家庭农场要根据本场实际，消化吸收这些好经验、好做法，并在养鸭过程中不断总结本场的实用、好用的做法。

二、采用种养结合的养殖模式是养鸭 家庭农场的首选

种养结合是一种结合种植业和养殖业的生态农业模式。种植业是指植物栽培业，通过栽培各种农业产物以取得粮食、副食品、饲料和工业原料等植物性产品。养殖业是利用畜禽等已经被人类驯化的动物，或者野生动物的生理功能，通过人工饲养、繁殖，使其将牧草和饲料等植物能转变为动物能，以取得肉、蛋、奶、皮、毛和药材等畜产品。种养结合模式是将畜禽养殖产生的粪便、有机物作为有机肥的基础，为种植业提供有机肥来源；同时，种植业生产的作物又能够给畜禽养殖提供食源。该模式能够充分将物质和能量在动植物之间进行转换及良好的循环（图9-3）。

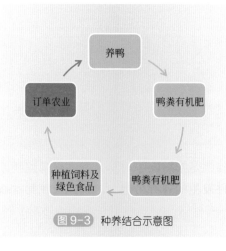

图9-3 种养结合示意图

种养结合模式建立以规模集约化养殖场为单元的生态农业产业体系（即"种植、养殖、加工、沼气、肥料"循环模式），是以粮食作物生产为基础，养殖业为龙头，沼气能源开发为纽带，有机肥料生产为驱动，形成饲料、肥料能源、生态环境的良性循环，带动加工业及相关产业发展，合理安排经济作物生产，从而发展高效农业（主要为设施农业），提高整个体系的综合效益（即经济效益、社会效益和生态效益的高度统一）。其实现了农业规模化生产和粪尿资源化利用，改善了农牧业生产环境，提高了畜禽成活率和养殖水平，降低了农田化肥使用量和农业生产成本，提高了农牧产品产量和质量，确保农牧业收入稳定增加。并通过种植业和养殖业的直接良性循环，改变了传统农业生产方式，拓展了生态循环农业发展空间。2015 年 7 月召开的国务院常务会议上，也强调了鼓励发展种养结合循环农业。

种养结合的养殖模式特别适合农牧结合型家庭生态农场这一新型农业经营主体。如水中养鱼、水面养鸭、岸上养猪、岸边种草的"鱼—牧—草"综合开发模式。鱼池养鸭的鱼畜禽综合经营模式。还有茭田养鸭模式、果园养鸭模式和果园种草养鸭等，都是很好的种养结合模式。可见，种养结合优点很多，值得家庭农场根据本地自然资源状况大胆地进行尝试。

三、养鸭家庭农场的风险控制要点

鸭场经营风险是指鸭场在经营管理过程中可能发生的危险。而风险控制是指风险管理者采取各种措施和方法，消灭或减少风险事件发生的各种可能性，或风险控制者减少风险事件发生时造成的损失。但总会有些事情是不能控制的，风险总是存在的。作为管理者必须采取各种措施减小风险事件发生的可能性，或者把可能的损失控制在一定的范围内，以避免在风险事件发生时带来难以承担的损失。

（一）养鸭家庭农场的经营风险

养鸭家庭农场的经营风险通常主要包括以下七种。

1. 鸭群疾病风险

疾病是养鸭最大的潜在风险，也是对鸭子养殖效益影响最大的变量。养鸭过程中常见疾病有30多种，常见鸭病有10多种，临床上发病最多就5～6种，如鸭流感、雏鸭肝炎、鸭瘟、鸭巴氏杆菌病、鸭大肠杆菌病和鸭疫里默氏杆菌病等。根据目前鸭病发展情况来看，鸭病有逐渐增多的趋势，而且不同品种鸭群常发疾病的种类有所不同，番鸭疾病相对多一些。这种因疾病因素对鸭场产生的影响有两类。一是鸭在养殖过程中发生疾病造成的影响，主要包括大规模疫情导致大量鸭只的死亡，带来直接的经济损失。疫情会给以蛋鸭或种鸭养殖为主的家庭农场生产带来持续性的影响，如疾病治疗及治愈后恢复的过程将使家庭农场的生产效率降低，生产成本增加，进而降低效益。内部疫情发生将使该场的货源减少，造成收入减少，效益下降。二是暴发大规模禽类疫病或出现安全事件造成的影响，如暴发禽流感。

2. 市场风险

养鸭是产业链的最低端，风险多集中在生产环节。导致家庭农场养鸭经营管理的市场风险很多，如蛋价或肉鸭价格大起大落、饲料价格上涨、肉鸭或鸭蛋滞销、人工费用增加等。还有养鸭行业出现食品安全事件或某个区域暴发疫病，将会导致全体消费者的心理恐慌，降低相关产品的总需求量，直接影响家庭农场的产品销售。如暴发禽流感，再比如2019年暴发的新冠疫情等疫情，对养鸭生产影响非常大。饲料原料供应紧张导致价格持续上涨，如玉米、豆粕、进口鱼粉等主要原料上涨过快，导致生产成本上升。经济通胀或通缩导致销售数量减少，消费者购买力下降等。这些市场风险因素短时间大部分家庭农场可以接受，而风险长时间得不到有效控制则对很多经营管理差的家庭农场来说就是灾难。

3. 产品质量风险

家庭农场养鸭的主营业务收入和利润主要来源于鸭产品，如果种蛋质量差导致孵化率低，肉鸭和鸭蛋出现违禁添加剂或药物残留超标等不能适应市场消费需求的变化，就存在产品风险。如2006年被央视《每周质量报告》曝光的河北省个别地区禽蛋经销商非法兜售苏丹红给养殖户，养殖户用添加苏丹红饲料喂蛋鸭，生产红心鸭蛋事件。消费者产生恐惧心理，事件发生时鸭蛋没有销路。

4. 经营管理风险

经营管理风险即由于家庭农场内部管理混乱、内控制度不健全、财务状况恶化、资产沉淀等造成重大损失的可能性。家庭农场内部管理混乱、内控制度不健全会导致防疫措施不能落实。暴发疫病造成鸭死亡的风险；饲养管理不到位，造成饲料浪费、鸭生长缓慢、产蛋率低、死亡率增长的风险；原材料、兽药及低值易耗品采购价格不合理，库存超额，使用浪费，造成家庭农场生产成本增加的风险；家庭农场的应收款较多，资产结构不合理，资产负债率过高，会导致家庭农场资金周转困难，财务状况恶化的风险。

5. 投资及决策风险

投资风险即因投资不当或决策失误等造成鸭场经济效益下

降的可能性。决策风险即由于决策不民主、不科学等造成决策失误，导致家庭农场重大损失的可能性。如果在行情高潮期盲目投资办新场，扩大生产规模，会产生因市场饱和、肉鸭或鸭蛋价格大幅下跌的风险；投资选址不当，鸭养殖受自然条件及周边卫生环境的影响较大，也存在一定的风险。对肉鸭或蛋鸭品种是否更新换代、扩大或缩小生产规模等决策不当，会对家庭农场的效益产生直接影响。

6. 安全风险

安全风险即有自然灾害风险，也有因家庭农场安全意识淡漠、缺乏安全保障措施等而造成家庭农场重大人员或财产损失的可能性。自然灾害风险即因自然环境恶化如地震、洪水、火灾、风灾等造成家庭农场损失的可能性。家庭农场安全意识淡漠、缺乏安全保障措施等原因而造成的风险较为普遍，如用电或用火不慎引起的火灾，不遵守安全生产规定造成人员伤亡，购买了有质量问题的疫苗、兽药等，引起肉鸭生长缓慢、蛋鸭产蛋率低、鸭只死亡等。

7. 政策风险

政策风险即因政府法律、法规、政策、管理体制、规划的变动，税收、利率的变化或行业专项整治，造成损害的可能性。其中最主要的是环保政策给家庭农场带来的风险。

（二）控制风险对策

在家庭农场经营过程中，经营管理者要牢固树立风险意识，既要有敢于担当的勇气，在风险中抢抓机会，在风险中创造利润，化风险为利润；又要有防范风险的意识，管理风险的智慧，驾驭风险的能力，把风险降到最低程度。

1.加强疫病防治工作，保障养鸭生产安全

首先要树立"防疫至上"的理念，将防疫工作始终作为家庭农场生产管理的生命线；其次要健全管理制度，防患于未然，制订内部疾病的净化流程，同时，建立饲料采购供应制度和疾病检测制度、危机处理制度，尽最大可能减少疫病发生概率并杜绝病死鸭流入市场；再次要加大硬件投入，高标准做好卫生防疫工作；最后要加强技术研究，为防范疫病风险提供保障，在加强有效管理的同时加强与国内外牲畜疫病研究机构的合作，为家庭农场疫病控制防范提供强有力的技术支撑，大幅度降低疾病发生所带来的风险。

2.及时关注和了解市场动态

及时掌握市场动态，适时调整养鸭品种、鸭群结构和生产规模。同时做好成品饲料及饲料原料的储备供应。

3.调整产品结构，树立品牌意识，提高产品附加值

养鸭是产业链的最低端，风险集中在生产环节。可通过延长产业链，从生产拓展到加工和流通领域，以此来熨平风险。以战略的眼光对产品结构进行调整，大力开发安全优质肉鸭和蛋鸭、安全饲料等与养鸭有关的系列产品，并拓展鸭产品深加工，实现产品的多元化。保持并充分发挥养鸭产品在质量、安全等方面的优势，加强生产技术管理，树立鸭产品的品牌，积极拓展线上销售，巩固并提高鸭产品的市场占有率和盈利能力。

4.健全内控制度，提高管理水平

根据国家相关法律、法规的规定，制定完备的企业内部管理标准、财务内部管理制度、会计核算制度和审计制度，通过各项制度的制定、职责的明确及良好的执行，使家庭农场的内部控制得到进一步的完善。重点要抓好防疫管理、饲养管理，

搞好生产统计工作。加强对饲料原料、兽药等采购、加工及出库环节的控制，节约生产成本；加强财务管理工作，降低非生产性费用，做到增收节支；加强商品鸭和鸭蛋的销售管理，减少应收款的发生；调整资产结构，降低资产负债率，保障资金良性循环。

5. 加强民主、科学决策，谨防投资失误

经营者要有风险管理的概念和意识，家庭农场的重大投资或决策要有专家论证，要采用民主、科学决策手段，条件成熟了才能实施，防止决策失误。现在和将来投资养鸭家庭农场，都应将环保作为第一限制因素考虑，从当前的发展趋势看，如何处理粪水使其达标排放的思维方式已落伍，必须考虑走循环农业的路子，充分考虑土地的承载能力，达到生态和谐。

四、做好家庭农场的成本核算

家庭农场的成本核算是指将在一定时期内家庭农场生产经营过程中所发生的费用，按其性质和发生地点，分类归集、汇总、核算，计算出该时期内生产经营费用发生总额和分别计算出每种产品的实际成本和单位成本的管理活动。其基本任务是正确、及时地核算产品实际总成本和单位成本，提供正确的成本数据，为企业经营决策提供科学依据，并借以考核成本计划执行情况，综合反映企业的生产经营管理水平。

（一）规模化家庭农场成本核算对象

会计学对成本的解释是：成本是指取得资产或劳务的支出。成本核算通常是指存货成本的核算。规模化养鸭虽然

都是由日龄不同的鸭群组成，但是由于这些鸭群在连续生产中的作用不同，应确定哪些是存货，哪些不是存货。家庭农场养鸭的成本核算的对象具体为家庭农场的每批肉鸭、每批蛋鸭。

鸭在生长发育过程中，不同生长阶段可以划分为不同类型的资产，并且不同类型资产之间在一定条件下可以相互转化。根据《企业会计准则第5号——生物资产》可将资产分为生产性生物资产和消耗性生物资产两类。结合养鸭的特点，也可将鸭群分为生产性生物资产和消耗性生物资产两类。家庭农场饲养蛋鸭的目的是产鸭蛋，蛋鸭能够重复利用，属于生产性生物资产。生产性生物资产是指为产出畜产品、提供劳务或出租等目的而持有的生物资产。即处于生长阶段的，包括雏鸭和育成鸭，属于未成熟生产性生物资产，而当育成鸭成熟为产蛋鸭时，就转化为成熟性生物资产，当种鸭被淘汰后，就由成熟性生物资产转为消耗性生物资产。

家庭农场外购的成龄蛋鸭，按应计入生产性生物资产成本的金额，包括购买价款、相关税费、运输费、保险费以及可直接归属于购买该资产的其他支出。

产蛋前期的育成鸭，达到预定生产经营目的后发生的管护、饲养费用等后续支出，全部由鸭蛋承担，按实际消耗数额结转。

（二）规模化家庭农场成本核算内容

1. 鸭蛋生产成本的管理与核算

一般母鸭16周龄（约120日龄）开始产蛋，群鸭150日龄时有50％产蛋率，至200日龄可达产蛋高峰（产蛋率达90％以上）。饲养得当，高峰期可持续到450日龄，以后开始下降，500日龄以后急速下降。鸭群自进场（育成）到全部淘汰，有8～12个月的产蛋期（生产周期）。母鸭产蛋降到一定程度，必须淘汰，不然徒增饲养成本。

鸭蛋生产首先要掌握产蛋率，产蛋率＝产蛋总只数÷实际饲养母鸭只数累加数×100％。其次是饲料回报率（料蛋比），饲料回报率＝饲料耗用量÷期内总产蛋量×100％。

饲料回报率有四种算法：①饲料耗用量和产蛋总量都以公斤计算；②饲料耗用量以公斤计算，产蛋量以只计算；这两种为养殖技术人员常用。③饲料耗用量以金额计算，产蛋量以公斤计算，分析商品蛋成本用此法。④饲料耗用量以金额计算，产蛋量以只计算，分析种蛋成本用此法。

种蛋生产还须掌握受精率，受精率＝受精蛋只数÷入孵蛋只数×100％。在采收、保管、传递等过程中，会发现破损蛋，破损蛋价格低于好蛋，因此，减少破损很重要。

鸭蛋的生产成本项目有：

① 种鸭耗损。不管是购进母鸭还是自繁母鸭，其成本价都比淘汰鸭价高，差价即是种鸭耗损。种鸭耗损是鸭蛋成本的一个重要项目，占鸭蛋生产成本的10％～15％。

② 饲料。生产成本中比重最大，约占成本的70％，产蛋母鸭对饲料的要求比较严格。要分别产蛋初期（200日龄以前）、前期（201～300日龄）、中期（301～400日龄）、后期（401日龄以后）的不同要求配制精料，适当搭配粗料。

③ 工资。饲养人员的工资及附加费，按应计数计入成本。工资在鸭蛋生产成本中比重最小，在3％以下。如果是放牧，人工费用要增加，饲料费用可减少，要权衡得失。

④ 其他费用。包括医药费、消耗材料、工具、电费、鸭舍折旧费等，按实耗数或应计数计入成本。如果是自繁鸭苗用的种蛋生产，则种鸭耗资应包括公鸭。公母比例一般为（1∶25）～（1∶30），保证受精率在80％以上。公鸭过多增大成本，过少不能保证受精率。饲料也应包括公鸭，一

般每只公鸭日耗精料 150～200 克。分析公鸭耗料时，要与受精率的升降参照，宁可改进饲料的质与量，不可降低受精率。

2. 鸭苗生产成本的管理与核算

① 照蛋。鸭苗生产是将种蛋孵化成鸭苗，进入孵化机的种蛋，为入孵蛋（称为落蛋）。在整个孵化过程中，一般照蛋 3 三次。入孵 5～7 天第一次照蛋、13～14 天第二次照蛋、24～25 天第三次照蛋。照出的无精蛋和死胚蛋均须折价出售。

② 出壳率。鸭苗生产最重要的是掌握出壳率：出壳率 ＝ 出苗只数（健壮苗和弱苗）÷ 受精蛋数 ×100%。其次是每苗的加工成本（孵抱费）和减少弱苗。弱苗一般不超过出苗总数的 3%。

③ 成活率。鸭苗进场到 3 周龄为育雏期，4～22 周龄为育成期。育雏期和育成期应重点计算育雏成活率和育成成活率，育雏期和育成期间发现不健康的鸭应及时淘汰处理。

育雏成活率 ＝ 育雏期满成活鸭数 ÷ 该批鸭苗进场数 ×100%，一般标准为 94%。

育成成活率 ＝ 育成（售出）鸭数 ÷ 该批鸭苗育雏成活鸭数 ×100%，一般标准为 97%。

种鸭在育成后期，可能提前产蛋，所产蛋作商品蛋出售。其收入与不合格种鸭作肉鸭处理的收入，都视同副产品，在成本总额中减去。全部成本减去副产品收入，即为该批种鸭的实际成本，除以合格种鸭只数，就得每只种鸭的单位成本。

（三）家庭农场账务处理

家庭农场在做好成本核算的同时，也要将整个农场的整个收支过程做好归集和登记，以全面反映家庭农场经营过程中发生的实际收支和最终得到的收益，使农场主了解和掌握本农场当年的经营状况，达到改善管理、提高效益的目的。

家庭农场记账可以参考山西省农业厅《山西省家庭农场记账台账（试行）》（晋农办经发〔2015〕228 号）。

《山西省家庭农场记账台账（试行）》的具体规定如下。

1. 记账对象

记账单位为各级示范家庭农场及有记账意愿的家庭农场。记账内容为家庭农场生产、管理、销售、服务全过程。

2. 记账目的

家庭农场以一个会计年度为记账期间，对生产、销售、加工、服务等环节的收支情况进行登记，计算生产和服务过程中发生的实际收支和最终得到的收益，使农场主了解和掌握本农场当年的经营状况，达到改善管理、提高效益的目的。

3. 记账流程

家庭农场记账包括登记、归集和效益分析三个环节。

（1）登记　家庭农场应当将主营产业及其他经营项目所发生的收支情况，全部登记在《山西省家庭农场记账台账》上。要做到登记及时、内容完整、数字准确、摘要清晰。

（2）归集　在一个会计年度结束后将台账数据整理归集，得到收入、支出、收益等各项数据。归集时家庭农场可以根据自身需要增加、减少或合并项目指标。

（3）效益分析　家庭农场应当根据台账编制收益表，掌握收支情况、资金用途、项目收益等，分析家庭农场经营效益，从而加强成本控制，挖掘增收潜力；明晰经营方向，实现科学决策；规范经营管理，提高经济效益。

4. 计价原则

① 收入以本年度实际实现的收入或确认的债权为准。

② 购入的各种物资和服务按实际购买价格加运杂费等计算。

③ 固定资产是指单位价值在 500 元以上，使用年限在 1 年以上的生产或生产管理使用的房屋、建筑物、机器、机械、运输工具、役畜、经济林木、堤坝、水渠、机井、晒场、大棚骨架和墙体以及其他与生产有关的设备、器具、工具等。

购入的固定资产按购买价加运杂费及税金等费用合计扣除补贴资金后的金额计价；自行营建的固定资产按实际发生的全部费用扣除补贴资金后的金额计价。

固定资产采用综合折旧率为 10%。享受国家补贴购置的固定资产按扣除补贴金额后的价值计提折旧。

④ 未达到固定资产标准的劳动资料按产品物资核算。

5. 台账运用

① 作为评选示范家庭农场的必要条件。

② 作为家庭农场承担涉农建设项目、享受财政补贴等相关政策的必要条件。

③ 作为认定和审核家庭农场的必要条件。

附件：山西省家庭农场台账样本。

台账样本见表 9-1 山西省家庭农场台账——固定资产明细账、表 9-2 山西省家庭农场台账——各项收入、表 9-3 山西省家庭农场台账——各项支出和表 9-4（　）年家庭农场经营收益表。

表 9-1　山西省家庭农场台账——固定资产明细账　单位：元

记账日期	业务内容摘要	固定资产原值增加	固定资产原值减少	固定资产原值余额	折旧费	净值	补贴资金
上年结转							
合计							
结转下年							

说明：

1. 上年结转——登记上年结转的固定资产原值余额、折旧费、净值、补贴资金合计数。

2. 业务内容摘要——登记购置或减少的固定资产名称、型号等。

3. 固定资产原值增加——登记现有和新购置的固定资产原值。

4. 固定资产原值减少——登记报废、减少的固定资产原值。

5. 固定资产原值余额——固定资产原值增加合计数减去固定资产原值减少合计数。

6. 折旧费——登记按年（月）计提的固定资产折旧额。

7. 净值——固定资产原值扣减折旧费合计后的金额。

8. 补贴资金——登记购置固定资产享受的国家补贴资金。

9. 合计——上年转来的金额与各指标本年度发生额合计之和。

10. 结转下年——登记结转下年的固定资产原值余额、折旧费、净值、补贴资金合计数。

表 9-2　山西省家庭农场台账——各项收入　　单位：元

记账日期	业务内容摘要	经营收入		服务收入	补贴收入	其他收入
		出售数量	金额			
合计						

说明：

1. 业务内容摘要——登记收入事项的具体内容。

2. 经营收入——家庭农场出售种养殖主副产品收入。

3. 服务收入——家庭农场对外提供农机服务、技术服务等各种服务取得的收入。

4. 补贴收入——家庭农场从各级财政、保险机构、集体、社会各界等取得的各种扶持资金、贴息、补贴补助等收入。

5. 其他收入——家庭农场在经营服务活动中取得的不属于上述收入的其他收入。

表9-3 山西省家庭农场台账——各项支出 单位：元

记账日期	业务内容摘要	经营支出	固定资产折旧	土地流转（承包）	雇工费用	其他支出
合计						

说明：

1. 业务内容摘要——登记支出事项的具体内容或用途。

2. 经营支出——家庭农场为从事农牧业生产而支付的各项物质费用和服务费用。

3. 固定资产折旧——家庭农场按固定资产原值计提的折旧费。

4. 土地流转（承包）费——家庭农场流转其他农户耕地或承包集体经济组织的机动地（包括沟渠、机井等土地附着物）、"四荒"地等的使用权而实际支付的土地流转费、承包费等土地租赁费用。一次性支付多年费用的，应当按照流转（承包、租赁）合同约定的年限平均计算年流转（承包、租赁）费计入当年成本费用。

5. 雇工费用——指因雇佣他人（包括临时雇佣工和合同工）劳动（不包括发生租赁作业时由被租赁方提供的劳动）而实际支付的所有费用，包括支付给雇工的工资和合理的饮食费、招待费等。

6. 其他费用——家庭农场在经营、服务活动中发生的不属于上述费用的其他支出。

表 9-4 （   ）年家庭农场经营收益

代码	项目	单位	指标关系	数值
1	各项收入	元	1=2+3+4+5[①]	
2	经营收入	元		
3	服务收入	元		
4	补贴收入	元		
5	其他收入	元		
6	各项支出	元	6=7+8+9+10+11[①]	
7	经营支出	元		
8	固定资产折旧	元		
9	土地流转（承包）费	元		
10	雇工费用	元		
11	其他费用	元		
12	收益	元	12=1-6[①]	

①数字为代码。

五、做好鸭产品的销售

目前我国家庭农场的畜禽产品普遍存在出售的农产品多为初级农产品，产品大多为同质产品、普通产品，原料型产品多，而特色产品少、优质产品少。农产品的生产加工普遍存在仅粗加工、加工效率低、产品附加值比较低的现象。多数家庭农场主不懂市场营销理念，不能对市场进行细分，不能对产品进行准确的市场定位，产品等级划分不确切，大多以统一价格销售；很少有经营者懂得为自己的产品进行包装，特色农产品品牌少，特色农产品的知名品牌更少。在产品销售过程中存在流通渠道环节多，产品流通不畅，交易成本高等问题，也不能及时反馈市场信息。

所以，家庭农场要做好产品销售，就要避免这些普遍存在的问题在本场发生。不仅要研究人们的现实需求，更要研究消费者对农产品的潜在需求，并创造需求。同时要选择一个合适的销售渠道，实现卖得好、挣得多的目的。否则，产品再好，销售不出去，一切前期的努力都是徒劳的。家庭农场销售必须做好本场的产品定位、产品定价、销售渠道等方面工作。

（一）销售渠道

销售渠道的分类有多种方法，一般按照有无中间商进行分类。家庭农场的销售渠道可分为直接渠道和间接渠道。

1. 直接渠道

直接渠道是指生产者不通过中间商环节，直接将产品销售给消费者。如家庭农场直接设立门市部进行现货销售，农场派出推销人员上门销售，接受顾客订货，按合同销售，参加各种展销会、农博会，在网络上销售等。直接销售是以现货交易为主要的交易方式。可以根据本地区销售情况和周边地区市场行情，自行组织销售。可以控制某些产品的价格，掌握价格调整的主动权，同时避免了经纪人、中间商、零售商等赚取中间差价，使家庭农场获得更多的利益。此外通过直接与消费者接触，可随时听取消费者反馈意见，促使家庭农场提高产品质量和改善经营管理。

但是，直接销售很难形成规模，销量不够稳定。经营者自身能力有限，对市场知识缺乏深入的了解，无法做好市场预测，导致产品经常会出现压栏滞销。

2. 间接渠道

间接营销渠道是指家庭农场通过若干中间环节将产品间接地出售给消费者的一种产品流通渠道。这种渠道的主要形态有家庭农场－零售商－消费者、家庭农场－批发商－零售商－消费者、家庭农场－代理商－批发商－零售商－消费者等三种。

这类渠道的优点在于接触的市场面广，可以扩大用户群，增加消费量；缺点在于中间环节多，会引起销售费用上升。由于受信息不对称的影响，销售价格很难及时与市场同步。议价能力低。

3. 渠道选择

家庭农场经济实力不同，适宜的销售渠道会有所不同，生产者规模的大小、财务状况的好坏直接影响着生产者在渠道上的投资能力和设计的领域。一般来说，能以最低的费用把产品保质保量地送到消费者手中的渠道是最佳营销渠道。家庭农场只有通过高效率的渠道，才能将产品有效地送到消费者手中，从而刺激家庭农场提高生产效率，促进生产的发展。

渠道应该便于消费者购买、服务周到、购买环境良好、销售稳定和满足消费者欲望。并在保证产品销量的前提下，最大限度地降低运输费、装卸费、保管费、进店费及销售人员工资等销售费用。因此，在选择营销渠道时应坚持销售的高效率、销售费用少和保证产品信誉的原则。

家庭农场采取直接销售有利于及时销售产品，减少损耗、变质等损失。对于市场相对集中、顾客购买量大的产品，直接销售可以减少中转费用，扩大产品的销售。由于农场主既要组织好生产，又要进行产品销售，精力分散，对农场主的经营管理能力要求较高。

在现代商品经济不断发展过程中，间接销售已逐渐成为生产单位采用的主要渠道之一。同时，家庭农场将主要精力放在生产上，更有利于生产水平的提高。

家庭农场的产品销售具体采取直接销售模式还是间接销售模式，应在全面分析产品、市场和家庭农场的自身条件下，权衡利弊，然后做出选择。

（二）营销方法介绍

1. 饥饿营销法

如果明天不早点来排队，你还是买不到！

饥饿营销是指商品提供者有意调低产量，以期调控供求关系、制造供不应求"假象"，以维护产品形象并维持商品较高售价和利润率的营销策略。在畜禽养殖销售上，饥饿营销同样会取得很好的效果。如长春市有一种"油炸卤鸭"在销售时采取限购措施，不足 10 平方米的店面，开业已经 3 个多月，从早上 8 点开门到晚上 8 点关门，每 18 分钟出两锅，一锅 8 只，一天最多卖 220 只鸭子。由于供应量有限，买的人多，只能限购 1 人 1 只，不够卖也不增加供应的数量。而且不管刮风下雨还是烈日当头，几乎每天都要排队，有的甚至为买一只鸭子得排队近 1 小时。

这就是典型"饥饿营销"方式，用这种营销方案来造势吸引市民排队抢购。不仅可以达到销售目的，还可以维持商品较高的利润率，也可以达到维护品牌形象、提高产品附加值的目的。

但是，任何事物都有两面性，养殖企业在进行饥饿营销时，要注意把握好营销的度，否则，营销过度会适得其反，若过度实施饥饿营销，可能会将客户"送"给竞争对手。饥饿营销本质是运用了经济学的效用理论，效用不同于物品的使用价值，效用是心理概念，具有主观性。因此，一方面企业如果在饥饿营销中实施过度，把产品的"虚"价定得过低导致消费者期望过大，另一方面又把产品供应量限得太紧，超过消费者等待时间或者可承受价格，令消费者"期望越大失望越大"，从而转移注意力，寻找其他企业的产品。这对于企业来说，后果

养鸭家庭农场致富指南

将是非常严重的。

2. 体验式营销

体验一词有亲身经历，实地领会，通过亲身实践所获得的经验，查核、考察等意思。而体验式营销，按照营销学专家伯恩德·H·施密特（Bernd·H·Sehmitt）在其著作《体验式营销》中说明：体验式营销就是通过消费者亲身看、听、用、参与的手段，充分刺激和调动消费者的感官、情感、思考、行动、关联等感性因素和理性因素，重新定义、设计的一种思考方式的营销方法（图9-4）。

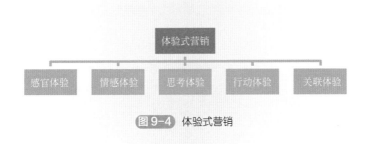

图9-4 体验式营销

体验式营销消费者看得见、吃得着、买得放心、宣传效果好。如采用经常性地组织消费者参观鸭的养殖全过程，使其亲身体验养鸭的乐趣；组织特色鸭肉品鉴、免费试吃；提供鸭肉或鸭蛋赞助大型活动等体验式营销方式，不仅可以提高消费者对鸭产品的认知，而且还会扩大知名度。只有让消费者充分了解了饲养的过程，知道特色究竟"特"在哪里，才能做到优质优价。如果再与休闲农业充分地融合，会给投资者带来丰厚的回报。

体验式营销是通过让目标顾客观摩、聆听、尝试、试用等方式，使其亲身体验企业提供的产品或服务，让顾客实际感知产品或服务的品质或性能，从而促使顾客认知、喜好并购买的营销方式。该方式可以满足消费者的体验需求为目标，以服务产品为平台，以有形产品为载体，生产、经营高质量产品，拉近企业和消费者之间的距离。

3. 微信营销

微信营销就是利用微信基本功能的语音短信、视频、图片、文字和群聊等，以及微信支付和微信提现功能，进行产品点对点网络营销的一种营销模式（图9-5）。它具有潜在客户数量多、营销方式多元化、定位精准、音讯推送精准、营销更加人性化、营销成本低廉等优势。微信营销突破了距离的制约、空间的限制，只要注册成微信的用户，就能够与周围同样注册的"朋友"建立联系，对于自己感兴趣的信息，用户可以进行订阅。同样，商家也可以通过微信点对点的方式来推广自己的产品或服务。商家可以快速建立本企业的微信官网，全方位展现企业品牌；微门面多店连锁管理；微活动多种营销互动方式，更贴近用户，提升人气；微信即时支付，帮助销售；微信调研收集用户信息，为企业活动提供决策依据；微信投票即时了解用户需求、收集用户反馈，增加互动；微信统计实时反馈微信官网流量；微信团购，重复消费；微信一键轻松报名，人气火爆；微信留言良性互动，传播企业口碑；微信会员查消费、兑积分、看特权，会员功能管理系统；微信电商在线销售，用户群庞大，方便快捷；人工咨询客服能快速接入人工客服，智能快捷；多维度进行听众搜索管理；轨迹分析能快速掌握听众来源与行为动态；用户信息保存使信息数据永久保存，帮助更精准的营销行为。

正是看到微信营销的诸多优点，很多养殖场也纷纷采用微信营销来推广销售本场的畜禽产品，并取得了很好的成绩。

4. 网络营销

根据冯英健著《网络营销基础与实践》第5版网络营销的

定义为：网络营销是基于互联网络及社会关系网络连接企业、用户及公众，向用户传递有价值的信息和服务，实现顾客价值及企业营销目标所进行的规划、实施及运营管理活动。

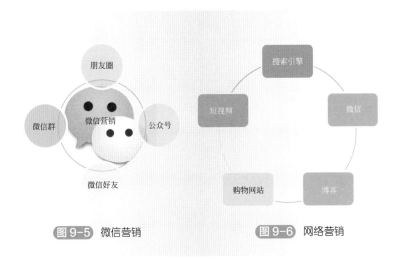

图 9-5　微信营销

图 9-6　网络营销

如今，网络使用和网上购物迅猛发展，数字技术快速进步，从智能手机、平板电脑等数字设备，到网上移动和社交媒体的暴涨。很多企业纷纷在各种社交网络上建立自己的主页，以此来免费获取巨大的网上社群中活跃的社交分享所带来的商业潜力。

常用的网络营销工具有企业自行运营的官方网站、官方博客、官方 APP、关联网站、博客、微博、微信公众平台、抖音、快手等（图 9-6）。

参 考 文 献

［1］陆桂平，王锦锋，羊建平.快速养鸭200问［M］.北京：中国农业出版社，2014.

［2］李雪华.无公害鸭肉安全生产技术［M］.北京：化学工业出版社，2014.

［3］菲利普·科特勒，加里·阿姆斯特朗.市场营销原理与实践：第16版［M］.楼尊，译.北京：中国人民大学出版社，2015.

［4］沈国宏.肉鸭屠宰加工工艺［J］.中国禽业导刊，2010，27（11）：50-51.

［5］黄维礼."鱼—牧—草"综合开发模式［J］.福建农业，2000（9）：21.

［6］王晶.略谈畜牧养殖业的成本核算方法［J］.中国农业会计，2011（3）：8-9.

［7］曹立法，方纯翠.稻鸭共生田间管理技术［J］.农技服务，2012，29（8）：977，979.

［8］程高峰，郑利华，马恒泽.我国农产品营销渠道的分析及建议［J］.江苏农业科学，2013，41（10）：408-411.

［9］赵改名，田玮.生石灰用量对料液碱度和皮蛋加工的影响［J］.河南农业科学，1997（3）：36-37.

［10］李志成，郑燕，乔秀红.香卤蛋加工工艺研究［J］.第七届中国蛋品科技大会论文集，2007：8.

［11］陈果忠.提高高温卤蛋出品率和完好率的工艺研究［J］.甘肃农业科技，2010（1）：21-23.